江苏省安全发展示范城市创建指南

江苏省安全生产科学研究院　编著

南京

图书在版编目(CIP)数据

江苏省安全发展示范城市创建指南 / 江苏省安全生产科学研究院编著. -- 南京 : 东南大学出版社，2020.10(2022.6 重印)

ISBN 978-7-5641-9162-7

Ⅰ.①江…　Ⅱ.①江…　Ⅲ.①城市管理—安全管理—江苏—指南　Ⅳ.①X92-62②D675.3-62

中国版本图书馆 CIP 数据核字(2020)第 201596 号

江苏省安全发展示范城市创建指南

Jiangsu Sheng Anquan Fazhan Shifan Chengshi Chuangjian Zhinan

编　　著：江苏省安全生产科学研究院
出版发行：东南大学出版社
社　　址：南京市四牌楼 2 号　　邮编：210096
出 版 人：江建中
责任编辑：杨　凡
网　　址：http://www.seupress.com
电子邮箱：press@seupress.com
经　　销：全国各地新华书店
印　　刷：南京玉河印刷厂
版　　次：2020 年 10 月第 1 版
印　　次：2022 年 6 月第 7 次印刷
开　　本：880 mm×1230 mm　1/32
印　　张：10.5
字　　数：288 千字
书　　号：ISBN 978-7-5641-9162-7
定　　价：50.00 元

编 委 会

主　　编：沈仲一

副 主 编：李兴伟　朱　劼　薛宽亮

编　　委：钱国柱　胡义铭　李国富　高岳毅
万　杰　王晓明　蒋　俊　吕　颖
施祖建　陈　妍　贺钢锋　郁颖蕾
张　斌　邢培育　何海波

目录

第1章　绪论

1.1　安全发展示范城市创建背景

城市化是现代化的必经之路，安全发展是城市现代文明的重要标志。现代城市不仅要有风景靓丽的“天际线”，更要有安全发展的“地平线”。习近平总书记在中央城市工作会议上深刻指出：要把安全放在第一位，把住安全关、质量关，并把安全工作落实到城市工作和城市发展各个环节各个领域。改革开放以来，我国城市发展取得了令人瞩目的成就，城镇化率由1978年的17.9%上升到2021年末的64.7%，城镇常住人口达到91425万人，城市数量由193个增加到687个，带动了人民生活品质的整体性提升。但伴随着城市的快速发展，我国城市规模越来越大，流动人口多、高层建筑密集、经济产业集聚，城市已成为一个复杂的社会机体和巨大的运行系统，城市传统安全矛盾正在集中凸显，新业态、新产业、新技术带来的新风险与日俱增，城市自然灾害风险交织叠加，各城市普遍面临着安全风险叠加化、风险管理碎片化、政府监管单一化等难题和挑战。

为大力实施城市安全发展战略，国务院安委会办公室于2013年正式启动安全发展示范城市创建工作。在前期试点基础上，2018年中共中央办公厅、国务院办公厅印发了《关于推进城市安全发展的意见》，根据最新任务目标和工作要求，各地区高度重视、迅速行动，一些地区党政主要负责同志亲自批示、部署，组织研究制定印发城市安全发展的实施意见，组织开展省级试点工作，不断探索示范城市创建工作模式和方法。2020 年 3 月，在当前大量精简整合创建活动背景下，经全国评比达标表彰工作协调小组办公室批准，国家安全发展示范城市创建纳入了《第一批全国创建示范活动保留项目目录》，2021 年 12 月 30 日，国务院印发《"十四五"国家应急体系规划》，明确推动国家安全发展示范城市创建工作。2022 年 4 月 6 日，国务院安全生产委员会印发《"十四五"国家安全生产规划》，明确"以改善安全状况、推动安全发展为目标，以体制创新、制度供给、模式探索为重点，推进国家安全发展示范城市建设"。

（1）创建活动是贯彻落实习近平总书记重要指示批示精神的重大举措。

党中央、国务院高度重视城市安全工作，习近平总书记多次就城市安全工作发表重要讲话、做出重要指示批示，反复强调、反复提醒、反复叮嘱。总书记强调，我们城市管理还有不少漏洞，必须加强，如果连安全工作都做不好，何谈让人民群众生活得更美好。总书记深刻指出，城市交通、工地和诸多社会环节构成了一个复杂的体系，无时无刻不在运转，稍不注意就容易出问题，要加强城市运行安全管理，增强安全风险意识，加强源头治理，防止认不清、想不到、管不到的问题发生。创建活动是对城市安全发展做出的全面部署，提出了具体任务和要求。

（2）创建活动是践行"人民至上、生命至上"发展理念的必然要求。

城市安全与人民群众息息相关，保障人民群众生命安全是城市运行最重要的标尺。随着我国城市化进程明显加快，城市人口、功能和规模不断扩大，发展方式、产业结构和区域布局发生了深刻变化，新材料、新能源、新工艺广泛应用，新产业、新业态、新领域大量涌现，城市运行系统日益复杂，安全风险不断增大。一些城市安全基础薄弱，安全管理水平与现代化城市发展要求不适应、不协调的问题比较突出。习近平总书记在 2020 年"两会"参加内蒙古代表团审议时强调，必须坚持人民至上、紧紧依靠人民、不断造福人民、牢牢植根人民，并落实到各项决策部署和实际工作之中。安全是满足人民美好生活需要的内涵要义和基础保障，从人口最集中、风险最突出、管理最复杂的城市抓起，通过创建安全发展示范城市工作推进城市安全发展，始终牢固树立安全发展理念，切实保障人民群众的生命财产安全，为人民群众营造安居乐业、幸福安康的生产生活环境，让人民群众的获得感、幸福感、安全感更加充实、更有保障、更可持续。

(3) 创建活动是推进国家治理体系和治理能力现代化的坚实基础。

习近平总书记在上海考察时指出，城市治理是推进国家治理体系和治理能力现代化的重要内容。如果城市治理能力不足，城市安全事故频发，那么国家治理体系现代化也就只能永远停留在纸上。通过创建推动城市安全发展，提升城市风险防控关口前移和精细管理能力，保持城市安全监管的高压态势，坚决防范遏制重特大事故发生，实现安全生产形势根本好转，就是为推进国家治理体系和治理能力现代化奠定了坚实的实践基础。

1.2　江苏省安全发展示范城市创建要求

江苏省委、省政府高度重视城市安全发展工作，2018 年 12 月以两办名义印发了《关于推进城市安全发展的实施意见》，并在全国率先做出了开展省级安全发展示范城市创建活动的重要决策。2020 年 4 月 30 日，省委办公厅和省政府办公厅正式发布《省级安全发展示范城市创建实施方案》。

(1) 总体要求

坚持以习近平新时代中国特色社会主义思想为指导，深入学习贯彻习近平总书记关于安全生产重要论述和对江苏工作重要指示精神，全面贯彻党的十九大和十九届二中、三中、四中全会精神，坚决落实党中央、国务院决策部署和省委、省政府关于推进城市安全发展工作要求,牢固树立安全发展理念,坚持生命至上、安全第一,坚持立足长效、依法治理,坚持系统建设、过程管控,坚持统筹推动、综合施策,坚持因地制宜、全面推进,切实把安全发展示范城市创建活动,作为保障城市安全运行的综合性、系统性、长期性工程,作为推动产业经济转型、新旧动能转换、城市发展转轨的重要载体,作为解决影响制约城市安全发展基础性、源头性矛盾问题的重要抓手,不断完善城市安全发展体系,全面提升城市安全发展水平,全力压降较大事故,坚决遏制重特大事故,着力提高城市安全治理体系和治理能力现代化建设水平,为推动高质量发展走在前列、建设“强富美高”新江苏提供坚实的安全保障。

(2) 创建目标

紧紧围绕“城市安全、美好生活”主题,全面开展省级安全发展示范城市创建活动。2020 年,每个设区市原则上不少于 1 个申报参评城市,以积极创建安全发展示范城市和深入开展安全生产专项整治行动为契机,推动城市安全风险管控和隐患排查整治取得显著成效,坚决遏制重特大事故,生产安全事故起数和死亡人数实现大幅下降。到 2025 年,建成一批与高水平全面建成小康社会相适应的国家级、省级安全发展示范城市,力争全省三分之一创建主体建成省级安全发展示范城市;全省城市安全治理体系和治理能力现代化建设水平进一步提升,以安全生产为基础的综合性、全方位、系统化的城市安全发展体系初步建立。

在深入推进示范创建的基础上,到 2035 年,逐步形成系统性、现代化的城市安全保障体系,全省城市安全发展体系更加完善,安全文明程度显著提升,共建共治共享的城市安全社会治理格局总体形成,建成一批以中心城区为基础,带动周边、辐射县乡、惠及民生的安全发展型城市群。

(3) 规划推动

《江苏省国民经济和社会发展第十四个五年规划和二〇三五年远景目标纲要》明确指出开展安全发展示范城市创建活动,《江苏省“十四五”安全生产规划》将“建设安全发展示范城市”纳入主要任务，提出“全面开展安全发展示范城市创建活动，建成一批安全发展示范城市，提升城市安全治理体系和治理能力现代化水平”。省内各地坚决贯彻省委省政府决策部署，以创建评价指标为导向，推动解决涉及城市安全的“历史欠账”，新建城市安全基础设施，探索城市安全治理路径，将省级安全发展示范城市创建工作纳入同级规划：

南京市——《南京市国民经济和社会发展第十四个五年规划和二〇三五年远景目标纲要》强调，建设高效能治理的安全韧性城市，市域治理和服务更加精准化、精细化，本质安全水平显著提升，**建成国家安全发展示范城市**。《南京市“十四五”应急体系建设（含安全生产）规划》指出，对标国家、省级安全发展示范城市标准，强弱项、补短板，提升城市安全源头治理、风险防控、监督管理、安全保障和应急救援能力。**南京市省级安全发展示范城市创建工作走在全省前列，创成国家首批安全发展示范城市**。

无锡市——《无锡市国民经济和社会发展第十四个五年规划和二〇三五年远景目标纲要》强调，完善安全生产长效机制，深化安全生产宣传教育，普及安全生产相关法律法规，提高全民安全意识，**创建国家安全发展示范城市**。《无锡市“十四五”安全生产规划》明确，**实施安全发展城市建设工程**。全面开展安全发展城市建设，系统整治各类城市安全隐患，统筹城市精细化管理和基础设施建设，完善城市安全风险预警体系，提升城市安全保障水平，推动江阴、宜兴等市（县）区同步建设安全发展城市，进一步提升城市安全治理体系和治理能力现代化。

徐州市——《徐州市国民经济和社会发展第十四个五年规划和二〇三五年远景目标纲要》强调，**到 2025 年，创成国家级安全发展示范城市，各县（市）区创建省级安全发展示范县（市）区比例超过 80%，建成一批安全发展示范区（园区）**。《徐州市“十四五”应急管理发展规划》明确，**实施省级安全发展示范城市创建工程**，提升城市安全治理体系和治理能力现代化水平。到 2022 年，徐州市级成功创建省级安全发展示范城市，其他所有县（市）区全面推进省级安全发展示范城市创建工作。

常州市——《常州市国民经济和社会发展第十四个五年规划和二〇三五年远景目标纲要》强调，**打造安全发展示范城市**，加强安全生产管理、防范化解重大风险、加强应急管理能力建设、完善防灾减灾救灾体系。《常州市应急管理"十四五"规划》指出，**实施安全发展示范城市创建工程**，围绕"城市安全、美好生活"主题，全域开展省级安全发展示范城市创建工作。**到 2021 年，主城区率先创建省级安全发展示范城市**。**2025 年前，所有应创对象全面开展省级安全发展示范城市创建工作**。

苏州市——《苏州市国民经济和社会发展第十四个五年规划和二〇三五年远景目标纲要》强调，**推进安全发展城市建设，建成一批示范城市(县级市、区)**。《苏州市"十四五"安全生产规划》指出，强化城市规划、设计、建设运行等各环节安全管理，高标准建设城市基础设施与生命线工程，推进安全发展示范城市建设。**全域申报省级安全发展示范城市创建，建成一批省级安全发展示范城市，争创国家安全发展试点城市**。

南通市——《南通市国民经济和社会发展第十四个五年规划和二〇三五年远景目标纲要》强调，强化城市发展安全，**到 2025 年，建成一批与高水平全面建成小康社会相适应的省级安全发展示范城市，力争全市省级安全发展示范城市创建率达 100%，命名率达 50%以上**。《南通市"十四五"安全生产规划》指出，推进安全发展城市创建，全面提升城市安全水平，**在 2025 年前成功创建省级安全发展示范城市**。

连云港市——《连云港市国民经济和社会发展第十四个五年规划和二〇三五年远景目标纲要》强调，建立健全公共安全隐患排查和安全预防控制体系，推进城市安全运行预警监测、重大安全风险联防联控机制、安全生产社会化服务、安全生产大宣传大教育格局、高效应急救援指挥平台等五大体系建设，**创建省级安全发展示范城市**。《连云港市"十四五"应急管理体系和能力建设规划》指出，实施风险防控和隐患治理工程，开展安全发展示范城市创建，**到 2025 年，力争全市三**

分之一创建对象达到省级安全发展示范城市标准。

淮安市——《淮安市国民经济和社会发展第十四个五年规划和二〇三五年远景目标纲要》强调，**推进县区创建省级安全发展示范城市，积极创建国家安全发展示范城市**。《淮安市"十四五"应急管理规划》指出，实施创建安全发展示范城市重点工程，积极建设智慧安全淮安，**建成省级安全发展示范城市，争创国家级安全发展示范城市**。

盐城市——《盐城市国民经济和社会发展第十四个五年规划和二〇三五年远景目标纲要》强调，到2025年，初步构建以安全生产为基础的综合性、系统化城市安全发展体系，**积极申报创建国家安全发展示范城市**。《盐城市"十四五"应急管理规划》指出，实施安全发展示范城市创建工程，**2023年底前，推动县(市、区)创建一批高水平的省级安全发展示范城市**；2025年底前，初步构建以安全生产为基础的综合性、系统化的城市安全发展体系，申报创建国家安全发展示范城市。

扬州市——《扬州市国民经济和社会发展第十四个五年规划和二〇三五年远景目标纲要》强调，全力开展好省级安全发展示范城市创建工作。**力争到2025年，市中心城区和县(市)全部达到省级以上安全发展示范城市标准**。《扬州市"十四五"应急管理体系和能力建设规划》和《扬州市"十四五"安全生产规划》指出，**全面开展安全发展示范城市创建活动，2025年全域创成安全发展示范城市**，提升城市安全治理体系和治理能力现代化水平。

镇江市——《镇江市"十四五"应急管理体系建设规划》和《镇江市"十四五"安全生产规划》指出，把安全发展示范城市创建活动作为保障城市安全运行的综合性、系统性、长期性工程，**积极推进镇江市创建省级安全发展示范城市，大力支持各市(区)积极创建省级安全发展示范城市**，提升城市安全治理体系和治理能力现代化水平。

泰州市——《泰州市国民经济和社会发展第十四个五年规划和二〇三五年远景目标纲要》强调，落实总体国家安全观，把安全贯穿于发展各领域和全过程，健全完善平安建设协调机制，切实提升本质安全水平，**创建国家安全发展示范城市**。《泰州市"十四五"应急体系建设规划》指出，**实施安全发展示范城市创建重点工程**。

宿迁市——《宿迁市“十四五”应急管理体系和能力建设规划》和《宿迁市“十四五”安全生产规划》指出，全面推进安全发展示范城市创建工作，**2021年，市中心城区率先建成省级安全发展示范城市，2025年底前**，市中心城区初步构建以安全生产为基础的综合性、系统化的城市安全发展体系，申报创建国家安全发展示范城市，**所有县全部创建省级安全示范城市达标**。

1.3 江苏省安全发展示范城市创建程序

《省级安全发展示范城市创建实施方案》明确了全省开展省级安全发展示范城市创建活动的总体要求、创建主体、创建目标、创建内容、创建步骤和工作要求。与此同时，江苏省地方标准《安全发展示范城市创建基本规范》进一步规定了江苏省安全发展示范城市创建的技术要求和工作程序。省级安全发展示范城市创建程序详见图1-1。

(1) 城市自评。创建主体应认真制定本地区创建实施方案，建立健全组织领导体系和工作机制，对照《省级安全发展示范城市评价细则(2020版)》开展自评，形成自评结果。评价结果符合省级安全发展示范城市要求的，创建主体可以设区市人民政府、县级城市(包括县、县级市、县改区)人民政府、国家级开发区管委会名义向设区市安委会提出创建申请，并按规定提交材料。

(2) 市级复核。设区市安委办对自评符合条件的县级城市和国家级开发区开展复核，并征求市安委会有关成员单位意见，综合提出复核意见，市安委会专题研究。创建主体为设区市的，全面深入开展自评，不再开展复核。

(3) 创建推荐。创建主体为设区市且自评符合条件的，创建主体为县级城市和国家级开发区且通过市级复核的，由设区市安委会于每年年底前统一向省安委办推荐参评对象，并按规定提交材料。

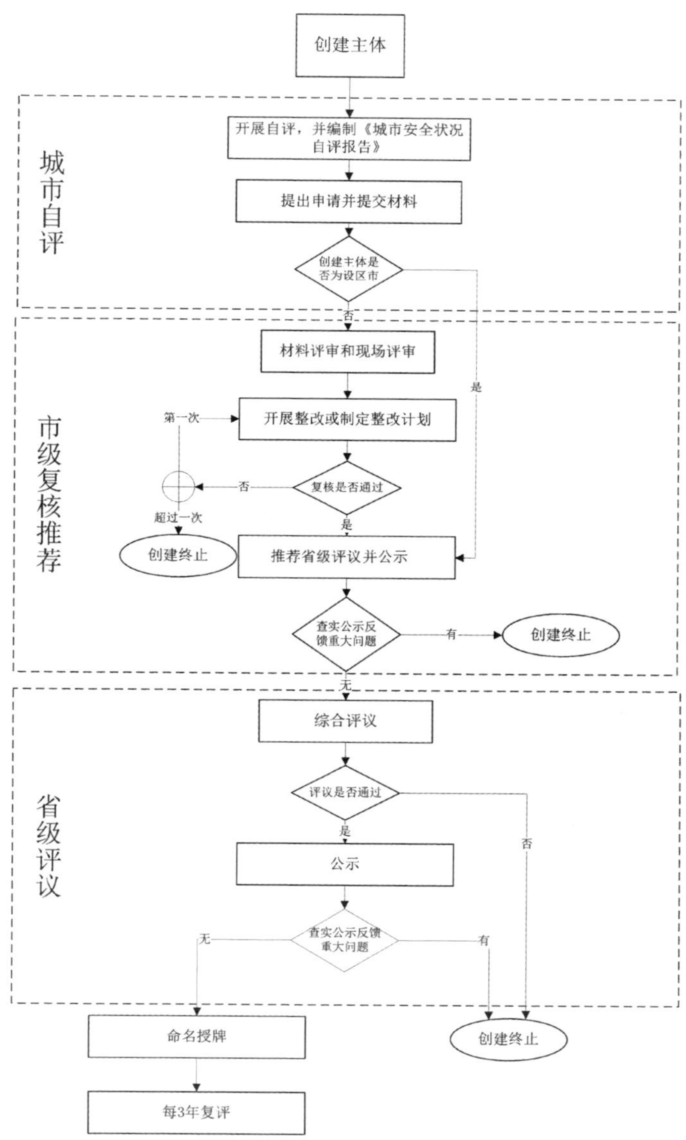

图1-1　省级安全发展示范城市创建程序

(4) 省级评议。省安委办对设区市安委会推荐的参评对象组织开展评议,并征求省安委会有关成员单位意见,综合提出拟公示的省级安全发展示范城市名单,在政府相关网站进行公示。

(5) 命名授牌。省安委办结合公示情况,将拟命名的省级安全发展示范城市名单及有关评议情况报省安委会。省安委会审议通过后统一命名授牌,每年上半年通报创建结果。

(6) 动态管理。省级安全发展示范城市每年评价命名一次。已获得命名的城市要以命名授牌为新起点,持续加强城市安全工作,不断提升城市安全发展水平。获得命名 3 年后,由省安委办组织开展复评,并征求省安委会有关成员单位意见,综合提出复评意见报省安委会,审议通过后进行公布。已获得命名的城市发生涉及城市安全重特大事故、事件的,未通过省级复评的,或出现其他严重问题、不具备示范引领作用的,由省安委会撤销命名并摘牌,以适当形式及时向社会公布。

1.4 创建对象与评价细则版本

江苏省安全发展示范城市创建对象可分为三类:设区市、县级城市(包括县、县级市、县改区)和具有城市综合功能的国家的开发区。

针对不同的创建对象,《省级安全发展示范城市评价细则(2020版)》细分为三个版本,设区市适用《省级安全发展示范城市评价细则(2020 设区市版)》,县(市)、市辖区适用《省级安全发展示范城市评价细则(2020 县级城市版)》,具有城市综合功能的国家级开发区适用《省级安全发展示范城市评价细则(2020 国家级开发区版)》。

1.5 创建指南编制目的

江苏省安全生产科学研究院先后参与了《关于推进城市安全发展的实施意见》《国家安全发展示范城市省级复核管理办法》等文件的起

章，牵头研究制定了《江苏省安全发展示范城市创建基本规范》和《省级安全发展示范城市评价细则(2020 版)》。本指南旨在从政策层面、技术层面、程序层面帮助各地充分把握创建要求，深入理解创建标准，严格规范创建行动。

本指南共 10 章。

第 1 章为绪论，总体概述安全发展示范城市创建背景和我省城市安全发展相关工作。第 2 章至第 8 章，紧密结合《省级安全发展示范城市评价细则(2020 设区市版)》主体内容，针对城市安全源头治理、城市安全风险防控、城市安全监督管理、城市安全保障能力、城市安全应急救援、城市安全状况、鼓励项和否决项等一级项，通过释义的形式，逐条逐项分析评价内容的来源、评价内容关注要点以及工作要求，并对《省级安全发展示范城市评价细则(2020 设区市版)》中的评价方法做了一定程度的优化。第 9 章围绕《省级安全发展示范城市评价细则(2020 县级城市版)》展开分析，重点阐述县级城市与设区市在创建过程中工作的不同之处。第 10 章全面梳理《省级安全发展示范城市评价细则(2020 国家级开发区版)》的评价内容和评价方法，以我省开发区实际情况和自身特点出发，重点描述与设区市创建工作的对比和开发区特有评价内容的分析。

此外，为方便读者阅读和使用，本指南将《省级安全发展示范城市评价细则(2020 版)》三个不同版本作为附件附后，便于查阅和参考评价细则内容与本指南所列评价内容、评价方法及释义，比对评价细则不同版本之间的异同。

第2章　城市安全源头治理

2.1　城市安全规划

2.1.1　国土空间总体规划及防灾减灾等专项规划

【评价内容－1】 制定城市国土空间总体规划(城市总体规划)[1]，对总体规划进行专家论证评审，并按规定开展相关评估[2]。

【评价方法】 查阅政府、相关部门总体规划的相关资料[3]。

【自评梳理建议】

1. 总体规划的全文(发布稿)、专家评审意见；
2. 总体规划的实施情况评估材料。

【释义】

1. 国土空间总体规划(城市总体规划)

城市国土空间总体规划(城市总体规划)应体现综合防灾、公共安全要求。根据自然资源部国土空间规划局《市县国土空间总体规划编制指南》"6.10 安全韧性与基础设施"的要求，国土空间总体规划编制应分析评估影响本地发展建设的主要灾害风险及存在的主要问题，建立综合防灾减灾救灾体系，明确防灾减灾目标和设防标准；合理划分防灾分区，提出重大防灾减灾救灾设施和应急服务设施的布局要求；提出洪(潮)涝、火灾、空袭、地震、地质灾害等主要灾害的防治目标和措施，提出危险品生产和储存设施用地布局及安全管控要求；提出关键生命线系统建设、重大危险源和邻避设施管控等要求;提出市域供水干线、大型污水处理设施、电力干线、燃气干管等重大市政基础设施的布局要求;确定供气气源和配气管网压力级制,确定重大燃气设施安全防护要求。

根据自然资源部办公厅印发《市级国土空间总体规划编制指南(试行)》和江苏省自然资源厅关于印发《江苏省市县国土空间总体规划编制指南(试行)》的相关要求,市县国土空间总体规划须明确强制性内容包括市辖区、县(市)域重大交通枢纽、重要线性工程网络、城市安全与综合防灾体系、地下空间、重大邻避设施等设施布局。国土空间总体规划的编制应掌握地质灾害易发区、地震断裂带、重大安全敏感设施等准确资料,明确县(市)抗震、防洪排涝、人防、消防、地质灾害防治等方面的规划目标、设防标准等要求,明确防灾基础设施、应急服务设施布局和防灾减灾主要措施等内容。强化易燃易爆设施、危化品生产储运等危险源的科学布局,落实安全防护要求;根据需要预留大型危险品存储设施用地。沿海城市应强化因气候变化造成海平面上升的灾害应对措施。细化中心城区重要防灾减灾设施、中心避难场所、应急救援通道等的规划布局,提高城市安全保障水平和应急保障能力。

现阶段多数市县国土空间总体规划尚未完成编制和审批工作,故创建主体可暂以城市总体规划代替。根据《中华人民共和国城乡规划法(2019修正)》(简称《城乡规划法(2019修正)》)第四条的要求,制定和实施城乡规划,应当遵循城乡统筹、合理布局、节约土地、集约发展和先规划后建设的原则,改善生态环境,促进资源、能源节约和综合利用,保护耕地等自然资源和历史文化遗产,保持地方特色、民族特色和传统风貌,防止污染和其他公害,并符合区域人口发展、国防建设、防灾减灾和公共卫生、公共安全的需要。

2. 专家论证评审,并按规定开展相关评估

根据《城乡规划法(2019修正)》第四十六条的要求,省域城镇体系规划、城市总体规划、镇总体规划的组织编制机关,应当组织有关部门

和专家定期对规划实施情况进行评估，并采取论证会、听证会或者其他方式征求公众意见。组织编制机关应当向本级人民代表大会常务委员会、镇人民代表大会和原审批机关提出评估报告并附具征求意见的情况。

根据《中共中央、国务院关于建立国土空间规划体系并监督实施的若干意见》的要求，自然资源主管部门应建立国土空间规划定期评估制度，结合国民经济社会发展实际和规划定期评估结果，对国土空间规划进行动态调整完善。

3. 查阅政府、相关部门总体规划的相关资料

查阅政府、相关部门总体规划相关资料时，城市国土空间总体规划（城市总体规划）必须正式发布且处于有效期内。

【评价内容－2】 制定综合防灾减灾规划、安全生产规划、防震减灾规划、地质灾害防治规划、防洪规划、职业病防治规划、消防规划、道路交通安全管理规划、排水防涝规划、人防工程规划、城市地下管线规划、综合管廊规划等专项规划[1] 和年度实施计划；对专项规划进行专家论证评审，并按规定开展相关评估[2]。

【评价方法】 查阅政府、相关部门专项规划的相关资料[3]。

【自评梳理建议】

1. 各专项规划的全文（发布稿）、专家评审意见；

2. 各专项规划的实施情况评估材料（5 年期专项规划一般开展中期评估和终期评估；5 年以上专项规划实施评估周期一般与规划分阶段目标期限相匹配）；

3. 各专项规划年度实施计划（5 年期的专项规划须明确）。

【释义】

1. 专项规划

根据《关于做好“十四五”应急管理领域专项规划编制工作的通知》要求，应急管理部推动在国家层面建立“1＋2＋N”的应急管理规划格局。“1”为《“十四五”国家应急体系规划》，应急管理领域规划的最上位规划。“2”为《“十四五”国家综合防灾减灾规划》和《“十四五”

国家安全生产规划》，用以指导各地区、各有关部门防灾减灾救灾和安全生产工作。“N”为主要针对当前应急管理基础薄弱或关键重点领域编制的若干专项规划。对地方应急管理领域相关专项规划，要充分发挥地方自主权，不搞上下对应和上下一般粗。各地区根据实际需要确定应急管理规划编制的具体领域、名称和数量，可以通过编制1部《应急体系建设“十四五”规划》，鼓励实现“多规合一”，将防灾减灾救灾、安全生产等应急管理工作统筹纳入规划主要内容。

根据《中共中央、国务院关于推进防灾减灾救灾体制机制改革的意见》（2016年12月19日下发并实施）有关统筹综合减灾的要求，应牢固树立灾害风险管理理念，转变重救灾轻减灾思想，将防灾减灾救灾纳入各级国民经济和社会发展总体规划，作为国家公共安全体系建设的重要内容。

根据《中华人民共和国安全生产法（2021修正）》（简称《安全生产法（2021修正）》）第八条的要求，国务院和县级以上地方各级人民政府应当根据国民经济和社会发展规划制定安全生产规划，并组织实施。安全生产规划应当与城乡规划相衔接。

根据《中华人民共和国防震减灾法（2008修订）》（简称《防震减灾法（2018修订）》）第十二条的要求，县级以上地方人民政府负责管理地震工作的部门或者机构应当会同同级有关部门，根据上一级防震减灾规划和本行政区域的实际情况，组织编制本行政区域的防震减灾规划，报本级人民政府批准后组织实施，并报上一级人民政府负责管理地震工作的部门或者机构备案。

根据《地质灾害防治条例》第十一条的要求，县级以上地方人民政府国土资源主管部门应当会同同级建设、水利、交通等部门，依据本行政区域的地质灾害调查结果和上一级地质灾害防治规划，编制本行政区域的地质灾害防治规划，经专家论证后报本级人民政府批准公布，并报上一级人民政府国土资源主管部门备案。修改地质灾害防治规划，应当报经原批准机关批准。

根据《中华人民共和国防洪法（2016修正）》（简称《防洪法（2016

修正)》)第十条的要求,国家确定的重要江河、湖泊的防洪规划,由国务院水行政主管部门依据该江河、湖泊的流域综合规划,会同有关部门和有关省、自治区、直辖市人民政府编制,报国务院批准。其他江河、河段、湖泊的防洪规划或者区域防洪规划,由县级以上地方人民政府水行政主管部门分别依据流域综合规划、区域综合规划,会同有关部门和有关地区编制,报本级人民政府批准,并报上一级人民政府水行政主管部门备案;跨省、自治区、直辖市的江河、河段、湖泊的防洪规划由有关流域管理机构会同江河、河段、湖泊所在地的省、自治区、直辖市人民政府水行政主管部门、有关主管部门拟定,分别经有关省、自治区、直辖市人民政府审查提出意见后,报国务院水行政主管部门批准。城市防洪规划,由城市人民政府组织水行政主管部门、建设行政主管部门和其他有关部门依据流域防洪规划、上一级人民政府区域防洪规划编制,按照国务院规定的审批程序批准后纳入城市总体规划。修改防洪规划,应当报经原批准机关批准。

根据《中华人民共和国职业病防治法(2018 修正)》(简称《职业病防治法(2018 修正)》)第十条的要求,国务院和县级以上地方人民政府应当制定职业病防治规划,将其纳入国民经济和社会发展计划,并组织实施。

根据《中华人民共和国消防法(2021 修正)》(简称《消防法(2021 修正)》)第八条的要求,地方各级人民政府应当将包括消防安全布局、消防站、消防供水、消防通信、消防车通道、消防装备等内容的消防规划纳入城乡规划,并负责组织实施。

根据《中华人民共和国道路交通安全法(2021 修正)》(简称《道路交通安全法(2021 修正)》)第四条的要求,各级人民政府应当保障道路交通安全管理工作与经济建设和社会发展相适应。县级以上地方各级人民政府应当适应道路交通发展的需要,依据道路交通安全法律、法规和国家有关政策,制定道路交通安全管理规划,并组织实施。

根据《关于做好城市排水防涝设施建设工作的通知》的要求,各地区要抓紧制定城市排水防涝设施建设规划,明确排水出路与分区,科学布局排水管网，确定排水管网雨污分流、管道和泵站等排水设施的改造与建设、雨水滞渗调蓄设施、雨洪行泄设施、河湖水系清淤与治理等建设任务，优先安排社会要求强烈、影响面广的易涝区段排水设施改造与建设。要加强与城市防洪规划的协调衔接，将城市排水防涝设施建设规划纳入城市总体规划和土地利用总体规划。根据《江苏省城市内涝治理实施方案（2021—2025）》的要求，住房城乡建设（市政、水务）部门牵头推进城市内涝治理工作，组织修编城市排水防涝综合规划，负责排水管网、泵站等排涝设施的规划建设管理。

根据《中华人民共和国人民防空法》（简称《人民防空法》）第十三条的要求，城市人民政府应当制定人民防空工程建设规划，并纳入城市总体规划。根据《国务院、中央军委关于进一步推进人民防空事业发展的若干意见》的要求，要把人民防空工程建设规划纳入城市总体规划，在城市建设中落实人民防空防护要求。城市地下空间开发利用规划，城市公共绿地、广场、地下交通干线以及其他重大基础设施的规划和建设，必须充分考虑人民防空需求，兼顾人民防空功能。高新区、开发区、保税区、工业园区和大学城等必须依法落实人民防空建设要求，经济发展较快的乡镇要同步规划和建设人民防空工程。在城市规划制订过程中，规划部门要会同人民防空部门，在城市详细规划中具体落实人民防空工程建设规划。

根据《关于加强城市地下管线建设管理的指导意见》的要求，各城市要依据城市总体规划组织编制地下管线综合规划，对各类专业管线进行综合，结合城市未来发展需要，统筹考虑军队管线建设需求，合理确定管线设施的空间位置、规模、走向等，包括驻军单位、中央直属企业在内的行业主管部门和管线单位都要积极配合。编制城市地下管线综合规划，应加强与地下空间、道路交通、人防建设、地铁建设等规划的衔接和协调，并作为控制性详细规划和地下管线建设规划的基本依据。

根据《关于推进城市地下综合管廊建设的指导意见》有关专项规划编制的要求，各城市人民政府要按照“先规划、后建设”的原则，在地下管线普查的基础上，统筹各类管线实际发展需要，组织编制地下综合管廊建设规划，规划期限原则上应与城市总体规划相一致。结合地下空间开发利用、各类地下管线、道路交通等专项建设规划，合理确定地下综合管廊建设布局、管线种类、断面形式、平面位置、竖向控制等，明确建设规模和时序，综合考虑城市发展远景，预留和控制有关地下空间。建立建设项目储备制度，明确五年项目滚动规划和年度建设计划，积极、稳妥、有序推进地下综合管廊建设。

2. 专家论证评审，并按规定开展相关评估。

规划草案形成后，规划编制组织单位要组织专家进行深入论证。规划经专家论证后，应当由专家出具论证报告。

规划编制部门要在规划实施过程中适时组织开展对规划实施情况的评估，及时发现问题，认真分析产生问题的原因，提出有针对性的对策建议。评估工作可以由编制部门自行承担，也可以委托其他机构进行评估。评估结果要形成报告，作为修订规划的重要依据。有关地区和部门也要密切跟踪分析规划实施情况，及时向规划编制部门反馈意见。经评估或者因其他原因需要对规划进行修订的，规划编制部门应当提出规划修订方案（需要报批、公布的要履行报批、公布手续）。总体规划涉及的特定领域或区域发展方向等内容有重大变化的，专项规划或区域规划也要相应调整和修订。

3. 查阅政府、相关部门专项规划的相关资料

专项规划相关资料包括规划文本、专家论证评审材料、定期评估材料等。查阅政府、相关部门专项规划相关资料时，规划必须正式发布且处于有效期内。

2.1.2 建设项目安全评估论证

【评价内容】 建设项目按规定开展安全评价[1]、地震安全性评价[2]、地质灾害危险性评估[3]。

【评价方法】 查阅政府、相关部门、建设单位资料[4]。随机抽查不少于 5 处[5] 按规定应当开展安全评价、地震安全性评价、地质灾害危险性评估的项目。

【自评梳理建议】

1. 近三年建设项目清单(领取施工许可证的建设项目清单);

2. 近三年危险化学品建设项目清单。

【释义】

1. 安全评价

根据《建设项目安全设施“三同时”监督管理办法》的要求,县级以上人民政府及其有关主管部门依法审批、核准或者备案的生产经营单位新建、改建、扩建工程项目安全设施的建设应开展安全评价。生产经营单位是建设项目安全设施建设的责任主体。建设项目安全设施是指生产经营单位在生产经营活动中用于预防生产安全事故的设备、设施、装置、建(构)筑物和其他技术措施的总称。建设项目安全设施必须与主体工程同时设计、同时施工、同时投入生产和使用。

下列建设项目在进行可行性研究时,生产经营单位应当按照国家规定,进行安全预评价;安全设施竣工或者试运行完成后,生产经营单位应当委托具有相应资质的安全评价机构对安全设施进行验收评价,并编制建设项目安全验收评价报告:

(1) 非煤矿矿山建设项目;

(2) 生产、储存危险化学品(包括使用长输管道输送危险化学品)的建设项目;

(3) 生产、储存烟花爆竹的建设项目;

(4) 金属冶炼建设项目;

(5) 使用危险化学品从事生产并且使用量达到规定数量的化工建设项目(属于危险化学品生产的除外);

(6) 法律、行政法规和国务院规定的其他建设项目。

建设项目安全评价报告应当符合国家标准或者行业标准的规定,生产、储存危险化学品的建设项目和化工建设项目安全评价报告还应当符合有关危险化学品建设项目的规定。

2. 地震安全性评价

根据《地震安全性评价管理条例(2019修正)》第八条的要求,下列建设工程必须进行地震安全性评价：

(1) 国家重大建设工程；

(2) 受地震破坏后可能引发水灾、火灾、爆炸、剧毒或者强腐蚀性物质大量泄露或者其他严重次生灾害的建设工程，包括水库大坝、堤防和贮油、贮气、贮存易燃易爆、剧毒或者强腐蚀性物质的设施以及其他可能发生严重次生灾害的建设工程；

(3) 受地震破坏后可能引发放射性污染的核电站和核设施建设工程；

(4) 省、自治区、直辖市认为对本行政区域有重大价值或者有重大影响的其他建设工程。

根据《江苏省防震减灾条例》第二十二条的要求，下列建设工程应当进行地震安全性评价，并按照地震安全性评价报告所确定的抗震设防要求进行抗震设防：

(1) 城市轨道交通，高速公路、独立特大桥梁，中长隧道，机场，五万吨级以上的码头泊位，铁路干线的重要车站、铁路枢纽和大型汽车站候车楼、枢纽的主要建筑；

(2) 大中型发电厂(站)、五十万伏以上的变电站，输油(气)管道，大型涵闸、泵站工程；

(3) 二百千瓦以上的广播发射台、省级电视广播中心、二百米以上的电视发射塔，省、市邮政和通信枢纽工程；

(4) 大、中型城市的大型供气、供水、供热主体工程；

(5) 地震烈度七度以上设防地区的八十米以上高层建筑、六度设防地区的一百米以上高层建筑，以及单体面积超过三万平方米的商场、宾馆等公众聚集的经营性建筑设施；

(6) 地方各级人民政府应急指挥中心，六千座以上的体育场馆，大型剧场剧院、展览馆、博物馆、图书馆、档案馆；

(7) 法律、法规规定和省人民政府确定的其他需要进行地震安全全性评价的工程。

根据《江苏省地震安全性评价管理办法(暂行)》第四条的要求，对应当开展地震安全性评价的建设工程，建设单位应当在工程设计前完成，并按照地震安全性评价结果进行抗震设防。对应当开展区域性地震安全性评价的开发区、新区，管理部门或者机构应当在土地出让前组织完成区域性地震安全性评价工作，并要求入驻的建设工程根据相关规定执行区域性地震安全性评价结果。

3. 地质灾害危险性评估

根据《地质灾害防治条例》第二十一条的要求，在地质灾害易发区内进行工程建设应当在可行性研究阶段进行地质灾害危险性评估，并将评估结果作为可行性研究报告的组成部分。可行性研究报告未包含地质灾害危险性评估结果的，不得批准其可行性研究报告。评估工作可依据《地质灾害危险性评估》(GB/T 40112—2021)开展。

4. 查阅政府、相关部门、建设单位资料

查阅政府、相关部门、建设单位资料时，应重点关注对评价(评估)报告提出的建议在设计、施工阶段的采纳情况，未采纳建议的需有合理说明。

5. 随机抽查不少于 5 处

评价内容中所涉及的评价对象需要现场检查的，抽查数量或比例不应低于评价方法的要求。若设区市、县级城市或国家级开发区辖区内该评价对象总数少于评价方法抽查数量且符合相关文件和标准规范要求的，则所有评价对象均应检查并按检查实际情况打分；若辖区内该评价对象总数少于评价方法抽查数量但不符合相关文件和标准规范要求的，则所有评价对象均应检查并按检查实际情况打分，不足的部分扣除相应分数；若辖区内不涉及评价对象且符合相关文件和标准规范要求的，该评价对象按照空项处理(不得分)，同时评价基准分(满分 100 分)扣除该空项对应分数。

2.1.3　各类设施安全管理办法

【评价内容】　制修订城市高层建筑、大型商业综合体、综合交通枢纽、隧道桥梁、管线管廊、道路交通、轨道交通、城市燃气、城市照明、城市供排水、人防工程、垃圾填埋场(渣土受纳场)、加油(气)站、电力设施、电梯、低空慢速小目标飞行器(物)和游乐设施等城市各类设施安全管理办法[1]。制定既有房屋装饰装修、城市棚户区、城中村和危房改造[2]监督管理办法。

【评价方法】 查阅政府、相关部门资料。

【自评梳理建议】

1. 城市各类设施安全管理办法的全文和发布文件;

2. 城市既有房屋装饰装修、城市棚户区、城中村和危房改造监督管理办法的全文及发布文件。

【释义】

1. 城市各类设施安全管理办法

上述各类设施安全管理办法应明确安全管理责任部门和安全监管责任部门。负有安全管理责任的行业领域主管部门,要通过加强行业规划、产业政策、法规标准、行政许可等,指导做好安全生产工作。安全管理办法应突出隐患排查的要求,通过明察暗访和定期不定期的检查,确保隐患排查横向到边、纵向到底、不留死角、杜绝盲区。负有安全监管责任的部门要依法依规履职尽责,强化监管执法。

2. 城市棚户区、城中村和危房改造

《中共中央、国务院关于进一步加强城市规划建设管理工作的若干意见》要求,应大力推进城镇棚户区改造,稳步实施城中村改造,有序推进老旧住宅小区综合整治、危房和非成套住房改造,加快配套基础设施建设,切实解决群众住房困难。打好棚户区改造三年攻坚战,到 2020 年,基本完成现有的城镇棚户区、城中村和危房改造。

根据《关于实施城市更新行动的指导意见》的要求,实施既有建筑安全隐患消除工程。加强城镇人员密集场所、学校等公共建筑、老旧建筑安全隐患排查整治,加强城市危房和老旧房屋安全排查,重点对建筑年代较长、建设标准偏低、失修失养严重及其他因素产生安全隐患的房屋进行集中拉网式排查,扎实做好解危工作。科学确定整治方案,有力有序分类推进,实现清单化管理、动态化销号。聚焦建筑质量差、公共空间不足、设施老化等问题,统筹推动老旧小区、棚户区、城中村、危旧房等改造，合理确定改造内容。

2.2 城市基础及安全设施建设

2.2.1 市政安全设施

【评价内容－1】 区域[1] 内市政消火栓[2] 完好[3] 率 100%。

【评价方法】 查看区域内市政消火栓的相关资料。实地抽查 10 个市政消火栓。

【自评梳理建议】

1. 市政消火栓分布图；

2. 市政消火栓维保情况说明。

【释义】

1. 区域

此处区域是指城市建成区。

2. 市政消火栓

指在市政道路配建的与市政供水管网连接，由阀门、出水口和壳体等组成的，专门用于火灾预防和灭火救援的消防供水装置及其附属设备。

3. 完好

市政消火栓应按照《消防给水及消火栓系统技术规范》(GB 50974—2014)相关规定设置，并进行维护管理，使消火栓保持完好，包括消火栓外观、间距、位置、压力、安全标示等。

市政消火栓宜在道路的一侧设置，并宜靠近十字路口，但当市政道路宽度超过 60 m 时，应在道路的两侧交叉错落设置市政消火栓。市政桥桥头和城市交通隧道出入口等市政公用设施处，应设置市政消火栓。市政消火栓的保护半径不应超过 150 m，间距不应大于120 m。市政消火栓应布置在消防车易于接近的人行道和绿地等地点，且不应妨碍交通，并应符合下列规定：

(1) 市政消火栓距路边不宜小于 0.5 m，并不应大于 2.0 m；

(2) 市政消火栓距建筑外墙或外墙边缘不宜小于 5.0 m;

(3) 市政消火栓应避免设置在机械易撞击的地点,确有困难时,应采取防撞措施。

市政消火栓宜采用直径 DN 150 的室外消火栓,并应符合下列要求:

(1) 室外地上式消火栓应有一个直径为 150 mm 或 100 mm 和两个直径为 65 mm 的栓口;

(2) 室外地下式消火栓应有直径为 100 mm 和 65 mm 的栓口各一个。

【评价内容-2】 市政供水、燃气老旧管网[1] 改造率[2]>80%。

【评价方法】 查看市政供水、燃气老旧管网改造的相关资料。

【自评梳理建议】

1. 市政供水管网改造情况说明和改造清单;

2. 燃气老旧管网改造情况说明和改造清单。

【释义】

1. 老旧管网

根据《关于印发〈国家安全发展示范城市评分标准(2019 版)〉的通知》的要求,供水、供热老旧管网指一次、二次网中运行年限 30 年以上或材质落后、管道老化腐蚀脆化严重、存在泄漏、接口渗漏等隐患的老旧管网。燃气老旧管网指使用年限超过 30 年的灰口铸铁管、镀锌钢管(经评估可以继续使用的除外),或公共管网中存在泄漏或机械接口渗漏、腐蚀脆化严重等问题的老旧管网。

2. 改造率

改造率计算应在 2017 年排查出的老旧管网基础上进行。

根据《省政府办公厅关于进一步加强城镇燃气安全监管工作的意见》的要求,对 15 年以上灰口铸铁管、30 年以上 PE 管和钢管,周边环境存在自然或地质灾害、潮湿腐蚀、暗沟、密闭空间的管道,以及农贸市场、老旧小区、人员密集场所等重点场所周边管道,立即开展评估,建立问题清单。对未经安装检查、服役期较长、违法占压、交叉穿越、间距不足等风险隐患，制定整治计划，有力有序实施。2021 年底前，必须全部完成既有违法占压、老旧灰口铸铁管道整治。2022 年 1 月 1 日起，对违法占压高中压管道、未完成改造的老旧灰口铸铁管道等问题，实行省级挂牌督办。

2.2.2 消防站

【评价内容－1】 城市消防站的布局符合标准要求[1]，在接到出动指令后 5 分钟内消防队到达辖区边缘；城市消防站建设规模符合标准要求[2]；城市消防通信设施[3] 完好率≥95%；城市消防站及特勤站中的消防车、防护装备、抢险救援器材和灭火器材[4] 的配备达标率 100%。

【评价方法】 查阅政府、相关部门资料。实地查看不少于 1 个一级普通消防站、1 个特勤消防站[5]。

【自评梳理建议】

1. 城市消防站分布图；

2. 消防救援 5 分钟可达覆盖率计算过程和结果(依据 TD/T 1063—2021 表 B.3 A-08)；

3. 各消防站的级别、建筑面积、消防车、防护装备、抢险救援器材、灭火器材、通信设施和执勤人员等汇总表。

【释义】

1. 城市消防站的布局符合标准要求

根据《城市消防站建设标准》(建标 152—2017)的规定，消防站的布局一般应以接到出动指令后 5 分钟内消防队可以到达辖区边缘为原则确定。

设在城市的消防站，一级站不宜大于 7 km^2，二级站不宜大于 4 km^2，小型站不宜大于 2 km^2；设在近郊区的普通站不应大于 15 km^2。也可针对城市的火灾风险，通过评估方法确定消防站辖区面积。

消防站应设在辖区内适中位置和便于车辆迅速出动的临街地段，并应尽量靠近城市应急救援通道。消防站车库门应朝向城市道路，后退红线不宜小于 15 米，合建的小型站除外。

消防站执勤车辆主出入口两侧宜设置交通信号灯、标志、标线等设施，距医院、学校、幼儿园、托儿所、影剧院、商场、体育场馆、展览馆等公共建筑的主要疏散出口不应小于 50 m。辖区内有生产、贮存危险化学品单位的，消防站应设置在常年主导风向的上风或侧风处，其边界距上述危险部位一般不宜小于 300 m。

消防站不宜设在综合性建筑物中。特殊情况下，设在综合性建筑物中的消防站应自成一区，并有专用出入口。

2. 标准要求

根据《城市消防站建设标准》(建标 152—2017)第十九条的规定，消防站的建筑面积指标应符合下列规定：

(1) 一级站 2700～4000 m^2。

(2) 二级站 1800～2700 m^2。

(3) 小型站 650～1000 m^2。

(4) 特勤站 4000～5600 m^2。

消防站的建筑、设施和场地的设计应符合现行国家标准《城市消防站设计规范》(GB 51054—2014)的规定。

3. 城市消防通信设施

根据《城市消防站建设标准》(建标 152—2017)第二十八条的规定，消防站通信装备的配备，应符合现行国家标准《消防通信指挥系统设计规范》(GB 50313—2013)和《消防通信指挥系统施工及验收规范》(GB 50401—2007)的规定。

根据《消防通信指挥系统设计规范》(GB 50313—2013)的规定，消防站系统设备配置应符合表 2-1 的规定。

表 2-1　消防站系统设备

序号	设备名称	描述	配置
1	消防站火警终端	接收火警信息和调度指挥指令，情报信息管理	1 台
2	电话机	接收火警和调度指挥指令语音通信	≥1 部

续表

序号	设备名称	描述	配置
3	打印、传真机	打印出动指令、收发传真	1 台
4	无线一级网固定电台	调度指挥语音通信	1 台
5	无线一级网车载台	现场消防车与指挥中心语音通信	1 部/车
6	无线二级网手持台	现场消防指挥员语音通信	≥2 部
7	无线三级网手持台	现场指挥(通信)员、班长、特勤抢险战斗员、驾驶员灭火救援行动语音通信	1 部/人
8	紧急信号接收机	现场战斗员紧急呼叫信号接收通信	1 部/人
9	火警广播设备	话筒、功放机、各楼层(房间)扬声器	1 套
10	录音录时设备	记录接收火警语音信息	1 台
11	联动控制设备	警灯、警铃、火警广播、车库门等控制	1 台
12	视频监控设备	防护罩、摄像机、镜头、支架、编码器等	选配
13	指挥会议设备	视频会议终端、音响、投影机等	1 套
14	网络设备	路由器、网络交换机等	1 台
15	UPS 电源	不间断供电	1 台
16	车载终端	信息通信	1 套

4. 消防车、防护装备、抢险救援器材和灭火器材

根据《城市消防站建设标准》(建标 152—2017)的规定，普通站的装备配备应适应扑救本辖区内常见火灾和处置一般灾害事故的需要。特勤站的装备配备应适应扑救特殊火灾和处置特种灾害事故的需要。战勤保障站的装备配备应适应本地区灭火救援战勤保障任务的需要。

消防站消防车辆的配备应符合表 2-2 规定。

表 2-2　消防站消防车数量配备数量(辆)

<table>
<tr><th rowspan="2">消防站类别</th><th colspan="3">普通站</th><th rowspan="2">特勤站、战勤保障站</th></tr>
<tr><th>一级站</th><th>二级站</th><th>小型站</th></tr>
<tr><td>消防车辆数</td><td>5～7</td><td>2～4</td><td>2</td><td>8～11</td></tr>
</table>

注:在条件许可的情况下,车辆数宜优先取上限值。

其中,消防站配备的常用消防车辆品种宜符合表 2-3 的规定。

表 2-3　各类消防站常用消防车辆品质配备标准

<table>
<tr><th colspan="2" rowspan="2">消防站类型
品种</th><th colspan="3">普通站</th><th rowspan="2">特勤站</th><th rowspan="2">战勤保障站</th></tr>
<tr><th>一级站</th><th>二级站</th><th>小型站</th></tr>
<tr><td rowspan="4">灭火消防车</td><td>水罐或泡沫消防车</td><td>2</td><td>1</td><td>1</td><td rowspan="2">3</td><td rowspan="2">—</td></tr>
<tr><td>压缩空气泡沫消防车</td><td>△</td><td>△</td><td>△</td></tr>
<tr><td>泡沫干粉联用消防车</td><td>—</td><td>—</td><td>—</td><td>△</td><td>—</td></tr>
<tr><td>干粉消防车</td><td>△</td><td>△</td><td>—</td><td>△</td><td>—</td></tr>
<tr><td rowspan="3">举高消防车</td><td>登高平台消防车</td><td rowspan="2">1</td><td rowspan="3">△</td><td rowspan="3">△</td><td rowspan="2">1</td><td rowspan="3">—</td></tr>
<tr><td>云梯消防车</td></tr>
<tr><td>举高喷射消防车</td><td>△</td><td>△</td></tr>
<tr><td rowspan="7">专勤消防车</td><td>抢险救援消防车</td><td>1</td><td>△</td><td>△</td><td>1</td><td>—</td></tr>
<tr><td>排烟消防车</td><td>△</td><td>△</td><td>△</td><td>△</td><td>—</td></tr>
<tr><td>照明消防车</td><td>△</td><td>△</td><td>△</td><td>△</td><td>—</td></tr>
<tr><td>化学事故抢险救援消防车</td><td>△</td><td>—</td><td>—</td><td>1</td><td>—</td></tr>
<tr><td>防化洗消消防车</td><td>△</td><td>—</td><td>—</td><td>△</td><td>—</td></tr>
<tr><td>核生化侦检消防车</td><td>—</td><td>—</td><td>—</td><td>△</td><td>—</td></tr>
<tr><td>通信指挥消防车</td><td>—</td><td>—</td><td>—</td><td>△</td><td>—</td></tr>
</table>

续表

品种 \ 消防站类型		普通站			特勤站	战勤保障站
		一级站	二级站	小型站		
战勤保障消防车	供气消防车	—	—	—	△	1
	器材消防车	△	△	—	△	1
	供液消防车	△	—	—	△	1
	供水消防车	△	△	—	△	△
	自装卸式消防车（含器材保障、生活保障、供气、供液等模块）	△	△	—	△	△
	装备抢修车	—	—	—	—	1
	饮食保障车	—	—	—	—	1
战勤保障消防车	加油车	—	—	—	—	1
	运兵车	—	—	—	—	1
	宿营车	—	—	—	—	△
	卫勤保障车	—	—	—	—	△
	发电车	—	—	—	—	△
战勤保障消防车	淋浴车	—	—	—	—	△
	工程机械车辆(挖掘机、铲车等)	—	—	—	—	△
消防摩托车		△	△	△	△	—

注：1. 表中“△”车种由各地区根据实际需要选配。
2. 各地区在配备规定数量消防车的基础上，可根据需要选配消防摩托车。

消防站主要消防车辆的技术性能应符合表 2-4 的规定。

表 2-4　普通站和特勤站主要消防车辆的技术性能

技术性能＼消防站类别		普通站				特勤站	
		一级站		二级站 小型站			
比功率(kW/t)		应符合现行国家标准《消防车　第 1 部分:通用技术条件》(GB 7956.1—2014)的规定					
水罐消防车出水性能	出口压力(MPa)	1	1.8	1	1.8	1	1.8
	流量(L/s)	40	20	40	20	60	30
登高平台、云梯消防车额定工作高度(m)		≥18		≥18		≥30	
举高喷射消防车额定工作高度(m)		≥16		≥16		≥20	
抢险救援消防车	起吊质量(kg)	≥3000		≥3000		≥5000	
	牵引质量(kg)	≥5000		≥5000		≥7000	

普通站、特勤站的灭火器材配备不应低于表 2-5 的规定。

表 2-5　普通站、特勤站灭火器材配备标准

名称＼消防站类别	普通站			特勤站
	一级站	二级站	小型站	
机动消防泵(含手抬泵、浮艇泵)	2 台	2 台	2 台	3 台
移动式水带卷盘或水带槽	2 个	2 个	2 个	3 个
移动式消防炮(手动炮、遥控炮、自摆炮等)	3 门	2 门	2 门	3 门
泡沫比例混合器、泡沫液桶、泡沫枪	2 套	2 套	2 套	2 套
二节拉梯	3 架	2 架	2 架	3 架

续表

名称 \ 消防站类别	普通站			特勤站
	一级站	二级站	小型站	
三节拉梯	2 架	1 架	1 架	2 架
挂钩梯	3 架	2 架	2 架	3 架
低压水带	2000 m	1200 m	1200 m	2800 m
中压水带	500 m	500 m	500 m	1 000 m
消火栓扳手、水枪、分水器以及接口、包布、护桥、挂钩、墙角保护器等常规工具	按所配车辆技术标准要求配置，并按不小于 2∶1 的备份比备份			

特勤站抢险救援器材品种及数量配备详见《城市消防站建设标准》(建标 152—2017)附录一中附表 1-1 至附表 1-9 的规定，普通站的抢险救援器材品种及数量配备详见《城市消防站建设标准》(建标 152—2017)附录一中附表 1-10 的规定。

5. 实地查看不少于 1 个一级普通消防站、1 个特勤消防站

参照标准无须建设特勤消防站的，评价本项条款时，实地查看不少于 2 个一级普通消防站。如仅有 1 个一级普通消防站，其余均为二级及以下普通消防站且符合《城市消防站建设标准》(建标 152—2017)建设要求的，评价本项条款时，实地查看不少于 1 个一级普通消防站和 2 个二级普通消防站。

【评价内容 - 2】 社区“四有”[1](有消防工作站、消防宣传橱窗、公共消防器材点、志愿消防队伍)达标率 100%。

【评价方法】 查阅政府、相关部门资料。抽查不少于 2 个社区消防情况，现场复核。

【自评梳理建议】

1. 社区清单；

2. 社区“四有”情况汇总表。

【释义】

1. 社区"四有"

根据《关于街道乡镇推行消防安全网格化管理的指导意见》《关于乡镇(街道)推行消防安全网格化管理的实施意见》《江苏省乡镇(街道)消防安全网格化管理工作标准》等文件的要求,村(社区)应成立消防监管工作站,在村(社区)"两委"成员、社区民警、大学生村官中明确1至2名负责人,组织落实本辖区日常消防管理工作。各村(社区)和消防安全重点单位分别组建一支不少于10人的志愿消防队,明确工作制度和集结方式,定期组织训练和应急疏散演练,每月开展一次消防宣传和隐患查改活动。村组、居民楼院(小区)设立公共消防器材配置点,配备灭火器、灭火毯、手抬泵、水带等初期火灾扑救器材。村(社区)设置至少一处固定消防宣传阵地并每月更换宣传内容,在醒目位置张贴村(居)民防火公约。

2.2.3 道路交通安全设施

【评价内容-1】 双向六车道及以上道路按规定设置分隔设施[1]。

【评价方法】 查阅政府、相关部门、单位资料。随机抽查建成区内不少于5处双向六车道及以上道路,现场复核设施设置情况。

【自评梳理建议】

1. 城市双向六车道及以上道路清单;
2. 分隔设施现场照片。

【释义】

1. 分隔设施

根据《城市道路交通设施设计规范》(GB 50688—2011,2019年版)的规定,下列位置应设置分隔设施:

(1) 双向六车道及以上的道路,当无中央分隔带且不设防撞护栏时,应在中间带设分隔栏杆,栏杆净高不宜低于1.10 m;在有行人穿行的断口处,应逐渐降低护栏高度,且不高于0.70 m,降低后的长度不应小于停车视距(可参考GB 55011—2021表3.2.3);断口处应设置分隔柱；

(2) 双向四车道及以上的道路，机动车道和非机动车道为一幅路设计，应在机动车道和非机动车道之间设置分隔栏杆；

(3) 非机动车流量达到饱和或机动车有随意在路边停车现象时，机动车道和非机动车道为一幅路断面，宜在机动车道和非机动车道之间设置分隔栏杆；

(4) 机动车道和非机动车道为共板断面，路口功能区范围宜设非机动车和机动车分隔栏杆；在路口设置时，应避免设置分隔栏杆后妨碍转弯和掉头车辆的行驶；

(5) 非机动车道和人行道为共板断面，宜在非机动车道和人行道之间设置分隔栏杆；

(6) 非机动车道高于边侧地面有跌落危险时，应在非机动车道边侧设置分隔栏杆；

(7) 人行道和绿地之间可根据情况设置分隔栏杆；

(8) 人行道和停车场、设施带之间，需要进行功能分区的位置可设置分隔栏杆；

(9) 交叉路口人行道边缘、行人汇聚点的边缘可设置分隔柱。

根据《城市道路交通设施设计规范》(GB 50688—2011，2019 年版)的规定，分隔设施的设计应符合：

(1) 分隔设施的高度应根据需要确定；分隔柱的间距宜为 1.3 m～1.5 m；

(2) 分隔设施的结构应坚固耐用、便于安装、易于维修，宜为组装式；

(3) 分隔设施的颜色宜醒目；没有照明设施的地方，分隔设施表面应能反光；

(4) 分隔栏杆在符合设置的路段应连续设置，不应留有断口。

【评价内容-2】 城市桥梁、地下道路按规定设置限高、限重、限行等标识[1]。

【评价方法】 查阅政府、相关部门、单位资料。随机抽查建成区内不少于 5 处城市桥梁和地下道路，现场复核设施设置情况。

【自评梳理建议】

1. 城市桥梁和地下道路清单；

2. 限高、限重、限行等标识现场照片。

【释义】

1. 按规定设置限高、限重、限行等标识

根据《城市道路交通标志和标线设置规范》(GB 51038—2015)的规定，禁止各类或某类机动车驶入的道路，应设置禁止各类或某类机动车驶入标志。当禁止各类或某类机动车驶入标志有时间、车种、轴重、质量等规定时，应采用辅助标志说明。道路、桥梁、隧道等应设置限制质量或限制轴重标志。当允许通行的车辆装载宽度有特殊限制时，应设置限制宽度标志。当机动车道路建筑限界净高小于 4.5 m，非机动车道路建筑限界净高小于 2.5 m 时，必须设置限制高度标志。当每个机动车车道上方的净空相差 0.1 m 以上，且净高均小于 4.5 m 时，必须在每个车道上方设置限制高度标志。

根据《城市地下道路工程设计规范》(CJJ 221—2015)的规定，地下道路入口前应设置的交通标志包括地下道路指示标志，以及根据交通管理需求而设置的限速、限高、限制通行、禁止停车、禁止超车等禁令标志。

根据《城市道路交通工程项目规范》(GB 55011—2021)的规定，交通标志及其支架不得侵入道路建筑限界，其版面信息不得被其他物体遮挡。交通标志版面和标线的信息应满足一致性、连续性、逻辑性、协调性及视认性的要求。隧道内的应急、消防、避险等指示标志，应采用主动发光标志或照明式标志。同时，道路交通标志的分类、颜色、形状、字符、尺寸、图形、设置、使用和维护以及制作应符合《道路交通标志和标线 第 2 部分：道路交通标志》(GB 5768.2—2022)的要求。

【评价内容－3】 中小学校、幼儿园周边不少于 150 m 范围内交通安全设施[1] 齐全。

【评价方法】 查阅政府、相关部门、单位资料。随机抽查建成区内不少于 5 所中小学校、幼儿园，现场复核设施设置情况。

【自评梳理建议】

1. 城市中小学和幼儿园清单；

2. 交通安全设施现场照片。

【释义】

1. 交通安全设施

为保障校园周边道路交通安全和畅通，应根据《中小学与幼儿园校园周边道路交通设施设置规范》(GA/T 1215—2014)的规定设置交通信号灯、交通标志和标线、人行设施、分隔设施、监控设施、照明设施等。其中交通标志和标线同时执行《道路交通标志和标线　第8部分：学校区域》(GB 5768.8—2018)的相关规定。

校园出入口不应设置在交叉口范围内，宜设置距交叉口范围100 m以外；校园出入口不宜设置在城市主干路或国省道上；校园出入口距校门的距离宜大于12 m。

(1) 交通信号灯设置要求：

① 校园周边道路交叉路口应设置信号灯；

② 校园周边道路施划了人行横道线的，按下列规定设置信号灯：

a)单向2车道及以上的城市道路应设置；

b)单向1车道的城市道路宜设置；

c)双向2车道及以上的公路应设置。

(2) 校园周边道路交通标志的设置要求：

① 进入校园周边道路和离开校园周边道路处，应设置限制速度标志及解除限制速度标志(限速值为30 km/h)或区域限制速度及解除标志，设置限制速度标志的，应附加“学校区域”辅助标志；

② 禁止停车路段应设置禁止停车标志，禁止长时停车标志可和限时长停车标志并设；

③ 设置了校车专用停车位的，应设置校车专用停车位标志；

④ 应设置注意儿童标志；

⑤ 因受地形或其他因素影响，当设置的交通信号灯不易被驾驶员发现的，应设置注意信号灯标志；

⑥ 设置了交通监控设施的,应设置交通监控设备标志;

⑦ 设置了减速丘的,应设置路面高突标志;

⑧ 施划人行横道线的,应设置停车让行标志和注意避让行人提示文字。

(3) 校园周边道路交通标线的设置要求:

① 校园出入口 50 m 范围内无立体过街设施应施划人行横道线,宽度不应小于 6 m;

② 校园出入口应施划网状线;

③ 设置了临时停车位的,应施划机动车限时停车位标线;

④ 设置了校车专用停车位的,应施划校车专用停车位标线;

⑤ 路段施划人行横道线的,应施划停止线和人行横道预告标识线;

⑥ 路面可施划“注意儿童”路面文字或图形标记。

(4) 校园周边道路人行设施的设置要求:

① 城市校园周边道路应设置永久或临时性人行道,宽度不小于 2 m,新、改建校园周边道路应设置永久性人行道,宽度不得小于 3 m;

② 农村校园周边道路宜设置永久或临时性人行道;

③ 符合下列条件之一的,校园周边道路应设置人行天桥、地道或机动车下穿立交设施:

a)横穿道路的高峰小时人流量超过 5000 per/h 且双向高峰小时交通量大于 1200 pcu/h;

b)横穿城市快速路;

c)校园周边道路发生过因学生过街而导致交通死亡事故。

(5) 监控设施设置要求:

视频监控系统应覆盖校园周边道路。校园周边道路应安装测速设备。

信号控制交叉口及信号控制人行横道处应设置交通违法监测记录设备,具有闯红灯自动记录功能、超速监测记录功能、实线变换车道监测记录功能、不按导向车道行驶监测记录功能。

(6) 照明设施设置要求:

校园周边道路应设置人工照明设施。受条件限制无法设置照明设施的，应在校园出入口设置反光或发光交通设施。

2.2.4 城市防洪排涝安全设施

【评价内容-1】 城市堤防、河道等防洪工程按规划标准[1]建设。管网、泵站等设施按城市排水防涝规划要求建设[2]。

【评价方法】 查看政府防洪规划、排水防涝规划、防洪工程等资料。随机抽查建成区内不少于 2 处防洪工程，现场复核。

【自评梳理建议】

1. 城市防洪规划、城市排水防涝规划；

2. 近三年城市堤防、河道等防洪工程以及管网、泵站等设施建设清单；

3. 防洪堤防达标率计算过程和结果(依据 TD/T 1063—2021 表 B.3 B-15)。

【释义】

1. 规划标准

根据《城市防洪规划规范》(GB 51079—2016)的规定，城市防洪规划应根据《防洪标准》(GB 50201—2014)确定城市防洪标准，根据城市用地布局、设施布点方面的差异性，进行城市用地防洪安全布局。城市防护区的防护等级和防洪标准见表 2-6(《防洪标准》(GB 50201—2014))。

表 2-6　城市防护区的防护等级和防洪标准

防护等级	重要性	常住人口(万人)	当量经济规模(万人)	防洪标准[重现期(年)]
Ⅰ	特别重要	≥150	≥300	≥200
Ⅱ	重要	<150，≥50	<300，≥100	200～100
Ⅲ	比较重要	<50，≥20	<100，≥40	100～50
Ⅳ	一般	<20	<40	50～10

城市防洪工程设计标准见表 2-7(《城市防洪工程设计规范》(GB/T 50805—2012))。

表 2-7 城市防洪工程设计标准

城市防洪工程等级	设计标准(年)			
	洪水	涝水	海潮	山洪
Ⅰ	≥200	≥20	≥200	≥50
Ⅱ	≥100 且<200	≥10 且<20	≥100 且<200	≥30 且<50
Ⅲ	≥50 且<100	≥10 且<20	≥50 且<100	≥20 且<30
Ⅳ	≥20 且<50	≥5 且<10	≥20 且<50	≥10 且<20

城市防洪体系和防洪工程措施与非工程措施应符合《城市防洪规划规范》(GB 51079—2016)第六章的要求。

当城市受技术经济条件限制时,可分期逐步达到防洪标准。

2. 按城市排水防涝规划要求建设

根据《贯彻落实国务院办公厅〈关于做好城市排水防涝设施建设工作通知〉的通知》的要求,住房城乡建设部门负责排水管网、排涝泵站等排涝设施的规划建设,加强日常维护管理。根据江苏省委办公厅《城市治理与服务十项行动方案》的要求,到 2020 年,全省各设区市、苏南县(市)率先建成较为完善的城市排水防涝工程体系,其他县(市)建成基本完善的城市排水防涝工程体系。

根据《江苏省城市内涝治理实施方案(2021—2025)》的要求,各市、县应实施管网和泵站建设与改造工程。新开发建设区域采用雨污分流体制,按照《室外排水设计标准》(GB 50014—2021)原则采用上限标准建设雨水管道和泵站。结合排水分区和易涝积水点分布,加快对现状管网和泵站排水能力评估,能力不足的制定改造计划,分期分批实施,优先改造设计重现期不足 1 年一遇的雨水管道。推进排水管渠排查和功能性、结构性检测,改造混错接雨污水管网,修复破损和功能失效的设施。加强泵站标准化改造,提高设备性能和自动化控制水平，所有泵站应设置双回路电源或备用电源。针对部分雨水箅、排放口、截流井等附属设施能力不足问题，加大改造力度，确保收水和排水能力相匹配、排水顺畅。

各地应制定实施方案和工作计划，逐项细化时间表和路线图，定期调度项目进展情况，加快推动城市内涝治理工作取得实效。

【评价内容－2】 城市易淹易涝片区按整改方案和计划[1] 完成防涝改造。

【评价方法】 查看城市易淹易涝片区整改方案和计划。随机抽查建成区内不少于2处防涝改造，现场复核。

【自评梳理建议】

1. 城市易淹易涝片区排查计划和实施情况；
2. 城市易淹易涝片区清单和整改方案；
3. 城市易淹易涝片区整改完成情况(整改验收材料)；
4. “一点一策”整治方案及实施情况。

【释义】

1. 整改方案和计划

根据《关于实施城市更新行动的指导意见》要求，统筹防洪排涝工作，系统推进全域海绵城市建设和易淹易涝片区整治。根据《城市治理与服务十项行动方案》的要求，行业主管部门应制定和实施易淹易涝片区整治方案，有效避免城市新建和改造过程中出现新的易淹易涝片区。

整治方案可以参考《关于做好城市排水防涝补短板建设的通知》，坚持近远结合、突出重点的原则，既要为全面完善排水防涝工程体系建设做好基础，又要着重解决当前对居民生活生产影响较大的内涝积水问题。方案要针对城市低洼地段及人口密集区域、立交桥等道路集中汇水区域、地铁及重要市政基础设施等易涝点，逐一明确治理任务、完成时限、责任单位和责任人，并落实具体工程建设任务和投资规模。

根据《江苏省城市内涝治理实施方案(2021—2025)》的要求，动态开展城市易涝积水点整治，针对当年新出现的积水点，分析积水成因，制定"一点一策"整治方案,及时消除积水现象。

2.2.5 地下综合管廊

【评价内容-1】 城市新区[1] 新建道路综合管廊建设[2] 率>30%;城市道路综合管廊配建率>2%。

【评价方法】 查阅政府、相关部门、单位资料。

【自评梳理建议】

1. 城市新区范围说明;
2. 城市新区新建道路综合管廊建设率计算和说明;
3. 城市道路综合管廊配建率计算和说明。

【释义】

1. 城市新区

在旧有城区之外拟规划新建或已建成的具备相对独立性和完整性,具有新型城市景观,以某一个或某几个城市功能为主导的新城区。

2. 新建道路综合管廊建设

根据《全国城市市政基础设施建设"十三五"规划》的要求,要有序推进综合管廊建设,至2020年,城市道路综合管廊综合配建率力争达到2%左右,城市新区新建道路综合管廊建设率达到30%。

结合城市发展特点和道路建设规划,参照《城市地下综合管廊建设规划技术导则》编制综合管廊建设规划,并按程序进行审批。

【评价内容-2】 地下综合管廊的管线入廊率达100%[1]。

【评价方法】 查阅政府、相关部门、单位资料。

【自评梳理建议】

1. 已建地下综合管廊的设计说明;
2. 已建地下综合管廊的现有入廊管线清单。

【释义】

1. 入廊率达100%

根据《关于推进城市地下综合管廊建设的实施意见》的要求,凡建有地下综合管廊的区域，各类管线必须全部入廊。在地下综合管廊以外的位置新建管线的，规划部门不予许可审批，建设部门不予施工许可审批，市政道路部门不予掘路许可审批。既有管线要根据实际情况，因地制宜、逐步有序迁移至地下综合管廊。

2.3　城市产业安全改造与升级

2.3.1　城市禁止类产业目录

【评价内容】 制定城市安全生产禁止和限制类产业目录[1]。

【评价方法】 查阅政府、相关部门、单位资料。

【自评梳理建议】

1. 《危险化学品禁止、限制和控制目录》全文和发布文件；

2. 安全生产相关禁止、限制类产业目录（或者指导性文件）全文和发布文件。

【释义】

1. 禁止和限制类产业目录

城市应根据产业和地方特点制定本地区安全生产禁止和限制类目录。禁止类是指不允许新增固定资产投资项目，不允许新设立或新迁入法人单位，产业活动单位、个体工商户；限制类主要包括区域限制、规模限制和产业环节、工艺及产品限制。

城市安全生产禁止和限制类产业目录编制应参照以下文件：

（1）《产业结构调整指导目录（2019 年本）》（2021 年修改）；

（2）《关于印发〈江苏省化工产业结构调整限制、淘汰和禁止目录（2020 年本）〉的通知》；

（3）《关于加快全省化工钢铁煤电行业转型升级高质量发展的实施意见》附件 3“江苏省产业结构调整限制、淘汰和禁止目录”；

（4）《关于印发〈淘汰落后安全技术装备目录（2015 年第一批）〉的通知》；

(5)《关于印发〈淘汰落后安全技术工艺、设备目录(2016 年)〉的通知》;

(6)《推广先进与淘汰落后安全技术装备目录(第二批)》;

(7)《金属非金属矿山禁止使用的设备及工艺目录(第一批)》;

(8)《金属非金属矿山禁止使用的设备及工艺目录(第二批)》;

(9)《淘汰落后危险化学品安全生产工艺技术设备目录(第一批)》。

2.3.2 高危行业搬迁改造与升级

【评价内容-1】 制定高危行业企业退出、改造或转产等奖励政策、工作方案和计划[1],并按计划逐步落实推进[2]。

【评价方法】 查阅政府、相关部门、企业资料,现场复核。

【自评梳理建议】

1. 政策文件、工作方案和计划;
2. 落实推进情况说明。

【释义】

1. 制定高危行业企业退出、改造或转产等奖励政策、工作方案和计划

《关于加快全省化工钢铁煤电行业转型升级高质量发展的实施意见》对化工、钢铁、煤电产业提出了退出、改造或转产等相关政策和工作要求。创建主体要严格落实国家和省级产业规划政策,制定实施产业准入负面清单,制定实施“严于过去、高于全国”的行业技术、能耗、环保、安全等标准。对符合产业规划的产能退出企业、重大布局调整项目和兼并重组项目等,统筹运用产业规划、专项资金、税收优惠、人员安置、债务处置、能源保障、项目用地、岸线管理以及产能指标、能源消费总量指标、煤炭消费总量指标、污染物排放总量指标等政策进行支持。

根据《“十四五”危险化学品安全生产规划方案》实施危险化学品企业安全改造工程。协同有关部门有序推进城镇人口密集区危险化学品生产企业搬迁改造,全面完成搬迁改造任务。推动化工园区内安

全距离不足的劳动密集型企业和居民实施搬迁。对企业内部不满足安全要求的平面布局实施改造，加快整改不符合安全布局要求的控制室、交接班室、办公室、休息室、外操室、巡检室等人员聚集场所，确保重要设施的平面布置、朝向、安全距离合规。持续实施安全仪表系统、自动化控制、工艺优化和技术更新改造，开展安全风险监测预警、罐区仓库智能化信息化管理能力提升改造，推进高危工艺装置现场无人化示范项目。

2. 按计划逐步落实推进

对于城镇人口密集区的化工企业，地方应根据《关于推进城镇人口密集区危险化学品生产企业搬迁改造的指导意见》制定搬迁改造计划，并按计划逐步落实推进。到2025年，城镇人口密集区现有不符合安全和卫生防护距离要求的危险化学品生产企业就地改造达标、搬迁进入规范化工园区或关闭退出，企业安全和环境风险大幅降低。其中，中小型企业和存在重大风险隐患的大型企业2018年底前全部启动搬迁改造，2020年底前完成；其他大型企业和特大型企业2020年底前全部启动搬迁改造，2025年底前完成。

【评价内容-2】 新建危险化学品生产企业进园入区[1]率100%。

【评价方法】 查阅政府、相关部门、企业资料，现场复核。

【自评梳理建议】

1. 近三年危险化学品建设项目清单；

2. 辖区内化工园区情况说明（包括“四至”范围、风险等级、封闭化管理、项目安全准入、数智化建设等）；

3. 化工园区“禁限控”目录和入园项目安全准入条件。

【释义】

1. 新建危险化学品生产企业进园入区

根据《关于促进石化产业绿色发展的指导意见》的要求，新建化工项目须进入合规设立的化工园区，推动环境敏感区、人口密集区危险化学品生产企业搬迁入园。

根据《关于印发江苏省危险化学品安全综合治理实施方案的通

知》的要求，新建（含搬迁）化工项目必须进入已经依法完成规划环评审查的化工园区。

根据《化工园区安全整治提升“十有两禁”释义》的要求，化工园区制定“禁限控”目录时，应遵循当地产业发展要求，结合地区地域情况、资源条件、生态环境、安全应急、项目准入、人才队伍等因素，优先引入符合产业集聚性和产业链关联性的化工项目，逐步形成符合园区自身发展特点的、相对完整的“上中下游”产业链和主导产业，实现化工园区内资源的有效配置和充分利用。化工园区应按照《危险化学品生产建设项目安全风险防控指南（试行）》要求，制定项目安全准入条件，明确项目审批、项目工艺技术、自动化水平、人才配备、投资额度等方面的要求。严禁建设与园区产业发展规划无关的化工项目；严禁新建、扩建列入国家发展改革委发布的《产业结构调整指导目录》淘汰类、限制类的化工项目；严禁新建、扩建涉及应急管理部发布的《淘汰落后危险化学品安全生产工艺技术设备目录》有关工艺技术或设备的化工项目。

第3章　城市安全风险防控

3.1　城市工业企业

3.1.1　危险化学品企业运行安全风险

【评价内容-1】　危险化学品重大危险源的企业视频和安全监控系统[1]安装率及危险化学品监测预警系统[2]建设完成率100%。

【评价方法】　查阅政府、相关部门资料。随机抽查不少于5家危险化学品重大危险源企业。查看各级重大危险源监测预警系统。

【自评梳理建议】

1. 危险化学品重大危险源企业清单；

2. 重大危险源安全评估报告及备案文件；

3. 近一年各级应急管理部门内部通报记录(危险化学品安全生产风险监测预警系统)。

【释义】

1. 视频和安全监控系统

根据《危险化学品重大危险源监督管理暂行规定》中第十三条的要求，危险化学品单位应当根据构成重大危险源的危险化学品种类、数量、生产、使用工艺(方式)或者相关设备、设施等实际情况，按照下列要求建立健全安全监测监控体系，完善控制措施：

(1) 重大危险源配备温度、压力、液位、流量、组分等信息的不间断采集和监测系统以及可燃气体和有毒有害气体泄漏检测报警装置，并具备信息远传、连续记录、事故预警、信息存储等功能；一级或者二级重大危险源，具备紧急停车功能；记录的电子数据的保存时间不少于30天；

(2) 重大危险源的化工生产装置装备满足安全生产要求的自动化控制系统；一级或者二级重大危险源，装备紧急停车系统；

(3) 对重大危险源中的毒性气体、剧毒液体和易燃气体等重点设施，设置紧急切断装置；毒性气体的设施，设置泄漏物紧急处置装置；涉及毒性气体、液化气体、剧毒液体的一级或者二级重大危险源，配备独立的安全仪表系统(SIS)；

(4) 重大危险源中储存剧毒物质的场所或者设施，设置视频监控系统；

(5) 安全监测监控系统符合国家标准或者行业标准的规定。

根据《"十四五"危险化学品安全生产规划方案》的要求，拓展深化重大危险源在线监测预警系统功能开发和应用，推进系统迭代升级、动态优化，区分特别管控(红色)、重点关注(黄色)和一般监管(绿色)，建立完善重大危险源企业安全风险分级管控和动态监测预警常态化机制。

企业重大危险源视频和安全监控系统的建设可参考《危险化学品重大危险源安全监控通用技术规范》(AQ 3035—2010)、《危险化学品重大危险源 罐区现场安全监控装备设置规范》(AQ 3036—2010)、《危险化学品重大危险源安全监测预警系统建设规范 第1部分：通则》(DB32/T 1321.1—2019)、《危险化学品重大危险源安全监测预警系统建设规范 第2部分：视频监测子系统》(DB32/T 1321.2—2019)、《危险化学品重大危险源安全监测预警系统建设规范 第3部分：实体防入侵监测预警子系统》(DB32/T 1321.3—2019)、《危险化学品重大危险源安全监测预警系统建设规范 第4部分：传感器与仪器仪表信号安全监测预警子系统》(DB32/T 1321.4—2019)、《危险化学品重大危险源安全监测预警系统建设规范 第5部分：施工条件与工程验收》

(DB32/T 1321.5—2019)、《企业危险化学品重大危险源安全监控预警系统技术规范》(DB32/T 3389—2018)等标准规范。

2. 危险化学品监测预警系统

根据《关于加快推进危险化学品安全生产风险监测预警系统建设的指导意见》的要求,2019年底前,初步建成全国联网的危险化学品监测预警系统,一、二级重大危险源企业的重要实时监控视频图像和预警数据全部接入危险化学品监测预警系统。拥有一、二级重大危险源的化工园区建成安全监管信息平台,实现对园区内危险化学品企业的在线实时动态监管和自动预警。市级应急管理部门利用省级系统或自建系统对危险化学品企业实时监测和风险管控。健全完善危险化学品基础信息库,形成"一园一档""一企一档",提高精细化监管水平。在此基础上,再利用3年时间,逐步完善系统功能,拓展到对全部危险化学品重大危险源的在线监测,不断提升系统数据处理、智能分析研判能力,实现智能实时预警。

根据《关于全面加强危险化学品安全生产工作的意见》的要求,2020年底前实现涉及"两重点一重大"的化工装置或储运设施自动化控制系统装备率、重大危险源在线监测监控率均达到100%。

根据《"十四五"危险化学品安全生产规划方案》的要求,对危险化学品生产企业以外的化工企业,凡涉及重大危险源、重点监管的危险化工工艺的企业,全部纳入危险化学品安全风险监测预警系统重点管控范围。对于化学合成类药品生产企业,凡涉及重大危险源、重点监管的危险化工工艺的医药企业,全部纳入危险化学品安全风险监测预警系统重点管控范围。

根据《危险化学品安全生产风险监测预警系统信息通报制度(试行)》的要求,信息通报分为应急管理系统内部通报和向社会公开通报。内部通报是指各级应急管理部门以日报、周报等形式,按照高低排名,在系统内部就监测预警系统应用情况进行的通报,市县应急管理部门内部通报内容详见文件。各级应急管理部门可通过政府网站、公报、会议以及报刊、广播、电视等向社会公开通报。

【评价内容－2】 涉及重点监管危险化工工艺和重大危险源的危险化学品生产装置和储存设施安全仪表系统装备[1] 率 100%。

【评价方法】 查阅政府、相关部门资料。随机抽查不少于 5 家涉及重点监管危险化工工艺和重大危险源的化工企业。

【自评梳理建议】

1. 涉及重点监管危险化工工艺企业名单；
2. 企业本质安全诊断报告及专家审查意见。

【释义】

1. 安全仪表系统装备

根据《关于加强化工安全仪表系统管理的指导意见》的要求，化工安全仪表系统（SIS）包括安全联锁系统、紧急停车系统和有毒有害、可燃气体及火灾检测保护系统等。设计安全仪表系统之前要明确安全仪表系统过程安全要求、设计意图和依据。要通过过程危险分析，充分辨识危险与危险事件，科学确定必要的安全仪表功能，并根据国家法律法规和标准规范对安全风险进行评估，确定必要的风险降低要求。根据所有安全仪表功能的功能性和完整性要求，编制安全仪表系统安全要求技术文件。严格按照安全仪表系统安全要求技术文件设计与实现安全仪表功能。通过仪表设备合理选择、结构约束（冗余容错）、检验测试周期以及诊断技术等手段，优化安全仪表功能设计，确保实现风险降低要求。要合理确定安全仪表功能（或子系统）检验测试周期，需要在线测试时，必须设计在线测试手段与相关措施。详细设计阶段要明确每个安全仪表功能（或子系统）的检验测试周期和测试方法等要求。严格安全仪表系统的安装调试和联合确认。应制定完善的安装调试与联合确认计划并保证有效实施，详细记录调试（单台仪表调试与回路调试）、确认的过程和结果，并建立管理档案。施工单位按照设计文件安装调试完成后，企业在投运前应依据国家法律法规、标准规范、行业和企业安全管理规定以及安全要求技术文件，组织对安全仪表系统进行审查和联合确认，确保安全仪表功能具备既定的功能和满足完整性要求，具备安全投用条件。加强化工企业安全仪表系统操作和维护管理。化工企业要编制安全仪表系统操作维护计划和规程，保证安全仪表系统能够可靠执行所有安全仪表功能，实现功能安全。要按照符合安全完整性要求的检验测试周期，对安全仪表功能进行定期全面检验测试，并详细记录测试过程和结果。要加强安全仪表系统相关设备故障管理（包括设备失效、联锁动作、误动作情况等）和分析处理，逐步建立相关设备失效数据库。要规范安全仪表系统相关设备选用，建立安全仪表设备准入和评审制度以及变更审批制度，并根据企业应用和设备失效情况不断修订完善。逐步完善安全仪表系统管理制度和内部规范。企业要制定和完善安全仪表系统相关管理制度或企业内部技术规范，把功能安全管理融入企业安全管理体系，不断提升过程安全管理水平。

根据《关于开展重点化工（危险化学品）企业本质安全诊断治理专项行动的通知》的要求，对涉及重点监管危险化工工艺的生产装置、储存设施自动化控制系统，企业可联合专业机构开展 HAZOP 等风险分析或对原 HAZOP 分析报告进行复核，委托设计单位根据风险分析提出的对策措施，完善自动化控制系统并实施治理。企业应委托第三方开展安全仪表系统安全完整性（SIL）等级评估或验算。企业本质安全诊断报告应符合《本质安全诊断治理基本要求》。

根据《江苏省危险化学品安全综合治理方案》的要求，新建化工和危险化学品项目自动化控制系统装备率达 100%，在役涉及“两重点一重大”的装置自动化控制系统改造升级率 2020 年底前达 100%。

【评价内容－3】 油气长输管道定检率[1]、安全距离[2] 达标率、途经人员密集场所高后果区[3] 安装监测监控[4] 率 100%。

【评价方法】 查阅政府、相关部门资料。随机抽查不少于 5 处途经人员密集场所的油气长输管道。

【自评梳理建议】

1. 区域内油气长输管道线路走向示意图；

2. 油气长输管道定期检查、检验资料（年度检查资料、全面检验报告、合于使用评价报告)；

3. 人员密集型高后果区风险评价报告。

【释义】

1. 油气长输管道定检率

根据《“十四五”危险化学品安全生产规划方案》的要求，实施油气长输管道本质安全提升工程，深化完整性管理，严格落实法定检验制度，推进安全隐患集中管段更新改造；集中攻关管道裂纹、应力检测难题，完善高强钢管道焊接与检测技术措施，系统性治理管道本体缺陷。

根据《石油天然气管道保护法》第二十三条的要求，管道企业应当定期对管道进行检测、维修，确保其处于良好状态；对管道安全风险较大的区段和场所应当进行重点监测，采取有效措施防止管道事故的发生。

根据《压力管道定期检验规则 长输(油气)管道》(TSG D7003—2010)的规定，管道的定期检验通常包括年度检查、全面检验和合于使用评价。

年度检查是指运行过程中的常规性检查。年度检查至少每年1次，进行全面检验年度可以不进行年度检查；年度检查通常由管道使用单位长输管道作业人员进行，也可委托经国家质量监督检验检疫总局核准，具有相应资质的检验检测机构进行。

全面检验是指按一定的检验周期对在用管道进行基于风险的检验。新建管道一般于投用后3年内进行首次全面检验，首次全面检验之后的全面检验周期根据TSG D7003—2010第二十三条的规定开展。承担全面检验的检验机构，应当经国家市场监督管理总局核准，并且在核准的范围内开展工作。

合于使用评价，在全面检验之后进行。合于使用评价包括对管道进行的压力分析计算；对危害管道结构完整性的缺陷进行的剩余强度评估与超标缺陷安全评定；对危害管道安全的主要潜在危险因素进行的管道剩余寿命预测，以及在一定条件下开展的材料适用性评价。承担合于使用评价的机构应当具备国家市场监督管理总局核准的合于使用评价资质。

属于下列情况之一的管道，应当适当缩短全面检验周期：

(1) 位于事故后果严重区内的；

(2) 1 年内多次发生泄漏事故以及受自然灾害、第三方破坏严重的；

(3) 发现应力腐蚀、严重局部腐蚀或者全面性腐蚀的；

(4) 承受交变载荷，可能导致疲劳失效的；

(5) 防腐(保温)层损坏严重或者无有效阴极保护的；

(6) 风险评估发现风险值较高的；

(7) 年度检查中发现除本条前几项以外的严重问题；

(8) 检验人员和使用单位认为应当缩短检验周期的。

属于下列情况之一的管道，如超出风险可接受程度，应当立即进行全面检验和合于使用评价：

(1) 运行工况发生显著改变从而导致运行风险提高的；

(2) 输送介质种类发生重大变化，改变为更危险介质的；

(3) 停用超过 1 年后再启用的；

(4) 年度检查结论要求进行全面检验的；

(5) 所在地发生地震、滑坡、泥石流等重大地质灾害的；

(6) 有重大改造维修的。

2. 安全距离

根据《石油天然气管道保护法》第十三条和第三十一条的要求，管道建设的选线应当避开地震活动断层和容易发生洪灾、地质灾害的区域，与建筑物、构筑物、铁路、公路、航道、港口、市政设施、军事设施、电缆、光缆等保持法律、行政法规以及国家技术规范的强制性要求规定的保护距离。在管道线路中心线两侧和管道附属设施周边修建下列建筑物、构筑物的，建筑物、构筑物与管道线路和管道附属设施的距离应当符合国家技术规范的强制性要求：

(1) 居民小区、学校、医院、娱乐场所、车站、商场等人口密集的建筑物；

(2) 变电站、加油站、加气站、储油罐、储气罐等易燃易爆物品的生产、经营、存储场所。

油气长输管道安全距离主要根据《危险化学品输送管道安全管理规定》、《输油管道工程设计规范》(GB 50253—2014)、《输气管道工程设计规范》(GB 50251—2015)、《工业金属管道设计规范》(GB 50316—2000,2008 版)、《石油天然气工程设计防火规范》(GB 50183—2004)、《城镇燃气设计规范》(GB 50028—2006)等文件和标准确定。

3. 人员密集场所高后果区

高后果区指管道泄漏后可能对公众和环境造成较大不良影响的区域。《油气输送管道完整性管理规范》(GB 32167—2015)第六章规定了输油管道和输气管道高后果区的识别准则。识别高后果区时,高后果区边界设定为距离最近一幢建筑物外缘 200 m。高后果区分为三级,Ⅰ级代表最小的严重程度,Ⅲ级代表最大的严重程度。

(1) 输油管道人员密集场所高后果区

① 管道中心线两侧各 200 m 范围内,任意划分成长度为 2 km 并能包括最大聚居户数的若干地段,四层及四层以上楼房(不计地下室层数)普遍集中、交通频繁、地下设施多的区段(Ⅲ级);

② 管道中心线两侧各 200 m 范围内,任意划分 2 km 长度并能包括最大聚居户数的若干地段,户数在 100 户以上的区段,包括市郊居住区、商业区、工业区、发展区以及不够四级地区条件的人口稠密区(Ⅱ级);

③ 管道两侧各 200 m 内有聚居户数在 50 户或以上的村庄、乡镇等(Ⅱ级)。

(2) 输气管道人员密集场所高后果区

根据《油气输送管道完整性管理规范》(GB 32167—2015)的规定,输气管道存在表 3-1 中任何一条规定的情形即识别为高后果区。

表 3-1　输气管道高后果区管段识别分级表

管道类型	序号	识别项	分级
输气管道	1	管道经过的四级地区,地区等级按照 GB 50251—2015 中相关规定执行	Ⅲ级
	2	管道经过的三级地区	Ⅱ级
	3	如管径大于 762 mm,并且最大允许操作压力大于 6.9 MPa,其天然气管道潜在影响区域内有特定场所的区域,潜在影响半径按公式计算	Ⅱ级
	4	如管径小于 273 mm,并且最大允许操作压力小于 1.6 MPa,其天然气管道潜在影响区域内有特定场所的区域,潜在影响半径按公式计算	Ⅰ级
	5	其他管道两侧各 200 m 内有特定场所的区域	Ⅰ级
	6	除三、四级地区外,管道两侧各 200 m 内有加油站、油库等易燃易爆场所	Ⅱ级

表 3-1 中四级地区、三级地区、特定场所含义如下:

① 四级地区:四层及四层以上楼房(不计地下室层数)普遍集中、交通频繁、地下设施多的区段;

② 三级地区:户数在 100 户或以上的区段,包括市郊居住区、商业区、工业区、规划发展区以及不够四级地区条件的人口稠密区;

③ 特定场所Ⅰ类:医院、学校、托儿所、幼儿园、养老院、监狱、商场等人群疏散困难的建筑区域;

④ 特定场所Ⅱ类:在一年之内至少有 50 d(时间计算不需连贯)聚集 30 人或更多人的区域,例如集贸市场、寺庙、运动场、广场、娱乐休闲地、剧院、露营地等。

根据《关于加强油气输送管道途经人员密集场所高后果区安全管理工作的通知》的要求,各有关企业要组织所属油气输送管道企业根据《油气输送管道完整性管理规范》(GB 32167—2015)的规定,全面开展人员密集型高后果区识别和风险评价工作,编制人员密集型高后果区风险评价报告，并按照各省级人民政府相关部门要求做好报送工作。各有关部门要全面摸清掌握本地区人员密集型高后果区现状，建立有效的更新机制，人员密集型高后果区识别时间间隔最长不能超过18个月。

4. 安装监测监控

根据《关于加强油气输送管道途经人员密集场所高后果区安全管理工作的通知》的要求，应采取提高日常巡护频次、加密设置地面警示标识、安装全天候视频监控等人防、物防、技防措施，及时阻止危及人员密集型高后果区管段安全的违法施工作业行为。

【评价内容-4】 危化品安全风险分布档案[1] 建成率100%，形成危化品安全风险“一张图一张表”[2]。

【评价方法】 查阅政府、相关部门资料；查看危化品安全风险分布档案。

【自评梳理建议】

1. 危化品安全风险分布档案；
2. 危险化学品安全风险分布汇总表和安全风险电子地图。

【释义】

1. 危化品安全风险分布档案

根据《危险化学品安全综合治理方案》《关于印发江苏省危险化学品安全综合治理实施方案的通知》等文件的要求，政府、相关部门应根据《涉及危险化学品安全风险的行业品种目录》，全面排查危险化学品生产、储存、使用、经营、运输和废弃处置等各环节的安全风险，整治涉及危险化学品的物流园区、港口、码头、机场和城镇燃气经营使用等领域的安全隐患，建立危险化学品安全风险分布档案。

2. 安全风险“一张图一张表”

根据《关于加快推进危险化学品安全风险摸排工作的通知》的规定，各地要按照《关于转发国务院安委办涉及危险化学品安全风险的行业品种目录的通知》中明确的15个门类68个大类114个行业类别，全面摸排危险化学品安全风险，完善危险化学品安全风险明细表和安全风险电子地图（“一张表一张图”）工作。设区市、县（市、区）“一张图一张表”应在省信息系统的基础上形成，“一张图”在省信息系统显示，“一张表”由省信息系统导出“危险化学品安全风险分布汇总表”。

【评价内容－5】 人口密集区[1] 危险化学品和化工企业生产、仓储场所安全搬迁工程[2] 完成率100%。

【评价方法】 查阅政府、相关部门资料。

【自评梳理建议】

1. 搬迁工程尚未完成的清单及情况说明。

【释义】

1. 人口密集区

根据《省政府办公厅关于印发江苏省推进城镇人口密集区危险化学品生产企业搬迁改造实施方案的通知》的要求，人口密集区应按照国家统计局《2016年统计用区划代码和城乡划分代码》中3位城乡分类代码进行鉴别，原则上主城区（111）、城乡结合区（112）、镇中心区（121）、镇乡结合区（122）、特殊区域（123）均属城镇人口密集区（专业化工园区、集中区除外）。

2. 安全搬迁工程

根据《“十四五”国家安全生产规划》和《“十四五”危险化学品安全生产规划》要求，有序推进城镇人口密集区危险化学品生产企业搬迁改造，全面完成搬迁改造任务。

【评价内容－6】 化工生产企业建成集重大危险源监控信息、可燃有毒气体检测报警信息、企业安全风险分区信息、生产人员在岗在位信息以及企业生产全流程管理信息等于一体的“五位一体”信息管理系统[1]。

【评价方法】 查阅政府、相关部门资料。随机抽查不少于5家涉及危化品重大危险源企业。

【自评梳理建议】

1. 化工生产企业清单；

2. 危险化学品企业清单；

3. “五位一体系统”建设验收意见。

【释义】

1. “五位一体”信息管理系统

根据《江苏省化工产业安全环保整治提升方案》的要求，到2019年底，化工生产企业建成集重大危险源监控信息、可燃有毒气体检测报警信息、企业安全风险分区信息、生产人员在岗在位信息以及企业生产全流程管理信息等于一体的信息管理系统。到2020年底前，化工园区（集中区）内企业安全、环保等监控信息全部接入园区信息管理平台，重大危险源在线监测率达100%，实现风险隐患“一表清、一网控、一体防”；园区外企业基本实现安全、环保等监控信息与地方监管部门信息平台的对接。根据《关于印发江苏省化工企业安全生产信息化管理平台建设基本要求（试行）的通知》（以下简称《基本要求》）的要求，全省化工企业要按照一次性完成总体架构设计开发的原则，一、二级重大危险源化工企业要在2019年10月底前完成重大危险源监测预警系统、实名制进出管理功能及风险研判与承诺公告功能建设；在2019年底前完成重大危险源监测预警系统、生产人员在岗在位管理系统建设及风险研判与承诺公告功能建设；在2020年底前，按照《基本要求》完成安全生产信息化管理平台建设。

根据《江苏省化工企业安全生产信息化管理平台验收指南（试行）》的要求，所有重大危险源企业要在2020年12月31日前完成安全生产信息化管理平台建设并投入运行；化工园（集中）区内重大危险源企业要加快完成安全生产信息化管理平台建设，并将数据接入园区安全监管平台；园区外重大危险源企业要将数据接入设区市或县（市、区）安全监管平台。其他化工企业要结合实际参照重大危险源企业要求有序开展安全生产信息化管理平台验收工作。

危险化学品企业应落实《“工业互联网＋安全生产”行动计划

（2021—2023年）》和《“工业互联网＋危化安全生产”试点建设方案》工作安排，推动危险化学品安全风险管控数字化转型智能化升级。根据《危险化学品企业安全风险智能化管控平台建设指南（试行）》，安全风险智能化管控平台建设坚持以有效防范化解重大安全风险为目标，突出安全基础管理、重大危险源安全管理、安全风险分级管控和隐患排查治理双重预防机制、特殊作业许可与作业过程管理、智能巡检、人员定位等基本功能，打造企业“工业互联网＋危化安全生产”新基础设施建设，推动企业安全基础管理数字化、风险预警精准化、风险管控系统化、危险作业无人化、运维辅助远程化，为实现危险化学品企业安全风险管控数字化转型智能化升级注入新动能。

3.1.2　尾矿库、渣土受纳场运行安全风险

【评价内容－1】　定期开展尾矿库安全现状评价[1]。

【评价方法】　查阅相关资料。

【自评梳理建议】

1. 尾矿库清单（处于生产运行期的）；
2. 尾矿库安全现状评价报告及专家意见。

【释义】

1. 尾矿库安全现状评价

根据《尾矿库安全监督管理规定》第十九条的要求，尾矿库应当每三年至少进行一次安全现状评价。安全现状评价应当符合《尾矿库安全规程》（GB 39496—2020）等国家标准或者行业标准的要求。尾矿库安全现状评价工作应当有能够进行尾矿坝稳定性验算、尾矿库水文计算、构筑物计算的专业技术人员参加。上游式尾矿坝堆积至二分之一至三分之二最终设计坝高时，应当对坝体进行一次全面勘察，并进行稳定性专项评价。

【评价内容－2】　三等及以上尾矿库[1] 在线监测系统[2] 正常运行率100％，风险监控系统[3] 报警信息处置率100％。

【评价方法】 抽查不少于 3 个尾矿库，查阅相关资料并现场复核。

【自评梳理建议】

1. 各尾矿库在线监测系统功能说明（监测内容、监测设施布置及监测设施的维护）；

2. 尾矿库在线监测系统安全检查记录。

【释义】

1. 三等及以上尾矿库

根据《尾矿库安全规程》（GB 36496—2020），尾矿库等别应根据尾矿库的最终全库容及最终坝高按表 3-2 确定。当两者的等差为一等时，以高者为准；当等差大于一等时，按高者降低一等。

表 3-2 尾矿库设计等别表

等别	全库容 V（10000 m^3）	坝高 H（m）
一	V≥50000	H≥200
二	10000≤V＜50000	100≤H＜200
三	1000≤V＜10000	60≤H＜100
四	100≤V＜1000	30≤H＜60
五	V＜100	H＜30

2. 在线监测系统

根据《尾矿库安全规程》（GB 36496—2020），尾矿库运行时，应按设计及时设置人工安全监测设施和在线安全监测系统，并应按照设计定期进行各项监测。根据《尾矿库安全监督管理规定》第八条的要求，鼓励生产经营单位应用尾矿库在线监测、尾矿充填、干式排尾、尾矿综合利用等先进适用技术。一等、二等、三等尾矿库应当安装在线监测系统。根据《尾矿库安全监测技术规范》（AQ 2030—2010）的规定，一等、二等、三等尾矿库应安装在线监测系统，四等尾矿库宜安装在线监测系统。在线监测系统应包含数据自动采集、传输、存储、处理分析及综合预警等部分，并具备在各种气候条件下实现适时监测的能力。

一等、二等、三等、四等尾矿库应监测位移、浸润线、干滩、库水位、降水量，必要时还应监测孔隙水压力、渗透水量、混浊度。五等尾矿库应监测位移、浸润线、干滩、库水位。在线监测系统，应具备下列基本功能：

(1) 数据自动采集功能；

(2) 现场网络数据通信和远程通信功能；

(3) 数据存储及处理分析功能；

(4) 综合预警功能；

(5) 防雷及抗干扰功能；

(6) 其他辅助功能，包括数据备份、掉电保护、自诊断及故障显示等功能。

生产经营单位应加强在线监测系统的安全检查，主要检查内容包括：

(1) 监测内容及监测预警值的设置是否满足设计要求；

(2) 监测设施的设置是否满足设施要求，监测设施是否有损坏，是否运行正常；

(3) 监测设施是否定期检查和维护，监测设施的可靠性和完整性，人工监测设施与在线监测设施是否定期比对和校正。

3. 风险监控系统

风险监控系统是基于在线监测系统增加风险防控和预警功能，针对尾矿库关键指标进行系统的、实时的监测和安全生产风险分析、预警和防控，主要功能包括综合监测各类数据、风险评估、风险预警和风险趋势预测与研判等。风险监控系统应符合《尾矿库在线安全监测系统工程技术规范》(GB 51108—2015)第八章的规定。

【评价内容－3】 对渣土受纳场[1] 堆积体进行稳定性验算及监测[2]。

【评价方法】 随机抽查不少于3个渣土收纳场(填埋场)，查阅相关资料并现场复核。

【自评梳理建议】

1. 城市市容环境卫生专业规划；

2. 渣土受纳场清单及稳定性验算、评估、监测资料；

3. 建筑垃圾临时堆放场地清单和审批记录。

【释义】

1. 渣土受纳场

根据《城市建筑垃圾管理规定》第五条、第九条和第十七条的规定，建筑垃圾消纳、综合利用等设施的设置，应当纳入城市市容环境卫生专业规划；任何单位和个人不得擅自设立弃置场受纳建筑垃圾，不得在街道两侧和公共场地堆放物料；因建设等特殊需要，确需临时占用街道两侧和公共场地堆放物料的，应当征得城市人民政府市容环境卫生主管部门同意后，按照有关规定办理审批手续。

2. 稳定性验算及监测

受纳场（填埋场）建设应符合城乡总体规划、土地利用总体规划及其他相关规划。受纳场（填埋场）选址时应开展选址调查与监测、环境影响评价、地质灾害危险性评估。

根据《建筑垃圾处理技术标准》（CJJ/T 134—2019）的规定，建筑垃圾堆放高度超过 3 m 时，应进行堆体和地基稳定性验算，保证堆体和地基的稳定安全。当堆放场地附近有挖方工程时，应进行堆体和挖方边坡稳定性验算，保证挖方工程安全。堆填作业过程中，如果填高超过 3 m 且堆填速率超过 3 m/月，应对各阶段完成的堆体和地基稳定性进行稳定性评估。

安全稳定性分析应主要包括：受纳场区水文地质工程地质分析、物理力学性质分析、受纳场堆置要素与计算方案、稳定性计算分析、安全稳定性对策措施、稳定性分析结论及建议。稳定性计算应根据堆置要素和潜在的破坏方式采取相应的计算方法。计算方法主要包括定性分析方法和定量计算方法，分析中宜采用定性分析与定量计算相结合。当原坡面为斜坡时，应验算填土沿斜坡滑动的稳定性。

对于堆积容量和堆置高度较大的受纳场（填埋场），应进行稳定性监测。受纳场周边边坡工程应开展监测工作，监测项目应考虑其安全等级、支护结构变形控制要求、地质和支护结构特点等综合选取。土石坝工程应进行专门的监测设计。监测方案应根据坝的级别、高度、结构型式以及地形、地质等条件，设置必要的监测项目，进行系统监测和分析。受纳场堆填过程中，应对堆体开展表面水平位移、深层水平位移、沉降以及地下水位监测。

【评价内容－4】 废弃尾矿库100%实施闭库[1]或有效治理[2]。

【评价方法】 随机抽查不少于3个废弃尾矿库，查阅相关资料并现场复核。

【自评梳理建议】

1. 废弃尾矿库清单(包括完成闭库和未完成闭库的)；
2. 废弃尾矿库销号批准文件。

【释义】

1. 尾矿库闭库

根据《尾矿库安全监督管理规定》第二十八条的要求，尾矿库运行到设计最终标高或者不再进行排尾作业的，应当在一年内完成闭库。特殊情况不能按期完成闭库的，应当报经相应的安全生产监督管理部门同意后方可延期，但延长期限不得超过6个月。库容小于10万立方米且总坝高低于10米的小型尾矿库闭库程序，由省级安全生产监督管理部门根据本地实际制定。

闭库相关程序执行《尾矿库安全监督管理规定》第二十九条、第三十条和第三十一条的规定，尾矿库运行到设计最终标高的前12个月内，生产经营单位应当进行闭库前的安全现状评价和闭库设计，闭库设计应当包括安全设施设计，并编制安全专篇。闭库安全设施设计应当经有关安全生产监督管理部门审查批准。生产经营单位申请尾矿库闭库工程安全设施验收，向安全生产监督管理部门提交尾矿库闭库工程安全设施验收申请报告。

2. 有效治理

根据《尾矿库安全监督管理规定》第三十二条的规定，尾矿库闭库工作及闭库后的安全管理由原生产经营单位负责。对解散或者关闭破产的生产经营单位,其已关闭或者废弃的尾矿库的管理工作,由生产经营单位出资人或其上级主管单位负责;无上级主管单位或者出资人不明确的,由安全生产监督管理部门提请县级以上人民政府指定管理单位。

根据《关于进一步加强矿山安全生产工作的紧急通知》的要求,企业应加强对废弃或停止使用尾矿库的管理,按照尾矿库安全监督管理的有关规定,依法履行闭库程序,落实闭库责任;未经尾矿库管理单位同意、论证及有关安全监管部门批准,不得在库区进行采砂或从事尾矿再利用活动。

根据《江苏省防范化解尾矿库安全风险实施方案》,全省现有17座尾矿库,分布在南京、镇江、连云港等3市,均为三等以下的正常库。其中,南京10座,运行的1座、停用5座、闭库4座;镇江6座,停用2座、闭库4座;连云港1座,为已停用的"头顶库"。到2021年底前,所有停用尾矿库(回采尾矿的除外)完成闭库;闭库尾矿库全部销号。到2025年底前,力争完成所有回采尾矿的尾矿库库区所有尾矿回采,恢复地貌,彻底消除尾矿库安全风险。

3.1.3 建设施工作业安全风险

【评价内容-1】 建设工程现场视频[1]及大型起重机械[2]安全监控系统[3]安装率100%。

【评价方法】 查阅政府、相关部门资料。随机抽查不少于5处建设项目施工现场,查阅相关资料。

【自评梳理建议】

1. 施工期内的建筑工程项目清单;
2. 智慧工地建设推进情况说明。

【释义】

1. 建设工程现场视频

指建设工程项目部设置视频监控中心(室),通过在建设工程施工现场出入口、料堆等重点部位安装视频监控设施，对建筑工程质量、安全生产和现场文明施工等情况进行实时图像监控管理。

建设施工现场摄像机的设置应符合下列规定：

(1) 应在施工现场的作业面、料场、出入口、仓库、围墙或塔吊等重点部位安装监控点，监控部位应无监控盲区；

(2) 在需要监控固定场景(如出入口、仓库竿)的位置，宜安装固定式枪机；

(3) 在需要监控大范围场景(如作业面、料场等)的位置，宜安装匀速球机。

施工现场视频服务器或硬盘录像机的设置应符合下列规定：

(1) 宜安装在建筑工程施工现场办公室；

(2) 安装部位应满足责任管理的要求。

建设工程各参建单位必须加强对现场视频监控设施的保护，确保信息有效传输；在重点部位及重大危险源施工作业期间，监控系统应保证 24 小时开机运行。根据《江苏省智慧工地(安全部分)实施指南》的要求，现场监控视频数据保留时间不少于 1 个月。

根据《建筑工程施工现场视频监控技术规范》(JGJ/T 292—2012)的规定，施工现场监控点位数量部署应符合下列规定：

(1) 建筑面积在 5×10^4 m^2 以下的项目，监控点位数量不应少于 3 个；

(2) 建筑面积在 $5\times10^4\sim10\times10^4$ m^2 以下的项目，监控点位数量不应少于 5 个；

(3) 建筑面积在 10×10^4 m^2 以上的项目，监控点位数量不应少于 8 个。

2. 大型起重机械

按照《建筑塔式起重机安全监控系统应用技术规程》(JGJ 332—2014)要求，安装的塔机安全监控系统应具有对塔机的起重量、起重力矩、起升高度、幅度、回转角度、运行行程信息进行实时监视和数据存储功能。当塔机有运行危险趋势时，塔机控制回路电源应能自动切断。

根据《安装安全监控管理系统的大型起重机械目录》的要求，表 3-3

中的大型起重机械应安装安全监控管理系统。

表 3-3 安装安全监控管理系统的大型起重机械目录

<table>
<tr><th>序号</th><th>类 别</th><th>品 种</th><th>参 数</th><th>备 注</th></tr>
<tr><td rowspan="2">1</td><td rowspan="3">桥式
起重机</td><td rowspan="2">通用桥式起重机</td><td>200 t 以上</td><td></td></tr>
<tr><td>50 t 至 74 t</td><td>特指用于吊运熔融金属的通用桥式起重机</td></tr>
<tr><td>2</td><td>冶金桥式起重机</td><td>75 t 以上</td><td>特指吊运熔融金属的冶金桥式起重机</td></tr>
<tr><td>3</td><td rowspan="3">门式
起重机</td><td>通用门式起重机</td><td>100 t 以上</td><td></td></tr>
<tr><td>4</td><td>造船门式起重机</td><td>参数不限</td><td></td></tr>
<tr><td>5</td><td>架桥机</td><td>参数不限</td><td></td></tr>
<tr><td>6</td><td rowspan="2">塔式
起重机</td><td>普通塔式起重机</td><td>315 t・m 以上</td><td></td></tr>
<tr><td>7</td><td>电站塔式起重机</td><td>1 000 t・m 以上</td><td></td></tr>
<tr><td>8</td><td rowspan="2">流动式
起重机</td><td>轮胎起重机</td><td>100 t 以上</td><td></td></tr>
<tr><td>9</td><td>履带起重机</td><td>200 t 以上</td><td></td></tr>
<tr><td>10</td><td>门座式
起重机</td><td>门座起重机</td><td>60 t 以上</td><td></td></tr>
<tr><td>11</td><td>缆索式
起重机</td><td></td><td>参数不限</td><td></td></tr>
<tr><td>12</td><td>桅杆式
起重机</td><td></td><td>100 t 以上</td><td></td></tr>
</table>

注：本表参数中，"以上"含本数。

3. 安全监控系统

根据《起重机械 安全监控管理系统》(GB/T 28264—2017)的规定，安全监控管理系统是指对起重机械工作过程进行监控，能够对重要运行参数和安全状态进行记录并管理的系统。安全监控管理系统性能详见该规范第 6 章。

根据《省政府关于深化建筑业改革发展的意见》《关于切实加强建

筑施工安全管理的通知》《省住房城乡建设厅关于推进智慧工地建设的指导意见》等相关文件精神，切实推进信息技术与建筑工程施工现场管理深度融合，有效提升施工现场现代化管理水平和监督管理效率，引导和助力企业数字化、智能化转型升级，助推建筑业高质量发展。依据《建设工程智慧安监技术标准》(DB32/T 4175—2021)，建设数字化智慧工地，实现工程项目管理的事前预防预控、事中智能管控、事后统计分析、过程智慧决策。

【评价内容－2】 危大工程[1] 专项施工方案[2] 按规定[3] 审查并施工。

【评价方法】 随机抽查不少于5处建设项目施工现场，查阅相关资料。

【自评梳理建议】

1. 施工期内的建筑工程项目清单；

2. 建筑工程项目涉及的危大工程清单。

【释义】

1. 危大工程

根据《危险性较大的分部分项工程安全管理规定》的定义，危大工程是指房屋建筑和市政基础设施工程施工过程中，容易导致人员群死群伤或者造成重大经济损失的危险性较大的分部分项工程。危大工程及超过一定规模的危大工程范围由国务院住房和城乡建设主管部门制定。省级住房和城乡建设主管部门可以结合本地区实际情况，补充本地区危大工程范围。

危险性较大的分部分项工程范围包括：

(1) 基坑工程；

(2) 模板工程及支撑体系；

(3) 起重吊装及起重机械安装拆卸工程；

(4) 脚手架工程；

(5) 拆除工程；

(6) 暗挖工程；

(7) 其他。

超过一定规模的危险性较大的分部分项工程范围包括：

(1) 深基坑工程；

(2) 模板工程及支撑体系；

(3) 起重吊装及起重机械安装拆卸工程；

(4) 脚手架工程；

(5) 拆除工程；

(6) 暗挖工程；

(7) 其他。

具体内容详见《关于实施〈危险性较大的分部分项工程安全管理规定〉有关问题的通知》和《关于印发〈江苏省房屋建筑和市政基础设施工程危险性较大的分部分项工程安全管理实施细则(2019 版)〉的通知》的相关规定。

2. 专项施工方案

根据《危险性较大的分部分项工程安全管理规定》第十条的要求，施工单位应当在危大工程施工前组织工程技术人员编制专项施工方案。根据《关于印发〈江苏省房屋建筑和市政基础设施工程危险性较大的分部分项工程安全管理实施细则(2019 版)〉的通知》的要求，危大工程专项施工方案的主要内容应包括：

(1) 工程概况：危大工程概况和特点、场地及周边环境情况、施工平面布置、施工要求和技术保证条件等；

(2) 编制依据：相关法律、法规、标准、规范、规范性文件及施工图设计文件、专项设计方案(仅针对实行专项设计的危大工程)、施工组织设计等；

(3) 施工计划：包括施工进度计划、材料与设备计划等；

(4) 施工工艺技术：技术参数、工艺流程、施工方法、操作要求、检查要求等；

(5) 施工安全保证措施：组织和技术保障措施、监测监控措施等；

(6) 施工管理及作业人员配备和分工：包括施工管理人员、专职安全生产管理人员、特种作业人员、其他作业人员等的配备和分工；

(7) 验收要求：验收标准、验收程序、验收内容、验收人员等；

(8) 应急处置措施；

(9) 计算书及相关施工图纸等。

3. 规定

根据《危险性较大的分部分项工程安全管理规定》第十一条和第十二条，以及《江苏省房屋建筑和市政基础设施工程危险性较大的分部分项工程安全管理实施细则(2019版)》第十六条的要求，专项施工方案应当由施工单位技术负责人审核签字、加盖单位公章，并由总监理工程师审查签字、加盖执业印章后方可实施。危大工程实行分包并由分包单位编制专项施工方案的，专项施工方案应当由分包单位技术负责人及总承包单位技术负责人共同审核签字并加盖各自单位的公章。

对于超过一定规模的危大工程，施工单位应当组织召开专家论证会对专项施工方案进行论证。实行施工总承包的，由施工总承包单位组织召开专家论证会。专家论证前专项施工方案应当通过施工单位审核和总监理工程师审查。

根据《危险性较大的分部分项工程安全管理规定》第十六条和《江苏省房屋建筑和市政基础设施工程危险性较大的分部分项工程安全管理实施细则(2019版)》第二十四条的要求，施工单位应当严格按照专项施工方案组织施工，不得擅自修改专项施工方案。因规划调整、设计变更等原因确需调整的，修改后的专项施工方案应当按照本规定重新审核和论证。涉及资金或者工期调整的，建设单位应当按照约定予以调整。

【评价内容-3】 建筑施工企业主要负责人[1]、项目负责人[2]、专职安全管理人员[3] 和特种作业人员[4] 持证上岗[5] 率达100%。

【评价方法】 随机抽查不少于5处建设项目施工现场，查阅相关资料。

【自评梳理建议】

1. 施工期内的建筑工程项目清单；

2. 建筑工程项目涉及的总承包单位、分包单位清单。

【释义】

1. 建筑施工企业主要负责人

根据《建筑施工企业主要负责人、项目负责人和专职安全生产管理人员安全生产管理规定》第三条的规定，企业主要负责人是指对本企业生产经营活动和安全生产工作具有决策权的领导人员。

2. 项目负责人

根据《建筑施工企业主要负责人、项目负责人和专职安全生产管理人员安全生产管理规定》第三条的规定，项目负责人是指取得相应注册执业资格，由企业法定代表人授权，负责具体工程项目管理的人员。

3. 专职安全管理人员

根据《建筑施工企业主要负责人、项目负责人和专职安全生产管理人员安全生产管理规定》第三条的规定，专职安全生产管理人员是指在企业专职从事安全生产管理工作的人员，包括企业安全生产管理机构的人员和工程项目专职从事安全生产管理工作的人员。

第十三条规定，总承包单位配备项目专职安全生产管理人员应当满足下列要求：

(1) 建筑工程、装修工程按照建筑面积配备：1 万平方米以下的工程不少于 1 人；1 万～5 万平方米的工程不少于 2 人；5 万平方米及以上的工程不少于 3 人，且按专业配备专职安全生产管理人员。

(2) 土木工程、线路管道、设备安装工程按照工程合同价配备：5000 万元以下的工程不少于 1 人；5000 万～1 亿元的工程不少于 2 人；1 亿元及以上的工程不少于 3 人，且按专业配备专职安全生产管理人员。

第十四条规定，分包单位配备项目专职安全生产管理人员应当满足下列要求：

(1) 专业承包单位应当配置至少 1 人，并根据所承担的分部分项工程的工程量和施工危险程度增加。

（2）劳务分包单位施工人员在50人以下的，应当配备1名专职安全生产管理人员；50～200人的，应当配备2名专职安全生产管理人员；200人及以上的，应当配备3名及以上专职安全生产管理人员，并根据所承担的分部分项工程施工危险实际情况增加，不得少于工程施工人员总人数的5‰。

4. 特种作业人员

根据《中华人民共和国安全生产法》第二十七条的要求，生产经营单位的特种作业人员必须按照国家有关规定经专门的安全作业培训，取得相应资格，方可上岗作业。

根据《建筑施工特种作业人员管理规定》的规定，建筑施工特种作业人员是指在房屋建筑和市政工程施工活动中，从事可能对本人、他人及周围设备设施的安全造成重大危害作业的人员。

5. 持证上岗

根据《建筑施工企业主要负责人、项目负责人和专职安全生产管理人员安全生产管理规定》的规定，安管人员为建筑施工企业主要负责人、项目负责人和专职安全生产管理人员，应当通过其受聘企业，向企业工商注册地的省、自治区、直辖市人民政府住房城乡建设主管部门申请安全生产考核，并取得安全生产考核合格证书。

根据《建筑施工特种作业人员管理规定》的要求，建筑施工特种作业人员必须经建设主管部门考核合格，取得建筑施工特种作业人员操作资格证书，方可上岗从事相应作业。

建筑施工特种作业包括：

（1）建筑电工；

（2）建筑架子工；

（3）建筑起重信号司索工；

（4）建筑起重机械司机；

（5）建筑起重机械安装拆卸工；

（6）高处作业吊篮安装拆卸工；

（7）经省级以上人民政府建设主管部门认定的其他特种作业。

【评价内容-4】 逐步推进所有在建施工项目安全生产标准化[1]考评[2]率全覆盖。

【评价方法】 查阅政府、相关部门资料。随机抽查不少于5处建设项目施工现场，查阅相关资料。

【自评梳理建议】

1. 施工期内的建筑工程项目清单。

【释义】

1. 施工项目安全生产标准化

根据《建筑施工安全生产标准化考评暂行办法》《关于全面推进建筑施工安全生产标准化考评工作的通知》附件1《江苏省建筑施工安全生产标准化考评实施细则(试行)》的规定，此处的建筑施工项目是指新建、扩建、改建房屋建筑和市政基础设施工程项目。

建筑施工安全生产标准化是指建筑施工企业在建筑施工活动中，贯彻执行建筑施工安全法律法规和标准规范，建立企业和项目安全生产责任制，制定安全管理制度和操作规程，监控危险性较大分部分项工程，排查治理安全生产隐患，使人、机、物、环始终处于安全状态，形成过程控制、持续改进的安全管理机制。

2. 考评

建筑施工安全生产标准化考评包括建筑施工项目安全生产标准化考评和建筑施工企业安全生产标准化考评。**此处的评价工作对象为建筑施工项目。**

建筑施工企业安全生产负责人应当组织建立以项目负责人为第一责任人，以现场负责人、项目技术负责人、安全总监、专职安全员为主要成员的施工现场安全生产管理团队，形成安全生产综合管理体系，依法履行安全生产职责，实施项目安全生产标准化工作。建筑施工项目实行施工总承包的，施工总承包单位对项目安全生产标准化工作负总责。施工总承包单位应当组织专业承包单位等开展项目安全生产标准化工作。

建筑施工企业安全生产管理机构应当适时对项目安全生产标准

化工作进行监督检查，一般项目每年在3月、7月、11月不少于3次，特殊项目应适当增加监督检查频次，检查及整改情况应当纳入项目自评材料。

工程项目应当成立由施工总承包及专业承包单位等组成的项目安全生产标准化自评机构，在项目施工过程中每月主要依据《建筑施工安全检查标准》(JGJ 59—2011)、《建筑工地扬尘防治标准》(DGJ32/J 203—2016)、《房屋建筑工程施工现场安全检查用语标准及数据交换标准》(DGJ32/TJ 218—2017)等开展安全生产标准化自评工作。

工程项目所在地住房和城乡建设行政主管部门应当对已办理施工安全监督手续并取得施工许可手续的建筑施工项目，组织实施安全生产标准化考评，将项目安全生产标准化考评工作纳入对建筑施工项目日常安全监督的内容，依据施工安全监督工作计划进行抽查，指导监督项目自评工作。应当不定期对项目安全生产标准化工作进行监督检查，检查及整改情况应当纳入项目自评材料。

各地要采取切实有效措施，强化宣传引导，督促工程建设各方主体认真执行《工程质量安全手册(试行)》和《江苏省工程质量安全手册实施细则(2020版)房屋建筑工程篇》的要求，推进工程质量管理标准化和安全生产标准化，将工程质量安全要求落实到每个项目、每个员工，落实到工程建设全过程。

3.1.4　安全风险防控体系

【评价内容-1】　建立高危行业企业[1] 风险预警控制机制[2]。

【评价方法】　查阅政府、相关部门和企业资料。

【自评梳理建议】

1. 安全风险评估与论证机制文件；
2. 重大安全风险联防联控机制文件；
3. 高危行业风险监测预警系统建设情况。

【释义】

1. 高危行业企业

此处的高危行业企业是指《安全生产责任保险实施办法》列为高危行业领域的生产经营单位，包括煤矿、非煤矿山、危险化学品、烟花爆竹、交通运输、建筑施工、民用爆炸物品、金属冶炼等。

2. 风险预警控制机制

根据《安全生产法(2021修正)》的规定，县级以上地方各级人民政府应当组织有关部门建立完善安全风险评估与论证机制，按照安全风险管控要求，进行产业规划和空间布局，并对位置相邻、行业相近、业态相似的生产经营单位实施重大安全风险联防联控。

根据《关于推进安全生产领域改革发展的实施意见》的要求，构建省、市、县三级重大危险源信息管理体系，建立重大危险源生产安全预警机制，明确重大事故减灾措施，对重点行业、重点区域、重点企业实行风险预警控制。

根据《"十四五"国家安全生产规划》和《江苏省"十四五"安全生产规划》要求，推进安全信息化建设，加强重点行业领域安全生产监管，构建基于工业互联网的安全感知、评估、监测、预警与处置体系。引导高危行业领域企业开展基于信息化的安全风险分级管控和隐患排查治理双重预防机制建设。实施安全风险监测预警工程，建成危险化学品、矿山、烟花爆竹等高危行业企业以及油气管道等重点领域风险监测预警系统，构建全面覆盖的风险监测与感知数据"一张网"。利用卫星监测技术对露天矿山、尾矿库等风险早期识别，建设矿山安全风险研判与智能分析预警系统、"智慧监察"平台。

【评价内容-2】 高危行业企业建立安全生产监控系统[1]。

【评价方法】 随机抽查不少于10家高危行业企业，查阅相关资料并现场复核。

【自评梳理建议】

1. 高危行业企业清单；

2. 高危行业企业安全生产监控系统建设情况说明(含系统功能

模块截图）。

【释义】

1. 安全生产监控系统

根据《省委办公厅、省政府办公厅印发〈关于进一步加强安全生产工作的意见〉的通知》的要求，应建立安全监管和应急管理信息指挥中心，加快推进“互联网＋安全监管＋应急调度”，建立“线上”监管与“线下”现场执法协同机制。各类生产企业要建立安全生产监控系统，各重点行业领域主管部门、各类生产性园区（集中区）必须建立综合安全监管平台，且信息资源必须接入安全监管和应急管理信息指挥中心，整合企业、园区和监管部门信息资源，形成覆盖产业、安全和应急管理等方面一体化的综合监管信息平台。

(1) 煤矿企业可根据《煤矿安全生产智能监控系统设计规范》(GB 51024—2014)、《煤矿安全监控系统通用技术要求》(AQ 6201—2019)和《煤矿安全生产监控系统通用技术条件》(MT/T 1004—2006)等标准建设安全生产监控系统。

(2) 非煤矿山企业可根据《金属非金属地下矿山监测监控系统建设规范》(AQ 2031—2011)、《金属非金属地下矿山监测监控系统通用技术要求》(AQ/T 2053—2016)和《江苏省金属非金属露天矿山、陆上石油天然气及岩盐开采安全生产风险监测预警系统企业建设基本要求（试行）》等标准规范建设安全生产监控系统。

(3) 危险化学品企业可根据《危险化学品企业安全风险智能化管控平台建设指南（试行）》等相关政府文件和《危险化学品重大危险源安全监控通用技术规范》(AQ 3035—2010)、《危险化学品重大危险源罐区现场安全监控装备设置规范》(AQ 3036—2010)等标准建设安全生产监控系统。

(4) 烟花爆竹企业可根据《烟花爆竹企业安全监控系统通用技术条件》(AQ 4101—2008)等标准建设安全生产监控系统。

(5) 交通运输企业可根据《城市轨道交通综合监控系统工程技术标准》(GB/T 50636—2018)、《城市轨道交通工程远程监控系统技术标准》(CJJ/T 278—2017)、《高速公路隧道监控系统模式》(GB/T 18567—2010)等标准建设安全生产监控系统。

(6) 建设工程可根据《建设工程远程监控系统应用技术规程》(DG/TJ 08—2025—2007)、《施工升降机安全监控系统》(GB/T 37537—2019)和《建筑设备监控系统工程技术规范》(JGJ/T 334—2014)等标准建设安全生产监控系统。

(7) 民用爆炸物品企业可根据《关于进一步加强民用爆炸物品生产线视频监控工作的通知》附件《民用爆炸物品生产线视频监控系统建设要求》和《民用爆炸物品危险作业场所监控系统设置要求》(WJ 9065—2010)等标准建设安全生产监控系统。

(8) 金属冶炼企业可参照《钢铁企业电气火灾监控系统设计规范》(YB/T 4356—2013)等标准建设安全生产监控系统。

【评价内容-3】 工业企业较大以上安全风险[1]管控清单报告[2]率100%。

【评价方法】 查阅政府、相关部门和企业资料。

【自评梳理建议】

1. 江苏省工业企业安全生产风险报告系统截图(本级总览页面)。

【释义】

1. 较大以上安全风险

安全生产风险,是指企业在生产经营过程中发生生产安全事故的可能性与其后果严重性的组合。风险等级从高到低划分为重大风险、较大风险、一般风险和低风险四个级别。

较大以上包括较大风险和重大风险,是指企业在生产经营过程中可能造成较大以上事故的风险。较大以上风险实行目录管理,《江苏省工业企业安全生产较大以上风险目录》由省应急管理厅会同有关部门制定并适时调整。

企业应当将风险辨识管控纳入全员安全生产责任制,建立健全风险辨识管控制度。企业应当组织安全生产管理人员、工程技术人员、岗位从业人员等每年至少开展一次风险辨识工作。企业应当对所属生产场所内涉及生产工艺、设备设施、作业环境等方面存在的安全风险进行辨识。

2. 管控清单报告

根据《江苏省工业企业安全生产风险报告规定》,企业应当落实安全风险报告责任,通过全省统一的安全风险网上报告系统定期报告较大以上安全风险,接受负有安全生产监督管理职责的部门的管理。**没有较大以上安全风险的,也应当登录安全风险网上报告系统进行确认。企业应当于每年第一季度完成安全风险定期报告**。**新建企业应当在建设项目竣工验收合格后三十日内完成首次安全风险报告,涉及危险化学品建设项目的,在试生产前完成报告**。有下列情形之一的,企业应当及时组织开展针对性的安全风险辨识,确定或者调整安全风险等级,更新安全风险管控清单:(一)生产工艺流程、主要设备设施、主要生产物料发生改变的;(二)有新建、改建、扩建项目的;(三)行业领域内发生较大以上生产安全事故或者典型生产安全事故,对安全风险有新认知的;(四)本企业发生生产安全事故的;(五)安全风险目录修订调整涉及本企业的;(六)法律、法规、规章和国家标准、行业标准、地方标准对安全风险辨识管控有新要求的。有下列情形之一的,应当在确定或者调整安全风险等级后十五日内进行变更报告:(一)有新的较大以上安全风险的;(二)原报告的较大以上安全风险等级发生变化的。企业名称、主要负责人等基本信息发生变化的,应当在发生变化后十五日内进行变更报告。

3.2 人员密集区域

3.2.1 人员密集场所安全风险

【评价内容-1】 人员密集场所[1] 按规定开展风险评估[2],人员密集场所设置视频监控系统[3],人员密集场所建立大客流监测预警和应急管控制度[4],人员密集场所特种设备注册登记和定检率100%,人员密集场所既有建筑、安全出口、疏散通道等符合标准要求[5]，人员密集场所火灾自动报警系统等消防设施符合标准要求[6]。

【评价方法】 随机抽查不少于 10 处人员密集场所，查阅相关资料并现场复核。

【自评梳理建议】

1. 人员密集场所清单（标明消防安全重点单位级别和火灾高危单位）；

2. 火灾高危单位的消防安全评估报告；

3. 人员密集场所特种设备注册登记和检验记录台账。

【释义】

1. 人员密集场所

根据《消防法（2021 修正）》的规定，人员密集场所是指宾馆、饭店、商场、集贸市场、客运车站候车室、客运码头候船厅、民用机场航站楼、体育场馆、会堂以及公共娱乐场所等公众聚集场所，医院的门诊楼、病房楼，学校的教学楼、图书馆、食堂和集体宿舍，养老院，福利院，托儿所，幼儿园，公共图书馆的阅览室，公共展览馆、博物馆的展示厅，劳动密集型企业的生产加工车间和员工集体宿舍，旅游、宗教活动场所等。

2. 按规定开展风险评估

根据《人员密集场所消防安全管理》（GB/T 40248—2021）第 4.3 条款的规定，人员密集场所应结合本场所的特点建立完善的消防安全管理体系和机制，自行开展或委托消防技术服务机构定期开展消防设施维护保养检测、消防安全评估，并宜采用先进的消防技术、产品和方法，保证建筑具备消防安全条件。

根据《省政府办公厅关于印发火灾高危单位消防安全管理规定的通知》，火灾高危单位应当每年对本单位消防安全情况进行评估。火灾高危单位包括：建筑面积 3 万 m^2 以上的大型商场、集贸市场；大型商业综合体；建筑面积 5 000 m^2 以上的公共娱乐场所；建筑高度 100 m 以上的高层公共建筑；建筑面积 5 000 m^2 以上的地下公众聚集场所等。

根据《高层民用建筑消防安全管理规定》第三十九条的规定，高层民用建筑的业主、使用人或者消防服务单位、统一管理人应当每年至少组织开展一次整栋建筑的消防安全评估。消防安全评估报告应当包括存在的消防安全问题、火灾隐患以及改进措施等内容。

消防安全评估的内容和方法应符合《单位消防安全评估》(XF/T 3005—2020)和《人员密集场所消防安全评估导则》(XF/T 1369—2016)的要求。

3. 视频监控系统

人员密集场所视频监控所录制的监控图像文件必须真实、连续、可靠,并将视频监控图像数据资料作为安全监管的重要资料进行归档管理,存储期不少于30日。行业管理和档案管理有特殊要求的,按其规定延长保存期限。涉及反恐重点目标的视频图像信息保存期限不得少于90日。各级行业管理部门、安全监管部门要加强监督检查,对未安装视频监控系统的责令限期整改。

4. 大客流监测预警和应急管控制度

大客流监测预警系统可通过售票系统、视频监控或图像采集分析等开展客流信息监测工作,系统分析相应场所的客流规律,同时实时掌握场所内各区域客流聚集情况和流动情况,通过收集的客流信息,利用定量分析或定性分析的方法对客流结构、客流出行目的、客流运行规律和场所游客承载能力等内容进行分析,从而对未来某个时间段内客流增减趋势进行预测,以便及时发现重大的客流安全隐患,进而帮助场所管理人员在第一时间做出判断。在客流高峰时期采取适当的措施,正确引导客流,防患于未然,避免事故的发生。

应重点关注地铁、客运站、火车站及机场等公众聚集场所,以及大型商场、图书馆、展览馆、博物馆、美术馆等人员密集场所大客流监测预警系统的建设。人员密集场所管理单位应明确大客流的警戒标准,细化日常和应急状态下大客流处置措施,制定应急管控制度。要更加合理地配置高峰时段的现场管理人员。日常现场管理人员的配备要适当留有余量,以备紧急情况下的现场管控需要。要更加注重对一线重点岗位员工的针对性培训,不断提升他们的客流疏导能力。要积极运用信息化手段加强客流引导管控,逐步实现日常客流动态管理由单一依靠人工向自动化加人工转变，进一步提升现场管理的效率和保险系数。推进"互联网＋"、人脸识别、轨迹追踪、密度监测等智慧化手段在客流监控中的运用，逐步建立更加精准的客流预警和预控系统。通过加强仿真模拟实验及建模分析，结合大数据运用，进一步细化和完善预案体系，提高应急预案的操作性和实战效果。

人员密集场所应根据人员集中、火灾危险性较大和重点部位的实际情况，按照 GB/T 38315 制订有针对性的灭火和应急疏散预案。

5. 既有建筑、安全出口、疏散通道等符合标准要求

人员密集场所消防车通道应符合《城市消防规划规范》(GB 51080—2015)的"4.4 消防车通道"和《建筑设计防火规范》(GB 50016—2014，2018 年版)的"7.1 消防车道""7.2 救援场地和入口"的规定。城市各级道路、居住区和企事业单位内部道路宜设置成环状，减少尽端路。人员密集场所消防车通道应符合下列规定：

(1) 消防车通道之间的中心线间距不宜大于 160 m；

(2) 环形消防车通道至少应有两处与其他车道连通，尽端式消防车通道应设置回车道或回车场地；

(3) 消防车通道的净宽度和净空高度均不应小于 4 m，与建筑外墙的距离宜大于 5 m；

(4) 消防车通道的坡度不宜大于 8%，转弯半径应符合消防车的通行要求。举高消防车停靠和作业场地坡度不宜大于 3%。

人员密集场所安全出口、疏散通道的设置应符合《建筑设计防火规范》(GB 50016—2014，2018 年版)"5.5 安全疏散和避难"和《人员密集场所消防安全管理》(GB/T 40248—2021) 8.1.3、8.1.4、8.1.5、8.1.9、8.3.3、8.6.3、8.7.4、8.8.1 等条款的规定。

6. 火灾自动报警系统等消防设施符合标准要求

火灾自动报警系统应满足《建筑设计防火规范》(GB 50016—2014，2018 年版)"8.1 一般规定""8.4 火灾自动报警系统"和《火灾自动报警系统设计规范》(GB 50116—2013)的规定。

自动灭火系统应满足《建筑设计防火规范》(GB 50016—2014，

2018年版)“8.1一般规定”“8.3自动灭火系统”和《自动喷水灭火设计规范》(GB 50084—2017)的规定。

防排烟设施应满足《建筑设计防火规范》(GB 50016—2014，2018年版)“8.1一般规定”“8.5防烟和排烟设施”和《建筑防烟排烟系统技术标准》(GB 51251—2017)的规定。

消防安全设施应同时满足《人员密集场所消防安全管理》(GB/T 40248—2021)第8章的要求。

3.2.2　大型群众性活动安全风险

【评价内容】　大型群众性活动[1]按规定开展风险评估[2]，建立大客流监测预警和应急管控措施[3]。

【评价方法】　随机抽查不少于5个大型群众性活动相关资料。

【自评梳理建议】

1. 近3年大型群众性活动清单和相关安全许可文件；

2. 大型群众性活动安全工作方案及公安机关、有关部门按规定制作的现场检查记录；

3. 大型群众性活动风险评估报告；

4. 大型群众性活动中使用大客流监测预警技术手段说明。

【释义】

1. 大型群众性活动

根据《大型群众性活动安全管理条例》和《江苏省大型群众性活动安全管理规定》，大型群众性活动是指法人或者其他组织面向社会公众举办的每场次预计参加人数达到1000人以上的下列活动：

(1) 体育比赛活动；

(2) 演唱会、音乐会等文艺演出活动；

(3) 展览、展销等活动；

(4) 游园、灯会、庙会、花会、焰火晚会等活动；

(5) 人才招聘会、现场开奖的彩票销售等活动。

影剧院、音乐厅、公园、娱乐场所等在其日常业务范围内举办的活动，不适用该条例的规定。

大型群众性活动的预计参加人数在1000人以上5000人以下的，由活动所在地县级人民政府公安机关实施安全许可；预计参加人数在5000人以上的，由活动所在地设区的市级人民政府公安机关实施安全许可；跨设区市举办大型群众性活动的，由省级人民政府公安机关进行安全许可。

县级以上地方人民政府直接举办的大型群众性活动的安全保卫工作，由举办活动的人民政府负责，不实行安全许可制度，但应当按照国务院《大型群众性活动安全管理条例》和本规定，责成或者会同公安机关制订更加严格的安全保卫工作方案，并组织实施。

2. 风险评估

大型活动应当按照“谁承办、谁评估”的原则，建立安全风险评估制度，全面排查安全风险隐患，根据安全风险程度，确定风险等级，落实相应防范控制措施。需要申请安全许可的大型活动，承办者应当组织专业人员，或者委托专业评估机构，依据法律规定和有关标准规范，开展安全风险评估。大型活动的安全评估应符合《江苏省大型群众性活动安全管理规定》第3章和《大型活动安全要求 第1部分：安全评估》(GB/T 33170.1—2016)的规定。

3. 大客流监测预警和应急管控措施

大型群众活动中应使用监测预警技术手段，并针对大客流采取区域护栏隔离、人员调度、限流等应急管控措施。

根据《大型活动安全要求 第2部分：人员管控》(GB/T 33170.2—2016)的规定，大型群众活动应采取一定手段对人群整体或人员个体的正常性进行实时监控和在线测试。监测包含票证监测、携带物品监测、活动范围监测、人群聚集监测和其他监测。进出口(闸机)处、通道进出口处、重点场馆进出口、售票口排队区域、站台候车区域、楼梯出入口、扶梯出入口、重要交叉路口、周界点、地下通道、行人天桥等点位以及其他活动现场重要位置宜设置监测点位。活动承办者按照安全评估结果确定需要的重点区域，宜安装图像信息系统。活动举办时限要求视频监控资料保留至少 30 天。

预警分为一般(Ⅲ级)预警、严重(Ⅱ级)预警和特别严重(Ⅰ级)预警。大型活动承办者相关人员应根据不同的预警级别,向相关机构上报预警信息。当人员监测到异常情况时,应将有关视频图像等预警信息及时上传到指挥中心,以利于指挥中心第一时间掌握现场情况,判断异常情况种类,协助第一时间了解预警信息,妥善处理和合理调配应对力量。

为保障大型活动现场发生突发事件情况下人员的紧急撤离、救护和事态的有效控制,应根据《大型活动安全要求　第 5 部分:安保资源配置》(GB/T 33170.5—2016)的规定设置安保组织,配备安保人员,设置应急处置类安保设备,制定安保工作方案。

3.2.3　高层建筑、"九小"场所、居住场所安全风险

【评价内容-1】　高层建筑[1] 按规定设置消防安全经理人、楼长[2]、消防安全警示、标识公告牌[3]。高层建筑特种设备注册登记和定检率 100%。

【评价方法】　随机抽查高层建筑不少于 5 栋,查阅相关资料并现场复核。

【自评梳理建议】

1. 高层民用建筑清单及消防安全经理人、楼长明细表;
2. 高层建筑特种设备注册登记和检验记录台账。

【释义】

1. 高层建筑

根据《建筑设计防火规范》(GB 50016—2014,2018 年版)的规定,高层建筑是指国家工程建设消防技术标准所明确的高层民用建筑,包括建筑高度大于 27 m 的住宅建筑和建筑高度大于 24 m 的其他民用建筑。

2. 消防安全经理人、楼长

根据《江苏省住宅物业消防安全管理规定》和《江苏省高层建筑消防

安全综合治理工作方案》的规定，在高层公共建筑推行专职消防安全经理人制度，人员应当具备与其职责相适应的消防安全知识和管理能力，鼓励聘用注册消防工程师等担任消防安全经理人；在高层住宅建筑推行“楼长”制度，依托物业等人员，负责本单位、本建筑消防安全管理。

根据《高层民用建筑安全管理规定》第八条的要求，高层公共建筑的业主、使用人、物业服务企业或者统一管理人应当明确专人担任消防安全管理人（消防安全经理人），负责整栋建筑的消防安全管理工作，并在建筑显著位置公示其姓名、联系方式和消防安全管理职责。

高层公共建筑的消防安全管理人应当履行下列消防安全管理职责：

(1) 拟订年度消防工作计划，组织实施日常消防安全管理工作；

(2) 组织开展防火检查、巡查和火灾隐患整改工作；

(3) 组织实施对建筑共用消防设施设备的维护保养；

(4) 管理专职消防队、志愿消防队（微型消防站）等消防组织；

(5) 组织开展消防安全的宣传教育和培训；

(6) 组织编制灭火和应急疏散综合预案并开展演练。

高层住宅建筑楼长（统一管理人）的消防安全责任和防范服务内容应满足《江苏省住宅物业消防安全管理规定》的要求。

3. 消防安全警示、标识公告牌

根据《消防安全标志 第1部分：标志》(GB 13495.1—2015)，消防安全标志根据功能分为火灾报警装置标志、紧急疏散逃生标志、灭火设备标志、禁止和警告标志、方向辅助标志和文字辅助标志等6类。根据《高层民用建筑安全管理规定》和《江苏省高层建筑消防安全管理规定》，应重点关注以下内容：

(1) 高层民用建筑应当在每层的显著位置张贴安全疏散示意图，公共区域电子显示屏应当播放消防安全提示和消防安全知识。高层公共建筑应当在首层显著位置提示公众注意火灾危险，以及安全出口、疏散通道和灭火器材的位置。高层住宅小区应当在显著位置设置消防安全宣传栏，在高层住宅建筑单元入口处提示安全用火、用电、用气，以及电动自行车存放、充电等消防安全常识。

(2) 高层民用建筑的消防车通道、消防车登高操作场地、灭火救援窗、灭火救援破拆口、消防车取水口、室外消火栓、消防水泵接合器、常闭式防火门等应当设置明显的提示性、警示性标识；设有建筑外墙外保温系统的高层民用建筑，其管理单位应当在主入口及周边相关显著位置，设置提示性和警示性标识，标示外墙外保温材料的燃烧性能、防火要求。

(3) 消防车通道、消防车登高操作场地、防火卷帘下方还应当在地面标识出禁止占用的区域范围；消火栓箱、灭火器箱上应当张贴使用方法的标识；平时需要控制人员出入或者设有门禁系统的疏散门，应当保证发生火灾时易于开启，并在现场显著位置设置醒目的提示和使用标识。

(4) 高层民用建筑内的锅炉房、变配电室、空调机房、自备发电机房、储油间、消防水泵房、消防水箱间、防排烟风机房等设备用房应当按照消防技术标准设置，确定为消防安全重点部位，设置明显的防火标志，实行严格管理，并不得占用和堆放杂物。

(5) 高层民用建筑内应当在显著位置设置标识，指示避难层(间)的位置。

(6) 高层公共建筑内应当确定禁火禁烟区域，并设置明显标志。

【评价内容 - 2】 消防安全重点单位[1] "户籍化"[2] 工作验收达标率 100%。

【评价方法】 查看政府、相关部门资料。

【自评梳理建议】

1. 消防安全重点单位清单(标明分级)；

2. 社会单位消防安全户籍化管理系统或社会单位消防安全信息系统使用情况说明。

【释义】

1. 消防安全重点单位

根据《消防法(2021 修正)》第十七条的规定，县级以上地方人民政府消防救援机构应当将发生火灾可能性较大以及发生火灾可能造成重大的人身伤亡或者财产损失的单位，确定为本行政区域内的消防安全重点单位，并由应急管理部门报本级人民政府备案。

根据《机关、团体、企业、事业单位消防安全管理规定》和《江苏省消防安全重点单位界定标准》，下列范围的单位是消防安全重点单位，应当实行严格管理：

(1) 商场(市场)、宾馆(饭店)、体育场(馆)、会堂、公共娱乐场所等公众聚集场所

① 建筑面积在1000 m^2(含本数、下同)以上且经营可燃商品的商场(商店、市场)；

② 客房数在50间以上的宾馆(旅馆、饭店)；

③ 公共的体育场(馆)、会堂；

④ 就餐位在300座以上或就餐营业面积在500 m^2 以上的餐饮场所；

⑤ 机位在100台以上的网吧；

⑥ 建筑面积在200 m^2 以上的公共娱乐场所：

——影剧院、录像厅、礼堂等演出、放映场所；

——舞厅、卡拉OK厅等歌舞娱乐场所；

——具有娱乐功能的夜总会、音乐茶座和餐饮场所；

——游艺、游乐场所；

——保龄球馆、旱冰场、桑拿浴室等营业性健身、休闲场所(桑拿浴室的洗浴部分不计算面积)；

⑦ 设在地下建筑内的公共聚集场所。

(2) 医院、养老院和寄宿制的学校、托儿所、幼儿园

① 住院床位在50张以上的医院；

② 老人住宿床位在50张以上的养老院；

③ 学生住宿床位在100张以上的学校；

④ 幼儿住宿床(铺)位在50张以上的托儿所、幼儿园。

(3) 国家机关

① 县级以上的党委、人大、政府、政协；

② 人民检察院、人民法院。

(4) 广播电台、电视台和邮政、通信枢纽

① 广播电台、电视台；

② 城镇的邮政和通信枢纽单位。

(5) 客运车站、码头、民用机场

① 候车厅、候船厅的建筑面积在 500 m^2 以上的客运车站和客运码头；

② 民用机场。

(6) 公共图书馆、展览馆、博物馆、档案馆以及具有火灾危险性的文物保护单位

① 建筑面积在 2000 m^2 以上的公共图书馆、展览馆；

② 公共博物馆、档案馆；

③ 具有火灾危险性的县级以上文物保护单位。

(7) 发电厂(站)和电网经营企业

① 发电厂(站)；

② 县以上供电公司。

(8) 易燃易爆化学物品的生产、充装、储存、供应、销售单位

① 生产易燃易爆化学物品的工厂；

② 易燃易爆气体和液体的灌装站、调压站、气化站、混气站经营管理单位；

③ 易燃易爆化学物品的专业储存单位(仓库、堆场、储罐场所)；

④ 营业性汽车加油站、加气站，液化石油气供应站(换瓶站)；

⑤ 经营甲、乙类易燃易爆化学物品且建筑面积在 50 m^2 以上的商店。

(9) 劳动密集型生产、加工企业

① 生产车间员工在 100 人以上的服装、鞋帽、玩具等劳动密集型企业。

② 单体建筑面积在 3000 m^2 以上的洁净厂房、电子厂房。

③ 单体建筑面积在 5000 m^2 以上的其他丙类厂房。

(10) 重要的科研单位

① 省级以上科研单位;

② 设备总价值在5000万元以上的科研单位;

③ 科研试验中具有较大火灾爆炸危险性的科研单位。

(11) 高层公共建筑、地下铁道、地下观光隧道,粮、棉、木材、百货等物资仓库和堆场,重点工程的施工现场

① 高层公共建筑的办公楼(写字楼)、公寓楼等;

② 城市地下铁道、地下观光隧道等地下公共建筑和城市重要的交通隧道;

③ 国家储备粮库、总储量在1万t以上的其他粮库;

④ 总储量在500 t以上的棉库;

⑤ 总储量在1万m^3以上的木材堆场;

⑥ 总储存价值在1000万元以上的可燃物品仓库、堆场、中转库(站);

⑦ 国家和省级重点工程的施工现场。

(12) 其他发生火灾可能性较大以及一旦发生火灾可能造成人身重大伤亡或者财产重大损失的单位

① 固定资产(建筑、设备、原材料等)价值在1亿元以上的企业;

② 营业厅(室)建筑面积在500 m^2以上的证券、期货等交易场所;

③ 市(地)级以上的报社;

④ 支行级以上的银行;

⑤ 使用易燃易爆化学物品且储存量在10 t以上的单位;

⑥ 易燃易爆化学物品专业运输单位;

⑦ 车位在50辆以上的汽车库和车位在100辆以上的停车场以及修理停车位在10辆以上的汽车修理厂;

⑧ 重要的旅游风景点;

⑨ 其他具有较大火灾危险性或发生火灾后可能造成重大危害的单位。

2. "户籍化"

根据《关于消防安全重点单位实行消防安全"户籍化"管理工作的

意见》的规定，重点单位消防安全“户籍化”管理是充分运用信息化手段，通过互联网社会单位消防安全信息系统，为每个重点单位设置一个专用账户，建立消防安全“户籍化”管理档案。重点单位负责将本单位基本情况、每幢建筑消防安全基本信息、消防安全管理制度、逐级消防安全责任落实情况、员工消防安全教育培训及灭火和应急疏散预案等录入消防安全“户籍化”管理档案；及时记录日常动态消防安全管理、开展消防安全“四个能力”建设等情况，并根据重点单位消防安全“户籍化”管理档案自动统计分析功能反映出的工作薄弱环节和问题，采取针对性工作措施；定期向当地公安机关消防机构报告备案有关消防工作开展情况，全面规范自身消防安全管理。

重点单位消防安全“户籍化”管理的主要内容包括：建立消防安全“户籍化”管理档案，实行消防安全管理人员报告备案制度，实行消防设施维护保养报告备案制度，实行消防安全自我评估报告备案制度。

创建主体如采用其他管理系统替代升级“户籍化”工作的，评价亦予以认可。

【评价内容－3】 “九小”场所[1] 开展事故隐患排查[2]，并按计划完成整改；“九小”场所按规定配置消防设施[3]。

【评价方法】 随机抽查“九小”场所每类不少于2个，查阅相关资料并现场复核。

【自评梳理建议】

1. “九小”场所开展事故隐患排查工作计划、总结、整改方案；
2. “九小”场所隐患整改完成情况。

【释义】

1. “九小”场所

“九小”场所指下列购物、餐饮、住宿、公共娱乐、休闲健身、医疗、教学、生产加工、易燃易爆危险品销售储存等场所（https://www.119.gov.cn/article/3xATWSGEOg1）：

（1）购物场所：建筑面积300 m^2 以下的小商场（商店、市场）；

（2）餐饮场所：额定就餐人数100人以下的小饭店；

(3) 住宿场所：床位数 50 张以下的小旅馆；

(4) 公共娱乐场所：设置在建筑物首层、二层、三层且建筑面积 200 m^2 以下的小公共娱乐场所；

(5) 休闲健身场所：建筑面积 200 m^2 以下的洗浴、足疗、美容美发美体、酒吧、茶社、棋牌室、咖啡厅、健身俱乐部等小休闲健身场所；

(6) 医疗场所：乡镇卫生院，街道卫生院，社区卫生院以及床位数 30 张以下的其他小医院(诊所)、疗养院、养老院、福利院；

(7) 教学场所：床位数 50 张以下的寄宿制学校和托儿所、幼儿园；500 人以下的非寄宿制学校，100 人以下的非寄宿制托儿所、幼儿园；

(8) 生产加工企业：职工总人数 50 人以下或者设有 30 人以下员工集体宿舍的小生产加工企业；

(9) 易燃易爆危险品销售、储存场所：建筑面积 100 m^2 以下的易燃易爆危险品销售、储存场所。

2. 事故隐患排查

根据《九小场所消防安全排查整治标准》开展建筑消防安全合法性、消防安全管理、建筑防火、消防安全疏散、消防设施、火灾隐患整改等安全排查整治工作(https://www.119.gov.cn/article/3xATPIISLMC)。

3. 消防设施配置规定

“九小”场所消防设施包括安全出口、疏散通道、灭火器材、火灾探测报警器、安全标志等，上述设施配置应满足《建筑设计防火规范》(GB 50016—2014，2018 年版)、《建筑灭火器配置设计规范》(GB 50140—2005)、《火灾自动报警系统设计规范》(GB 50116—2013)、《自动喷水灭火设计规范》(GB 50084—2017)、《建筑防烟排烟系统技术标准》(GB 51251—2017)等标准规范。

【评价内容－4】 餐饮场所[1] 按规定[2] 安装可燃气体浓度报警装置[3]。

【评价方法】 随机抽取餐饮场所不少于 10 处。

【自评梳理建议】

1. 餐饮场所安装可燃气体浓度报警装置的模式和成效；

2. 存在的不足及下一步提质增效工作的计划安排。

【释义】

1. 餐饮场所

独立建造或设置在其他建筑内的营业性餐饮服务场所，例如餐厅、餐馆、饭店、酒店、冷饮厅、茶楼、酒吧及其他具有餐饮性质的场所。

2. 规定

根据《江苏省燃气管理条例》的要求，下列用户应当安装使用燃气泄漏安全保护装置：

(1) 餐饮用户；

(2) 在室内公共场所使用燃气的；

(3) 在符合用气条件的地下或者半地下建筑物内使用管道燃气的。

燃气泄漏安全保护装置是具有燃气泄漏报警和自动切断功能装置的总称，包括燃气泄漏报警器与紧急切断阀联动装置、燃气泄漏报警装置、熄火保护装置、过流和泄漏切断装置等。

3. 可燃气体浓度报警装置

可燃气体浓度报警装置的安装应符合《城镇燃气设计规范》(GB 50028—2006,2020版)的要求：

(1) 当检测比空气轻的燃气(天然气等)时，检测报警器与燃具或阀门的水平距离不得大于8 m，安装高度应距顶棚0.3 m以内，且不得设在燃具上方。

(2) 当检测比空气重的燃气(液化石油气等)时，检测报警器与燃具或阀门的水平距离不得大于4 m，安装高度应距地面0.3 m以内。

(3) 燃气浓度检测报警器宜与排风扇等排气设备连锁。

(4) 燃气浓度检测报警器宜集中管理监视。

(5) 报警器系统应有备用电源。

燃气浓度检测报警器的报警浓度应满足国家现行标准《家用和小型餐饮厨房用燃气报警器及传感器》(GB/T 34004—2017)、《可燃气体检测报警器》(JJG 693—2011)等标准规范。

【评价内容-5】 各类游乐场所和游乐设施[1]开展事故隐患排查，按计划完成整改。

【评价方法】 随机抽查游乐场所不少于2处，查阅相关资料并现场复核。

【自评梳理建议】

1. 相关部门开展游乐场所及游乐设施事故隐患排查工作计划、总结、整改方案；

2. 游乐场所及游乐设施隐患整改完成情况。

【释义】

1. 各类游乐场所及游乐设施

根据《游乐设施术语》(GB/T 20306—2017)的定义，游乐设施是用于人们游乐(娱乐)的设备或设施，可分为大型游乐设施和小型游乐设施。

大型游乐设施指用于经营目的，承载乘客游乐的设施，其范围规定为设计最大运行线速度大于或者等于2 m/s，或者运行高度距离地面高于或等于2 m的载人大型游乐设施。

小型游乐设施指在公共场所使用，承载儿童游乐的设施，且不属于《特种设备目录》中规定的大型游乐设施，如滑梯、秋千、摇马、跷跷板、攀网、转椅、室内软体等游乐设施。

游乐场所的安全运行直接关系到人民群众的生命安全，社会高度关注。但当前一些地方还存在经营管理主体安全责任不落实、游乐设施的生产和运行管理不规范、小型游乐设施监管缺失、游玩者安全意识薄弱等问题，造成安全事故频发。根据《关于加强游乐场所和游乐设施安全监管工作的通知》的要求，各地区、各有关部门要深入贯彻落实习近平总书记关于安全生产的重要论述精神，切实提高政治站位，把人民群众生命财产安全放在第一位，进一步提高对做好游乐场所安全管理工作重要性的认识，深刻吸取近期事故教训，加强规律研究，举一反三，深入排查本地区、本行业领域的各类游乐场所和游乐设施安全风险和事故隐患，切实加强组织领导，层层落实责任，从严从实从细抓好各项安全防范措施落实，坚决防范遏制游乐场所安全事故的发生。

各地区要结合当前游乐场所的安全形势和特点，组织各有关部门按照职责分工抓好游乐场所的安全监管。各级教育、住房城乡建设、文化和旅游等部门及游乐场所项目审批部门要按照“管行业必须管安全、管业务必须管安全、管生产经营必须管安全”原则和“谁的场地谁负责”的要求，扎实开展本行业领域内的游乐场所和游乐设施安全风险隐患排查整治。市场监管部门按照相关法律法规要求切实加强大型游乐设施安全监察，完善游乐设施安全标准。配合有关部门委托相关技术机构开展风险评估、检验检测等技术服务工作，为小型游乐设施安全管理提供指导和服务。应急管理部门充分发挥安委办综合协调作用，督促各地区及有关部门加强游乐场所和游乐设施安全监管。其他有关部门配合做好游乐场所市场秩序规范、打击违法行为和舆论教育引导等工作。乡镇街道加强对本行政区域内游乐场所和游乐设施的经营管理主体安全生产状况的监督检查，协助上级人民政府有关部门依法履行安全监管职责。

各地区、各有关部门要加强协同配合、联防联动，组织开展联合执法检查活动。重点检查游乐场所出租单位、经营管理主体责任落实、建立健全安全管理制度、设立安全管理机构或配备专职安全管理人员、特种设备操作人员持证上岗、从业人员安全培训教育、显著位置向游玩者安全提示以及应急预案、应急演练和应急物资配备等情况；游乐设施安装安全检测和验收、易损易耗配件、安全保护装置、设施实际运行参数以及定期检查、维护和保养等情况。对排查出的各类事故隐患，要实行台账式管理，重大事故隐患要盯紧盯牢，及时整改销号，在整改完成并确认安全后，方可重新投入使用；对发现的各类重大事故隐患和违法违规行为，要严格依法处理；涉嫌犯罪的，要及时移送司法机关，切实做到“检查必执法、执法必严格”。

【评价内容－6】 开展群租房[1] 安全专项整治并基本建立长效机

制[2]，群租房发现登记率达100%，租住人员信息登记率在95%以上，重大安全隐患[3]整改率达到100%。

【评价方法】 查看政府、相关部门资料，随机抽查社区不少于2个。

【自评梳理建议】

1. 开展群租房安全专项整治相关文件(包括政府文件、工作或专项整治计划和总结等证明材料)；

2. 群租房清单。

【释义】

1. 群租房

是指出租住房供他人集中居住，出租居室10间以上或者出租床位10个以上的房屋。

2. 安全专项整治并基本建立长效机制

根据《关于加强群租房安全管理工作的意见》的要求，县级以上人民政府负责领导本辖区内群租房安全管理工作，要健全工作协调机制，保障工作人员和经费，组织实施安全管理信息化建设和信息资源的整合共享，统筹组织开展群租房安全隐患集中排查整治，维护公共秩序，保障公共安全。乡镇、街道要整合有关部门设立在基层的办事机构以及各类协管员、网格员、信息员等辅助力量，组织实施群租房安全管理相关工作。根据《江苏省租赁住房治安管理规定》第二十一条的要求，县级以上地方人民政府应当建立租赁住房信息共享机制，整合、联通租赁住房信息，建设跨部门、多层次、信息共享、业务协同的信息平台，逐步实现相关部门之间租赁住房信息数据交换和共享。

根据《江苏省租赁住房治安管理规定》第二十条的要求，乡镇人民政府、街道办事处以及住房城乡建设、消防救援、公安机关等有关部门和单位对租赁住房集中地区定期走访并进行安全检查，对租赁住房结构和使用性质、消防设施、疏散通道、电气燃气设施、车辆充电停放等进行日常巡查，巡查情况及发现租赁住房存在的安全隐患，形成检查记录，落实安全防范措施。安全检查和日常巡查发现租赁住房存在安全隐患，或者接到对违反租赁住房治安管理行为的投诉、举报的，属于治安管理范围的，由公安机关及时依法处置；属于住房租赁、消防等管理范围的，由住房城乡建设、负有消防监督管理职责等部门和单位及时依法处置。

公安部门主要负责群租房治安管理，开展经常性的治安检查，消除治安隐患，依法查处打击涉及群租房的各类违法犯罪活动；组织有关部门和单位排查发现群租房及其安全隐患，及时采集录入相关信息，对非管辖范围内的安全隐患通报主管部门和单位督促落实整改措施。住房城乡建设部门主要负责群租房的租赁合同登记备案，掌握房屋底数和基本情况；实施群租房租赁市场管理，规范房屋租赁中介机构行为，依法查处群租房不符合安全、防灾工程建设强制性标准和违反规定改变房屋使用性质等租赁违法行为；指导物业服务企业按照物业服务合同做好共用消防设施、器材检查维护工作；指导供气、供水企业协助做好群租房用气、用水安全管理工作，为安全隐患治理提供相关数据、技术支持。

3. 安全隐患

分析近年来群租房的火灾事故，普遍都是由于承租人火灾安全隐患知识薄弱，自防自救能力差，最终导致悲剧的发生。常见安全隐患有：

(1) 私拉电线、电线短路、电线超负荷运载；

(2) 违规使用易燃易爆物品，如液化气钢瓶等；

(3) 安全出口未保持畅通，过道、楼梯口电瓶车肆意停放，胡乱堆放杂物；

(4) 未配备消防设施，如灭火器、烟雾报警器等消防安全器材。

【评价内容-7】 全面清查“三合一”场所[1] 并开展综合整治工作[2]。

【评价方法】 查看政府、相关部门资料，并现场复核。

【自评梳理建议】

1. “三合一”场所清单；

2. 开展“三合一”场所综合整治工作相关文件（包括政府文件、工作或专项整治计划和总结等证明材料)。

【释义】

1. “三合一”场所

“三合一”场所是指人员住宿场所与加工、生产、仓储、经营等场所在同一建筑内混合设置。本项评价抽查对象结合工业企业、“九小”场所开展。

2. 综合整治工作要求

根据《消防法(2021修正)》的要求,生产、储存、经营易燃易爆危险品的场所不得与居住场所设置在同一建筑物内,并应当与居住场所保持安全距离。生产、储存、经营其他物品的场所与居住场所设置在同一建筑物内的,应当符合国家工程建设消防技术标准。

公安、工商等部门,乡镇街道及社区(村)应组织开展“三合一”场所安全专项整治行动,负责对监管范围内的“三合一”场所集中检查整治,整治重点应包含以下内容:

(1) 防火分隔不到位问题;

(2) 违规住人问题;

(3) 违规用火用电问题;

(4) 电动自行车违规停放、充电问题;

(5) 安全出口、疏散通道数量不足或违章占用、堵塞、封闭问题;

(6) 外墙门窗上设置铁栅栏等影响逃生和灭火救援障碍物问题;

(7) 违规使用彩钢板、聚氨酯泡沫等易燃可燃材料问题;

(8) 违规采用木质板材搭建阁楼问题;

(9) 消防设施器材不全问题。

3.3 公共设施

3.3.1 城市生命线安全风险

【评价内容-1】 供电、供水管网安装安全监测监控设备[1]。

【评价方法】 查阅政府、相关部门、单位资料。实地查看供电、供水管网监控设备。

【自评梳理建议】

1. 供电管网安全监测监控设备及系统建设情况；

2. 供水管网安全监测监控设备及系统建设情况。

【释义】

1. 安全监测监控设备

供电管网应安装电压、频率监测监控设备，供水管网应安装压力、流量监测监控设备。

(1) 供电管网安全监测监控设备

供电管网监测系统通常由电力监控软件、计算机和通信网络、中高压微机保护测试装置、低压多功能仪表、计量仪表和其他设备等组成。系统可以实现电压、频率数据采集、数据处理、控制操作、告警管理、设置用户权限、统计报表、GPS 对时、故障录波、危机防误等功能。系统应符合《继电保护和安全自动装置技术规程》(GB/T 14285—2006)、《远动终端设备》(GB/T 13729—2019)、《无人值守变电站及监控中心技术导则》(Q/GDW 231—2008)、《多功能电能表通信协议》(DL/T 645—2007)等标准规范。

(2) 供水管网安全监测监控设备

供水管网监测系统通常由监测设备及传感器、通信网络和监测中心组成。压力、流量监测监控设备通常安装在供水干管上，并需充分考虑水厂结合部、干管末梢、地面标高峰值处、用水集中地区、国家要害部门附近等因素，具有实时监测压力流量、超限报警功能。监控软件应具备测点分布总览、测点信息设置、查阅实施监测数据、历史数据查询、数据分析、智能数据统计等功能。

根据《江苏省城市生命线安全工程建设技术指导书》，为全面掌握供水管网运行状况，及时发现异常工况，快速识别和处置爆管事件、避免发生次生灾害，在加强综合监管的基础上，结合在重点部位或区域安装压力传感器、流量计、噪声探测仪，以及智能消火栓等感知设备，提高监测预警能力。监测点位布设应符合《城镇供水管网运行维护及安全技术规程》(CJJ 207—2013)、《江苏省城市供水服务质量标准》(DGJ32/TC 03—2007)等标准规范的要求。

【评价内容-2】 重要燃气管网和厂站[1]监测监控设备[2]安装率100%。

【评价方法】 查阅政府、相关部门、单位资料,实地查看燃气监控设备。

【自评梳理建议】

1. 重要燃气管网和厂站监测监控设备及系统建设情况。

【释义】

1. 重要燃气管网和厂站

重要燃气管网和厂站是指涉及《城镇燃气设计规范》(GB 50028—2006,2020版)中设计压力为中压燃气管道A级及以上的管网和厂站。

2. 监测监控设备

重要燃气管网和厂站应安装视频监控,燃气泄漏报警,压力、流量监控设备等。监控及数据采集系统应设主站、远端站。主站应设在燃气企业调度服务部门,并宜与城市公用数据库连接。远端站宜设置在区域调压站、专用调压站、管网压力监测点、储配站、门站和气源厂等。监控及数据采集系统的布线和接口设计应符合国家现行有关标准的规定,并具有通用性、兼容性和可扩性。设置监控和数据采集设备的建筑应符合现行国家标准《计算机场地通用规范》(GB/T 2887—2011)和《数据中心设计规范》(GB 50174—2017)的有关规定。远端站的防爆、防护应符合所在地点防爆、防护的相关要求。

根据《江苏省城市生命线安全工程建设技术指导书》,对于城镇燃气管道设施,首先应接入已有管道监测数据,充分利用企业已布设的监测感知设备,包括固定监测信息(传感器)和流动探测信息(泄漏检测车等),对于企业监测布点密度不足的,督促加密监测布点;其次需要增加重要公共空间和关键部位监测,如管道相邻密闭空间、管道交叉穿越等，补充布设监测点位。对于城镇燃气场站设施，接入企业已有场站监测数据。

【评价内容－3】 建立地下管线综合管理信息系统[1]，并及时维护更新。

【评价方法】 查阅政府、相关部门、单位资料。

【自评梳理建议】

1. 地下管线综合管理信息系统建设情况；
2. 信息系统成果应用的经验做法（如有）。

【释义】

1. 地下管线综合管理信息系统

根据《关于加强城市地下管线建设管理的实施意见》的要求，政府和相关部门应建立完善地下管线信息系统。各城市要在充分整合各专业管线现有数据资料的基础上，结合普查建立地下管线综合管理信息系统，满足地下管线规划、建设、运行和应急等工作需要。包括驻军单位、中央直属企业在内的行业主管部门和管线权属单位要建立完善专业管线信息系统，满足日常运营维护管理需要。综合管理信息系统和专业管线信息系统应按照统一的数据标准，实现信息共建共享、即时交换。各城市人民政府要建立地下管线信息动态更新和使用管理制度，明确数据更新责任和使用权限，确保新建地下管线信息及时更新入库和入库信息规范使用。要推进地下管线综合管理信息系统与数字化城市管理系统、智慧城市相融合，提高城市地下管线日常管理、预警监测、应急反应、执法监督和指挥决策能力。

【评价内容－4】 开展地下管线[1]、窨井盖[2]隐患排查，按计划完成整改。

【评价方法】 查阅地下管线隐患排查资料。随机抽查不少于 2 处地下管线、窨井设施。

【自评梳理建议】

1. 开展地下管线隐患排查计划、总结、整改方案；

2. 地下管线隐患整改完成情况；

3. 开展窨井盖隐患排查计划、总结、整改方案；

4. 窨井盖隐患整改完成情况。

【释义】

1. 地下管线隐患排查

根据《关于加强城市地下管线建设管理的实施意见》的要求，各城市要定期排查地下管线存在的隐患，制定工作计划并限期消除。加大排查治理力度，依法依规清理拆除占压地下管线的违法建（构）筑物，新建建筑物、构筑物应避免占压地下管线。工矿、仓储等用地的土地性质发生转换时，地下管线权属单位和业务主管部门要进行地下管线数据交底。结合地下管线普查工作，清查、登记废弃和“无主”管线，由城市人民政府明确责任单位和整改时限，及时处置存在安全隐患的废弃管线，消灭危险源，其余废弃管线应在道路新（改、扩）建时予以拆除。

地下管线权属单位履行地下管线隐患排查治理主体责任，建立本单位隐患排查治理管理工作制度和规范，有针对性地对地下管线结构性隐患、周边土体病害和管线占压隐患等进行排查。各行业主管部门负相应的监管职责。

结构性隐患指管线本体结构及附属管线构筑物结构存在的可能影响管线安全运行、导致管线事故发生，或者事故发生后可能扩大事故范围、加剧事故后果的危险状态，如腐蚀、变形、错口、破裂等。

土体病害指地下管线周边土体存在的土质疏松、空洞、富水异常等可能对地下管线产生不利影响的结构性缺陷。

管线占压指在管道线路中心线两侧各 5 米地域范围内，种植深根植物，修建建筑物、构筑物或堆放其他物体，以及进行取土、采石挖掘施工等。

2. 窨井盖

根据《关于加强窨井盖安全管理的指导意见》的要求，到 2023 年底前，基本完成各类窨井盖普查工作，摸清底数，健全管理档案，完成窨井盖治理专项行动，窨井盖安全隐患得到有效治理；到2025年底前，窨井盖安全管理机制进一步完善，信息化、智能化管理水平明显加强，事故风险监测预警能力和应急处置水平显著提升，窨井盖安全事故明显减少。

各地应加强窨井盖安全隐患治理工作。开展窨井盖治理专项行动，压实窨井盖权属单位主体责任，全面排查、消除窨井盖存在的安全隐患。权属单位要建立问题清单，制定限期整改计划，确保整改到位。对存在破损、下沉、松动等情形的窨井盖，要尽快维修加固；对窨井盖缺失的，要及时按相关标准补装；对低洼、易涝等地区的窨井，要逐步加装防坠装置；对已确认为废弃的窨井，要限期完成填埋。在专项行动基础上，窨井盖权属单位要制定窨井盖更新改造计划，逐步更换超出设计使用年限、材质落后的窨井盖。

【评价内容－5】 建立城市电梯应急处置平台[1]并有效运行。

【评价方法】 查阅政府、相关部门、单位资料。实地查看城市电梯应急处置平台。

【自评梳理建议】

1. 城市电梯应急处置平台运行情况说明；
2. 城市电梯应急处置平台运行管理中的经验做法(如有)。

【释义】

1. 城市电梯应急处置平台

根据《电梯应急处置平台技术规范》(CPASE M001—2015，团体标准)，城市电梯应急处置平台是指基于通信、调度、地理信息系统、物联网等信息技术，接受电梯困人等故障的报警，开展组织、协调、指挥救援行动的公共服务平台。根据《关于推进电梯应急处置服务平台建设的指导意见》的要求，城市电梯应急处置平台应具备以下功能：

(1) 发挥应急协调指挥功能。接到乘客困梯电话后，指挥并监督电梯的签约维保单位按照电梯应急救援响应程序和时限要求实施救援；对维保单位不能及时救援的，协调就近的其他电梯维保单位或消防等救援力量，实施安全、快速、科学的救援，最大程度缩短乘客困梯时间。

（2）发挥咨询服务功能。接受群众有关电梯安全的咨询、投诉和举报，解答和协调解决群众使用电梯中的安全问题，对电梯维保、消防等救援力量进行电梯应急救援培训和技术指导等。

（3）发挥风险监控功能。按时统计和分析电梯困人等故障数据，开展风险监测，及时发布预警信息，实施分类监管，实现电梯安全的动态监管和科学监管。

（4）发挥社会监督功能。定期向社会公布电梯安全状况的信息，向当地政府和相关部门提出电梯安全管理工作的建议，发挥社会监督作用，促进电梯使用、维保单位落实安全主体责任，推动多部门综合监管机制形成。

评价县级城市和国家级开发区电梯应急处置平台时，可查阅设区市电梯应急处置平台。电梯应急处置平台应包括应急处置机构、救援热线、救援网络、应急指挥硬件系统和软件系统。电梯应急处置平台应具有信息采集、数据更新、接警指挥、统计分析等功能。

截至 2019 年 12 月底，我省已在全国率先初步建成全省统一的 96333 电梯应急处置服务平台。主要做法为统一呼叫号码、统一电梯编号、统一数据归集、统一软件平台、统一展示平台、统一信息公示等“六个统一”。

【评价内容－6】 开展地下工程[1]影响区域、老旧管网集中区域、地下人防工程[2]影响区域主要道路塌陷隐患排查[3]，按计划完成整改。

【评价方法】 查阅政府、相关部门、单位资料。查阅相关现场整治台账资料并现场复核。

【自评梳理建议】

1. 开展道路塌陷隐患排查计划、总结、整改方案；

2. 道路塌陷隐患整改完成情况。

【释义】

1. 地下工程

指深入地面以下为开发利用地下空间资源所建造的地下土木工

程，包括地下房屋和地下构筑物、地下铁道、公路隧道、水下隧道、地下共同沟和过街地下通道等。

2. 地下人防工程

是指为保障战时人员与物资掩蔽、人民防空指挥、医疗救护而单独修建的地下防护建筑，以及结合地面建筑修建的战时可用于防空的地下室。

3. 道路塌陷隐患排查

道路塌陷隐患排查可由相关部门牵头，对辖区范围内的道路开展拉网式排查，对临近道路区域存在第三方施工扰动、地面高密度荷载作用以及道路地下存在大型空间、大口径管网的道路，应组织责任单位和相关单位联合开展重点探查排摸工作。隐患排查要落实隐患治理的责任主体，由责任主体制定切实可行的治理方案，负责整治到位。根据《城市建设安全专项整治三年行动实施方案》的要求，各地应加强巡查和监测，提高城市地下空洞风险隐患排查治理能力。道路塌陷隐患探测工作应参照《城市地下病害体综合探测与风险评估技术标准》(JGT/T 437—2018)和《城市工程地球物理探测标准》(CJJ/T 7—2017)的相关规定。

3.3.2　城市交通安全风险

【评价内容-1】　制定城市公共交通应急预案[1]，定期开展应急演练。

【评价方法】　查阅政府、相关部门、单位资料。

【自评梳理建议】

1. 城市公共交通应急预案文本；

2. 城市公共交通应急预案演练计划、记录、评估和总结。

【释义】

1. 城市公共交通应急预案

为及时、有序、高效地处置公共交通突发事件，保障城市公共交通畅通和人民群众出行安全，最大限度地减少突发事件可能造成的影响和损失，保护人民生命财产安全，维护城市交通安全稳定，政府和相关部门应编制城市公共交通突发事件应急预案。城市公共交通应急预案应包括：《公路交通突发事件应急预案》《水路交通突发事件应急预案》《道路运输突发事件应急预案》《城市公共汽电车突发事件应急预案》等。如有城市轨道交通的，还应制定城市轨道交通相关预案。预案应根据《城市公共汽电车突发事件应急预案编制规范》(JT/T 1018—2016)和《城市轨道交通运营突发事件应急预案编制规范》(JT/T 1051—2016)的规定编制，并经专家评估论证后发布实施。

【评价内容-2】 建立公交驾驶员生理、心理健康监测机制[1]，定期开展评估。

【评价方法】 查阅政府、相关部门、单位资料。

【自评梳理建议】

1. 公交驾驶员生理、心理健康监测机制文件及相关记录；
2. 强化公交驾驶员生理、心理健康工作的经验做法。

【释义】

1. 公交驾驶员生理、心理健康监测机制

公交营运单位应密切关注驾驶员身体、心理健康状况，严禁心理不健康、身体不适应的驾驶员上岗从事营运，严禁客运车辆带病运行，加强公交车运行动态监控，及时提醒和纠正不安全驾驶行为。公交驾驶员生理、心理健康监测机制应至少包括以下内容：

(1) 公交营运单位应成立公交驾驶员生理、心理健康监测领导小组，明确各成员职责。

(2) 围绕公交驾驶员生理、心理健康制定培训制度、报告制度、保密制度、备案制度、保障制度。加强对公交司机心理素质教育和心理健康指导与服务，关心公交司机相关待遇，营造良好的企业管理文化环境。

(3) 建立预警和危机干预机制，建立预警和危机干预网络，保证信息的畅通。

根据《关于强化城市公共交通运营安全工作的通知》的要求，要强化重大风险防控能力建设，加强驾驶员健康状况监测，定期组织开展心理健康教育和辅导。

【评价内容-3】 新增公交车驾驶区域安装安全防护隔离设施[1]。

【评价方法】 随机抽查不少于2辆公交车。

【自评梳理建议】

1. 公交车驾驶区域安装安全防护隔离设施的情况说明；
2. 车辆安全防护隔离设施典型做法和现场照片。

【释义】

1. 公交车驾驶区域安全防护隔离设施

为深刻吸取重庆万州"10·28"公交车坠江事件、贵州安顺"7·7"公交车坠湖事件等一系列典型案件的经验教训，落实公交车运行安全主体责任，全面构建立体化智能化公交车安全防范体系，交通运输部门和公安部门全面推进公交车安装驾驶区隔离设施，做好驾驶区域防护隔离、车载监控等各类安全设施的维护保障工作，扎实开展驾驶员安全防范知识教育和应急技能培训，保障市民出行安全。根据《关于强化城市公共交通运营安全工作的通知》的要求，强化车辆定期检验检测管理，重点关注驾驶区域安全防护隔离设施安装情况。驾驶区域安全防护隔离设施可根据《城市公共汽电车驾驶区防护隔离设施技术要求》(JT/T 1241—2019)和《城市公共汽电车驾驶区防护隔离设施技术要求》(JT/T 1240—2018)的规定设置。

【评价内容-4】 "两客一危"[1]道路运输企业安全生产标准化二级达标[2]率100%。

【评价方法】 查阅政府、相关部门、单位资料。

【自评梳理建议】

1. "两客一危"道路运输企业清单；
2. "两客一危"道路运输企业安全生产标准化证书(或其他佐证材料)。

【释义】

1. “两客一危”

指长途客运车辆、旅游客车和危险物品运输车辆。

2. 安全生产标准化二级达标

根据《交通运输企业安全生产标准化建设评价管理办法》的规定，交通运输企业安全生产标准化建设等级分为一级、二级、三级，其中一级为最高等级，三级为最低等级。

根据江苏省交通运输厅会同省公安厅、省应急管理厅（原安全生产监督管理局）、江苏海事局起草的《关爱生命筑牢防线江苏省“平安交通”建设三年行动计划（2018—2020）》的要求，“两客一危”道路运输企业安全生产标准化二级达标率98%以上。本次安全发展示范城市创建要求达到100%。

根据《道路运输安全专项整治三年行动实施方案》的要求，要深入推进运输企业安全生产规范化建设，实现安全管理、操作行为、设施设备和作业环境的标准化，涉及省际班线客运、省际旅游客运的道路客运企业，以及涉及剧毒、爆炸、放射性货种的道路危险货物运输企业，2020年底前必须实现安全生产标准化一级达标。

根据《江苏省“十四五”综合交通运输体系发展规划》，持续推进安全生产标准化建设，强化“两客一危”、港口危化品等重点领域企业安全标准化动态管理。

【评价内容-5】 “两客一危”安装防碰撞、智能视频监控报警装置和卫星定位装置[1]。

【评价方法】 随机抽查长途客运车辆、旅游客车、危险物品运输车各不少于2辆，查阅车辆相关资料并现场复核。

【自评梳理建议】

1. “两客一危”防碰撞、智能视频监控报警装置和卫星定位装置安装使用情况说明；

2. “两客一危”防碰撞、智能视频监控报警装置、卫星定位装置安装的典型做法和现场照片；

3. 其他科技手段提升“两客一危”本质安全的经验做法(如有)。

【释义】

1. 安装防碰撞、智能视频监控报警装置和卫星定位装置

根据《关于推进安全生产领域改革发展的实施意见》的要求，强制长途客运车辆、旅游客车、危险物品运输车辆和船舶安装智能视频监控报警、防碰撞和整车整船安全运行监管技术装备，加快安全技术装备改造升级。防碰撞技术装备应符合《营运货车安全技术条件》(JT/T 1178—2019)和《智能运输系统　车辆前向碰撞预警系统　性能要求和测试规程》(GB/T 33577—2017)等标准。

根据江苏省交通运输厅会同省公安厅、省应急管理厅、江苏海事局印发的《关爱生命筑牢防线江苏省“平安交通”建设三年行动计划(2018—2020)》的要求，“两客一危”车辆主动安全智能防控终端安装率、入网率力争达到 100%，升级“两客一危”车辆、重型载货货车和半挂牵引车主动智能防控终端和系统平台，实现对驾驶员和车辆不安全行为的预警预控。要深化“江苏省道路运输第三方安全监测平台”的应用，在现有平台数据的基础上，引入驾驶员行为数据采集与分析，及时对车、人的不安全行为进行预警。

根据《关于进一步加强车辆主动安全智能防控系统应用管理工作的通知》的要求，“两客一危”车辆应安装、使用主动安全智能防控系统终端。道路运输企业要将其所属“两客一危”车辆全部安装并使用符合江苏省地方标准《道路运输车辆主动安全智能防控系统终端技术规范》等相关技术标准的车载终端设备，并接入省行业监管平台。

根据《关于加强道路运输车辆动态监管工作的通知》的要求，必须为“两客一危”车辆安装符合《道路运输车辆卫星定位系统车载终端技术要求》(JT/T 794—2019)规定的卫星定位装置，并接入全国重点营运车辆联网联控系统，保证车辆监控数据准确、实时、完整地传输，确保车载卫星定位装置工作正常、数据准确、监控有效。

【评价内容-6】　按照规定对城市轨道交通工程可研、试运营前、

验收阶段进行安全评价，进行运营前和日常运营期间安全评估、消防设施评估、车站紧急疏散能力评估[1]。

【评价方法】 随机抽查轨道交通项目，查阅相关资料。

【自评梳理建议】

1. 城市轨道交通工程清单；
2. 城市轨道交通工程安全评价报告；
3. 城市轨道交通安全评估报告；
4. 城市轨道交通消防设施评估报告；
5. 城市轨道交通车站紧急疏散能力评估报告。

【释义】

1. 安全评估、消防设施评估、车站紧急疏散能力评估

城市轨道交通工程可研、试运营前、验收阶段应参照《城市轨道交通安全预评价细则》(AQ 8004—2007)、《城市轨道交通试运营前安全评价规范》(AQ 8007—2013)、《城市轨道交通安全验收评价细则》(AQ 8005—2007)等文件进行安全评价。安全评估和车站紧急疏散能力评估应参照《城市轨道交通运营安全评估规范 第1部分：地铁和轻轨》《城市轨道交通运营安全评估规范 第2部分：单轨》和《城市轨道交通运营安全评估规范 第3部分：有轨电车》开展，城市轨道交通消防设施评估应参照《火灾高危单位消防安全评估导则(试行)》和《城市轨道交通消防安全管理》(GB/T 40484—2021)开展。

【评价内容-7】 城市内河渡口渡船安全达标[1]率100%。

【评价方法】 查阅政府、相关部门、单位资料，随机抽查不少于2个渡口。

【自评梳理建议】

1. 城市内河渡口渡船清单；
2. 城市内河渡口渡船安全达标情况说明；
3. 城市内河渡口渡船经营管理单位安全生产标准化建设等级证明(如有)。

【释义】

1. 内河渡口渡船安全达标

根据《中华人民共和国内河交通安全管理条例(2019修正)》《内河渡口渡船安全管理规定》要求开展内河渡口渡船安全现场检查,包括但不限于以下内容:

(1) 渡口应设置在水流平缓、水深足够、坡岸稳定、视野开阔、适宜船舶停靠的地点,并远离危险物品生产、堆放场所;

(2) 渡口经营者应当在渡口设置明显的标志,维护渡运秩序,保障渡运安全;

(3) 渡口所在地县级人民政府应当建立、健全渡口安全管理责任制,指定有关部门负责对渡口和渡运安全实施监督检查;

(4) 渡口运营人应当加强对渡口安全设施和渡船渡运的安全管理,根据国家有关规定建立渡口、渡船安全管理制度,落实安全管理责任制;

(5) 渡口应具备货物装卸、旅客上下的安全设施,配备必要的救生设备和专门管理人员;

(6) 渡口工作人员应当经培训、考试合格,并取得渡口所在地县级人民政府指定的部门颁发的合格证书;

(7) 渡口船舶应当持有合格的船舶检验证书和船舶登记证书;

(8) 渡口载客船舶应当有符合国家规定的识别标志,并在明显位置标明载客定额、抗风等级、安全注意事项;

(9) 渡船应当定期维护保养,确保处于适航状态,并按期申请检验;

(10) 渡船应当按照规定配备消防救生设备,放置在易取处,保持其随时可用,并在规定的场所明显标识存放位置,张贴消防救生演示图和标示应急通道;

(11) 渡船船员应当按照相关规定具备船员资格,持有相应船员证书;

(12) 渡口船舶应当按照渡口所在地的县级人民政府核定的路线

渡运,并不得超载;

(13) 渡运时,应当注意避让过往船舶,不得抢航或者强行横越;

(14) 遇有洪水或者大风、大雾、大雪等恶劣天气,渡口应当停止渡运。

【评价内容-8】 长江江苏段、沿海及内湖、内河沿岸建立危险货物码头安全风险监控体系[1]。

【评价方法】 查阅政府、相关部门、单位资料。

【自评梳理建议】

1. 危险货物码头清单;

2. 江苏省海江河全覆盖的港口安全监管信息平台使用运行情况;

3. 港口重大危险源智能在线监测预警系统建设运行情况。

【释义】

1. 危险货物码头安全风险监控体系

根据《关于推进安全生产领域改革发展的实施意见》的要求,应建立长江江苏段、沿海及内湖、内河沿岸危险货物码头安全风险监控体系,有效防范重特大生产安全事故。

根据《江苏省"十四五"水运发展规划》,依托海江河全覆盖的港口安全监管信息平台示范工程建设,推进危险货物安全管理和行业监管数据共享,建立港口重大危险源智能在线监测预警系统,加强危化品船舶过闸调度和安全管控与联防联控,推进危险货物安全管理和行业监管数据共享,推进对港口重大危险源安全状况实时动态管控,提升水路安全管控能力和应急处置能力。

根据《港口危险货物安全监管信息化建设指南》的要求,港口行政管理部门应全面、及时、准确地掌握港口经营人的基本信息和危险货物港口作业信息,做到摸清底数、心中有数,实现动态监管。通过安全监管信息化建设,提升危险货物港口作业的安全监测、预警及事故应急反应处置能力,实现港口危险货物信息的大数据分析管理,提供相关数据支持和决策依据。

【评价内容-9】 铁路平交道口按规定设置安全设施[1]和进行管理。

【评价方法】 随机抽查不少于2个铁路平交道口，查阅相关资料并现场复核。

【自评梳理建议】

1. 铁路平交道口清单；

2. 铁路平交道口安全设施现场照片。

【释义】

1. 安全设施

根据《铁路道口管理暂行规定》第五条的要求，铁路道口应设置以下安全设施：

(1) 在道口处的道路上设有铁路道口标志和护桩。铁路道口标志设在通向道口并距道口最外股钢轨不少于二十米处的道路右侧(特殊情况除外)，护桩设在道口附近(路堑内及城市市区可不设)，在铁路上距道口五百至一千米处设有火车司机鸣笛标(站内不设)。根据需要还可在通向道口并距道口最外股钢轨五米处的道路右侧设置道口信号机；未设道口信号机的无人看守道口，可在安设道口信号机的位置设置停车(止步)让行标志。有人看守道口还要设置带有标志(标志为红色圆牌、有条件的地方夜间可安设红灯)的栏杆(或栏门)。已安设道口信号机或停车(止步)让行标志的道口，取消过去设置的"危险道口、停车瞭望、安全通过""小心火车""一停(慢)、二看、三通过"等宣传牌。铁路道口附近路段的道路交通标志和标线的设置应符合《道路交通标志和标线 第6部分：铁路道口》(GB 5768.6—2017)的规定。

(2) 在人行过道及平过道不设铁路道口标志和道口护桩，在人行过道可按需要设置"人行过道""小心火车""禁止畜力车、机动车辆通行"等宣传牌及防止车辆通过的路障。

(3) 根据《铁路道口管理办法》第二十三条的要求，道口两侧的栏杆(门)设在距钢轨外侧3米以外。栏杆位置以仰起后距接触网带电部分2米直径范围以外来确定。电气化铁路区段的道口，一般使用电动栏门。

【评价内容-10】 建立铁路沿线安全环境整治机制[1]。

【评价方法】 查阅政府、相关部门、单位资料。

【自评梳理建议】

1. 铁路沿线安全环境整治机制相关文件。

【释义】

1. 铁路沿线安全环境整治机制

根据《关于建立高速铁路沿线环境综合整治长效机制的意见》的要求，应建立健全高速铁路沿线环境综合整治长效机制。

（1）强化铁路沿线环境整治统筹协调机制。高速铁路沿线省、市、县与铁路有关部门、单位要将高速铁路沿线环境综合整治列入重要议事日程，制定相关规划或实施方案，统筹部署重点工作；建立高速铁路沿线环境综合整治和安全环境管控协调机制，及时协调解决有关重大问题和路地职责衔接问题；建立各类交汇工程建设管理协商机制，及时解决工程建设与运营中的具体问题；建立健全日常管理的信息互通、资源共享、协调联动的工作机制，形成工作合力；建立工作检查与考核机制，定期对高速铁路沿线安全环境情况开展检查，并纳入政府环境建设综合评价考核体系。

（2）建立"双段长"工作责任制。高速铁路沿线市、县和铁路有关单位要建立"双段长"责任制，沿高速铁路线路（城区内每1公里、城区外每5公里）设铁路运营单位和地方街道（乡镇）相关负责人各1名作为段长，公布"双段长"人员名单，明确"双段长"巡查、会商、处置及上报信息等工作职责，建立人员随工作岗位动态调整制度；建立"双段长"教育管理制度，督促、指导"双段长"认真履行职责，并定期对"双段长"工作情况进行检查和考核。"双段长"要认真履行职责，定期巡查负责线路，建立巡查记录和问题台账，及时安排处置问题，对超出职权范围的事项及时报上级地方政府和铁路有关单位处理。

【评价内容-11】 定期组织开展铁路沿线外部环境问题整治专

项行动[1]，按计划治理完成铁路外部环境安全管控通报问题。

【评价方法】 查阅政府、相关部门、单位资料。

【自评梳理建议】

1. 开展铁路沿线外部环境问题整治专项行动计划、总结、整改方案；

2. 铁路沿线外部环境问题整治专项行动完成整改情况。

【释义】

1. 铁路沿线外部环境问题整治专项行动

根据《关于印发全省交通干线沿线环境综合整治五项行动方案的通知》的要求，用地红线内无违章建筑和破旧建筑物；红线外侧至 100 米范围内做到"六无一有"，即无违法私搭乱建的建筑物构筑物及附属物、无破旧建筑及残墙断壁、无乱堆物料、无暴露垃圾渣土及"白色污染"、无违法及破旧广告牌匾、无河塘漂浮物，有绿化隔离带或隔离墙；红线外侧旅客视野所及 1000 米范围以内对沿线建筑物和村庄、农田林网、道路网、河湖水系网、企业烟囱进行综合治理，做到美观、整洁。

根据《关于建立高速铁路沿线环境综合整治长效机制的意见》"一、强化高速铁路沿线安全管控"的要求：

(1) 认真落实《铁路安全管理条例》，依法设立高速铁路线路安全保护区、地下水禁采区、河道禁采区。对在保护区内烧荒、放养牲畜、排污、倾倒垃圾和危害铁路安全物质，在高速铁路两侧 200 米范围内及地下水禁采区内抽取地下水，在河道禁采区域内采砂、淘金等禁止性行为，采取有效管控措施。

(2) 加强沿线新建项目和原有建筑、生产生活设施改造的规划管理和安全管控，确保铁路两侧无违反法律法规及国家或行业标准、影响铁路运输安全的危险物品生产、加工、储存或销售场所，采矿采石和爆破作业，以及排放粉尘烟尘及腐蚀性气体的生产活动。对可能被大风刮起危及铁路运输安全的轻型材料建(构)筑物、农用薄膜、塑料大棚及影响行车瞭望或倒伏后影响铁路运输安全的塔杆、广告牌、烟囱等高大设施和高大树木，采取有效的管控措施。

(3) 规范设置高速铁路沿线的安全防护设施、警示标志、界碑标桩等，明确管理维护责任并确保落实到位。

(4) 加强各类城镇工程管线、综合管廊、城市道路和高速铁路交汇工程建设的规划、建设和管理，确保路地两方工程协调有序，保障高速铁路安全。

【评价内容－12】 汽车客运站按规定设置安全设施[1]和进行管理[2]。

【评价方法】 随机抽查不少于2个汽车客运站，查阅相关资料并现场复核。

【自评梳理建议】

1. 汽车客运站清单；
2. 汽车客运站安全设施现场照片；
3. 汽车客运站安全管理制度；
4. 汽车客运站安全生产标准化证书(如有)。

【释义】

1. 安全设施

汽车客运站可根据《交通运输企业安全生产标准化建设基本规范 第7部分：汽车客运站》(JT/T 1180.7—2018)、《重点单位(部位)公共安全技术防范系统建设规范　第10部分：汽车客运站和客运码头》(DB32/T 1691.10—2015)等标准规定设置视频监控系统、报警系统和应急广播系统等安全设施。

2. 安全管理

汽车客运站应按照《道路旅客运输及客运站管理规定》《汽车客运站安全生产规范》等文件要求进行安全管理。

【评价内容－13】 对交通流量大、事故多发、违法频率较高等重要路段实施路网运行监测[1]与交通执法监控系统[2]，对事故多发、易发路段进行实时监控，开展“三超一疲”“百吨王”“大吨小标”等交通违法违规突出问题整治。

【评价方法】 查阅政府、相关部门、单位资料。

【自评梳理建议】

1. 路网运行监测与交通执法监控系统建设运行情况说明；

2. 开展“三超一疲”“百吨王”“大吨小标”等交通违法违规突出问题专项整治方案、总结；

3. 交通违法违规突出问题整治经验做法(如有)。

【释义】

1. 路网运行监测

地市级路网平台、其他路网监测点外场设施及相关支撑系统的建设、运行和管理工作可参照《公路网运行监测与服务暂行技术要求》的规定执行。

路网监测的对象主要包括高速公路、国省干线公路的重要路段，以及重要桥隧、互通立交、收费站、治超站、服务区、停车区等公路节点。路网监测点的监测内容主要包括视频图像数据、交通运行数据、基础设施运行数据、公路交通突发(阻断)事件信息和路网环境数据。

2. 交通执法监控系统

交通执法监控系统应实现区域范围内全方位监控道路交通状况，通过重点场所和监测点的前端设备将监视区域内的现场图像以各种方式(光纤、专线等)传回交通指挥中心，使交通指挥管理人员对交通违章、交通堵塞、交通事故及其他突发事件做出及时、准确的判断，并相应调整指挥调度策略，及时发布道路交通信息，对车辆和行人进行有效的诱导，并及时调动警力，迅速处理各种突发事件，使整个城市交通保持良好、有序的状态。同时利用路口和路段交通违法行为自动监测设备，进一步加大对各类交通违法行为的处罚力度，促进交通参与者自觉遵守交通法规，提高公安交通管理部门的执法效能。

3.3.3 桥梁隧道、老旧房屋建筑安全风险

【评价内容 - 1】 定期开展桥梁、隧道技术状况检测评估[1]。

【评价方法】 查阅政府、相关部门、单位资料。随机抽查不少于 3

个桥梁、3 个隧道，查阅相关资料并现场复核。

【自评梳理建议】

1. 桥梁、隧道清单；

2. 桥梁、隧道技术状况定期检测评估情况说明。

【释义】

1. 桥梁、隧道技术状况检测评估

(1)桥梁检测评估

根据《城市桥梁养护技术标准》(CJJ 99—2017)的规定，城市桥梁定期检测应分为常规定期检测和结构定期检测。常规定期检测应每年 1 次，可根据城市桥梁实际运行状况和结构类型、周边环境等适当增加检测次数。结构定期检测应按规定的时间间隔进行，Ⅰ类养护的城市桥梁宜为 3～5 年，关键部位可设仪器监控测试；Ⅱ类～Ⅴ类养护的城市桥梁宜为 6～10 年。城市桥梁技术状况评估应根据《城市桥梁检测与评定技术规范》(CJJ/T 233—2015)的规定进行。

根据《公路桥涵养护规范》(JTG 5120—2021)，公路桥梁检查应分为初始检查、日常巡查、经常检查、定期检查和特殊检查。新建或改建桥梁应进行初始检查，初始检查宜与交工验收同时进行，最迟不得超过交付使用后 1 年。养护检查等级为Ⅰ、Ⅱ级的桥梁，日常巡查每天不应少于 1 次；养护检查等级为Ⅲ级的桥梁，日常巡查每周不应少于 1 次。养护检查等级为Ⅰ级的桥梁，定期检查周期不得超过 1 年；养护检查等级为Ⅱ、Ⅲ级的桥梁，定期检查周期不得超过 3 年。经常检查与特殊检查的周期详见 JTG 5120 第 3.4 和 3.6 节。桥梁技术状况评定应依据桥梁初始检查、定期检查资料，通过对桥梁各部件 技术状况的综合评定，确定桥梁的技术状况等级，提出养护措施。公路桥梁评定应按《公路桥梁技术状况评定标准》(JTG/T H21—2011)执行。

(2) 隧道检测评估

根据《公路隧道养护技术规范》(JTG H12—2015)的规定，公路隧道技术状况评定应包括隧道土建结构、机电设施、其他工程设施技术状况评定和总体技术状况评定。公路隧道技术状况评定应采用分层综合评定与隧道单项指标控制相结合的方法，先对隧道各检测项目进行评定，然后对隧道土建结构、机电设施和其他工程设施分别进行评定，最后进行隧道总体技术状况评定。隧道总体技术状况评定等级应采用土建结构和机电设施两者中最差的技术状况类别作为总体技术状况的类别。

隧道结构定期检查周期应根据技术状况确定，宜每年一次，最长不得超过三年一次。新建隧道应在交付一年后进行首次定期检查。在经常检查中发现重要结构分项技术状况评定状况值为 3 或 4 时，应立即开展一次定期检查。定期检查宜安排在春季或秋季进行。

隧道机电设施技术状况评定应不少于 1 次/年。

【评价内容－2】 桥梁、隧道安全设施隐患[1] 按计划完成整改。

【评价方法】 查阅政府、相关部门、单位资料。随机抽查不少于 3 个桥梁、3 个隧道，查阅相关资料并现场复核。

【自评梳理建议】

1. 开展桥梁、隧道隐患排查计划、总结、整改方案；
2. 桥梁、隧道隐患整改完成情况。

【释义】

1. 桥梁、隧道安全设施隐患

公路交通安全设施包括交通标志、交通标线（含突起路标）、护栏和栏杆、视线诱导设施、隔离栅、防落网、防眩设施、避险车道和其他交通安全设施（含防风栅、防雪栅、积雪标杆、限高架、减速丘和凸面镜）等，详见《公路交通安全设施设计规范》(JTG D81—2017)。

桥梁安全设施主要指栏杆、防撞设施、安全警示标志标线、诱导设施、监控系统、隔离栅等；桥梁安全设施隐患主要关注安全设施是否完好，是否符合设计规范，桥下空间和桥梁安全保护区内是否有堆积物，是否存在乱搭乱建、乱采挖沙等法律法规禁止的行为。

隧道安全设施主要指安全警示标志标线、诱导设施、照明系统、通风系统、消防设施、监控系统、报警电话、逃生通道。隧道安全设施隐患主要关注高速公路隧道入口段防撞设施、视线诱导设计及护栏等级，特别是对于长隧道断面与路基断面不一致的路段，检查入口前视觉过渡措施和护栏过渡措施是否规范，隧道内照明、通风、消防等机电设施和标志标线是否完好。

【评价内容-3】 开展老旧建筑[1]、户外广告牌、灯箱、店招标牌、玻璃幕墙、道口遮阳棚和楼房外墙附着物检查[2]，隐患整改率100%。

【评价方法】 查阅政府、相关部门、单位资料；随机抽查不少于3处老旧房屋、2个街道、2个社区，查阅相关资料并现场复核。

【自评梳理建议】

1. 开展城市老旧建筑隐患排查计划、总结、整改方案；

2. 老旧建筑隐患整改完成情况；

3. 开展户外广告牌、灯箱、店招标牌、玻璃幕墙、道口遮阳棚和楼房外墙附着物隐患排查计划、总结、整改方案；

4. 户外广告牌、灯箱、店招标牌、玻璃幕墙、道口遮阳棚和楼房外墙附着物隐患整改完成情况。

【释义】

1. 老旧建筑

根据《关于实施城市更新行动的指导意见》，实施既有建筑安全隐患消除工程。加强城镇人员密集场所、学校等公共建筑、老旧建筑安全隐患排查整治，加强城市危房和老旧房屋安全排查，重点对建筑年代较长、建设标准偏低、失修失养严重及其他因素产生安全隐患的房屋进行集中拉网式排查，扎实做好解危工作。列入老旧小区改造、棚户区改造的也属于老旧房屋的范围。

根据《江苏省既有建筑安全隐患排查整治专项行动方案》要求，到2021年底，江苏将通过拉网式、全覆盖排查，完成所有既有建筑排查。确保排查不漏一房、隐患建筑不漏一处，形成隐患建筑清单，纳入信息系统。再用三年左右时间，到2024年底，力争完成全省既有建筑安全隐患整治工作。

2. 户外广告牌、灯箱、店招标牌、玻璃幕墙、道口遮阳棚和楼房外墙附着物检查灯箱、店招标牌、玻璃幕墙、道口遮阳棚、楼房外墙附着物检查重点是违章违法建筑、破损、腐蚀生锈等隐患。

3.4 自然灾害

3.4.1 气象、洪涝灾害

【评价内容－1】 水文监测预警系统[1] 正常运行。

【评价方法】 查阅政府、相关部门、单位资料。

【自评梳理建议】

1. 水文站清单；
2. 水文监测预警系统建设运行情况说明。

【释义】

1. 水文监测预警系统

水文监测是指通过水文站网对江河、湖泊、渠道、水库的水位、流量、水质、水温、泥沙、冰情、水下地形和地下水资源，以及降水量、蒸发量、墒情、风暴潮等实施监测，并进行分析和计算的活动。

水文站是指为收集水文监测资料在江河、湖泊、渠道、水库和流域内设立的各种水文观测场所的总称。

水文监测预警系统通过对水文监测站的数据进行汇总分析，对某个时间段内的水文情势变化趋势进行预测，对可能发生的事故隐患进行预警提示，帮助决策者在第一时间进行判断决策。

根据《江苏省"十四五"水利发展规划》，实施智慧水利建设重大工程。一是水文基础设施建设，完善水文水资源监测站网，改扩建现有1800余处监测站点，建设一批专水文监测站与水量水质水生态一体的自动监测站；提升水文监测能力，推进自动监测仪器的应用改造一批水文实验室(站)、监测中心和水情中心，增配购置应急监测设施设备；二是数字孪生技术应用，建设长江、太湖、洪泽湖等重点河湖数字孪生系统；三是智慧业务系统建设，完善提升"3＋N"智慧水利业务系统。

【评价内容-2】 气象灾害预警信息[1] 公众覆盖率>90%。

【评价方法】 查阅政府、相关部门、单位资料。

【自评梳理建议】

1. 气象灾害预警信息公众覆盖率统计计算过程和结果。

【释义】

1. 气象灾害预警信息

根据《中华人民共和国气象法》(2016年修正)的要求,县级以上人民政府应当加强气象灾害监测、预警系统建设。

根据《气象灾害预警信号发布与传播办法》的要求,预警信号实行统一发布制度。各级气象主管机构所属的气象台站按照发布权限、业务流程发布预警信号,并指明气象灾害预警的区域。各级气象主管机构所属的气象台站应当及时发布预警信号,并根据天气变化情况,及时更新或者解除预警信号,同时通报本级人民政府及有关部门、防灾减灾机构。各级气象主管机构所属的气象台站应当充分利用广播、电视、固定网、移动网、因特网、电子显示装置等手段及时向社会发布预警信号。广播、电视等媒体和固定网、移动网、因特网等通信网络应当配合气象主管机构及时传播预警信号,使用气象主管机构所属的气象台站直接提供的实时预警信号,并标明发布预警信号的气象台站的名称和发布时间,不得更改和删减预警信号的内容,不得拒绝传播气象灾害预警信号,不得传播虚假、过时的气象灾害预警信号。地方各级人民政府及其有关部门在接到气象主管机构所属的气象台站提供的预警信号后,应当及时公告,向公众广泛传播,并按照职责采取有效措施做好气象灾害防御工作,避免或者减轻气象灾害。

根据《江苏省气象灾害防御条例(2021年修正)》的要求,广播、电视、报纸、电信和互联网等各类新闻媒体和信息服务单位应当根据法律、法规的规定以及与当地气象主管机构所属的气象台站的协议,准确、及时传播当地气象主管机构所属的气象台站直接提供的适时气象信息或者气象预报节目。

根据《国务院办公厅关于加强气象灾害监测预警及信息发布工作

的意见》的要求，以保障人民生命财产安全为根本，以提高预警信息发布时效性和覆盖面为重点，依靠法制、依靠科技、依靠基层，进一步完善气象灾害监测预报网络，加快推进信息发布系统建设，积极拓宽预警信息传播渠道。到 2015 年，灾害性天气预警信息提前 15～30 分钟以上发出，气象灾害预警信息公众覆盖率达到 90%以上。到 2020 年，建成功能齐全、科学高效、覆盖城乡和沿海的气象灾害监测预警及信息发布系统，气象灾害监测预报预警能力进一步提升，预警信息发布时效性进一步提高，基本消除预警信息发布“盲区”。气象灾害预警信息公众覆盖率可根据《安全韧性城市评价指南》(GB/T 40947—2021) B. 21 进行统计计算。

【评价内容 - 3】 编制洪水风险图[1]。

【评价方法】 查阅政府、相关部门、单位资料。

【自评梳理建议】

1. 洪水风险图编制情况；

2. 洪水风险图推广应用情况。

【释义】

1. 洪水风险图

根据《全国山洪灾害防治项目实施方案》(2017—2020 年)的要求，政府和相关部门应编制全国重点防洪保护区、国家蓄滞洪区、洪泛区、重点和重要防洪城市、部分中小河流等的洪水风险图。根据《洪水风险图编制导则》(SL 483—2017)的规定，基本洪水风险图包括淹没范围图、淹没水深图、到达时间图、洪水流速图、淹没历时图等；应包含基础地理信息、水利工程信息、洪水风险要素及其他相关信息。图件应包括矢量电子地图、电子图片和纸图。

洪水风险图编制应根据《全国重点地区洪水风险图编制项目审查验收管理办法(试行)》的要求开展技术审查。

根据《江苏省“十四五”水利发展规划》，主要任务明确提出整合基础数据，建设水旱灾害防御数字平台，推进洪水风险图成果应用，加强水旱灾害防御技术研究，提升综合分析与决策支持能力。

【评价内容-4】 开展城市洪水、内涝风险和隐患排查[1]，按计划完成整改。

【评价方法】 查阅城市洪水、内涝风险和隐患排查报告等相关资料。随机抽取不少于2个城市洪水、内涝风险点，查阅相关资料并现场复核。

【自评梳理建议】

1. 开展城市洪水、内涝风险和隐患排查计划、总结、整改方案；
2. 城市洪水、内涝风险和隐患整改完成情况。

【释义】

1. 风险和隐患排查要求

风险和隐患排查应按照汛前检查、汛中巡查、汛后复查要求，动态更新风险隐患清单等风险隐患排查巡查制度建立情况；小流域山洪灾害防御区域划定、地质灾害高风险区划定和隐患点排查识别、城市内涝风险等重点领域、重点区域的“风险识别一张图”情况。

风险和隐患排查应明确城市防内涝重点地区、重点地段、重点部位、重点设施，突出城市下穿式立交桥、道路低洼地段、铁路涵洞等易积水区域及居住区地下室、轨道交通、地下停车场、人防工程等城市地下空间以及建筑工地、危旧房集中区的风险隐患排查。

根据《国务院办公厅关于加强城市内涝治理的实施意见》和《江苏省城市内涝治理实施方案(2021—2025年)》等要求，全面排查内涝风险，优先治理严重影响生产生活秩序的易涝积水点。到2035年，各城市排水防涝工程体系进一步完善，排水防涝能力与建设海绵城市、韧性城市要求更加匹配，总体消除防治标准内降雨条件下的城市内涝现象。

根据《江苏省“十四五”水利发展规划》要求，实施病险水利工程除险加固，分类分级推进病险水库、水闸、泵站除险加固，消除存量病险工程安全隐患。加快实施阜宁腰闸、新沂河海口枢纽等重大控制性枢纽除险加固。继续推进国家专项规划内剩余的13座大中型病险水闸水库除险加固及省专项规划内的12座中型病险灌排泵站更新改造，完成小型病险水库除险加固任务。根据《江苏省大中型水库水闸泵站除险加固项目管理办法》，建立水利工程除险加固常态化工作机制，促进查险、消险紧密衔接，防范化解风险隐患。

【评价内容-5】 易燃易爆场所[1]安装雷电防护装置[2]并定期检测[3]。

【评价方法】 随机抽取不少于2个易燃易爆场所，查阅相关资料并现场复核。

【自评梳理建议】

1. 钢铁企业、铝加工（深井铸造）企业、粉尘涉爆企业、使用液氨制冷企业、加油加气站等涉及易燃易爆场所的企业清单；
2. 当地开展雷电防护装置检测的单位清单；
3. 对雷电防护装置检测单位的专项监督检查情况（如有）。

【释义】

1. 易燃易爆场所

指《建筑设计防火规范》（GB 50016—2014，2018年版）中规定的甲、乙类厂房、仓库等建构筑物和《建筑物防雷装置检测技术规范》（GB/T 21431—2015/XG1—2018）附录A中规定的爆炸危险性环境。

2. 雷电防护装置

用于减少闪击击于建（构）筑物上或建（构）筑物附近造成的物质性损害和人身伤亡，由外部防雷装置和内部防雷装置组成。雷电防护装置应根据《建筑物防雷设计规范》（GB 50057—2010）、《爆炸危险环境电力装置设计规范》（GB 50058—2014）、《石油化工装置防雷设计规范》（GB 50650—2011）等规范进行设计、建设。

3. 定期检测

应根据《建筑物防雷装置检测技术规范》（GB/T 21431—2015/XG1—2018）的规定开展防雷装置定期检测。检测分为首次检测和定期监测。首次检测分为新建、改建、扩建建筑物防雷装置施工过程中的检测和投入使用后建筑物防雷装置的第一次检测，首次检测应按设计文件的要求进行检测。定期检测是按规定周期进行的检测，易燃易爆场所的防雷装置检测间隔时间为6个月。

3.4.2 地震、地质灾害

【评价内容-1】 开展城市活动断层探测[1]。

【评价方法】 查阅政府、相关部门、单位资料。

【自评梳理建议】

1. 开展城市活动断层探测情况说明、证明材料。

【释义】

1. 活动断层探测

根据《活动断层探测》(GB/T 36072—2018)的术语和定义，活动断层探测指利用地质与地球物理方法综合确定活动断层位置和产状，获取晚第四纪活动性质、幅度、时代、滑动速率及大地震复发间隔等参数的技术过程。活动断层探测包括活动断层探查、鉴定、定位、地震危险性评价和数据库建设等内容。活动断层探测应执行《活动断层探测管理办法》的相关要求。根据《江苏省"十四五"综合防灾减灾规划》的要求，应有序推进区域性断层、近海域断层以及县级城市活动断层探查。

【评价内容-2】 开展老旧房屋抗震风险排查、鉴定[1]，制定加固计划并实施。

【评价方法】 查阅政府、相关部门、单位资料，随机抽查不少于3所老旧房屋。

【自评梳理建议】

1. 开展老旧房屋抗震风险排查、鉴定等工作的计划和实施情况；
2. 鉴定为D级或存在重大安全风险的隐患建筑清单；
3. 鉴定为需要整治的隐患建筑清单；
4. 隐患治理计划和实施情况。

【释义】

1. 抗震风险排查、鉴定

根据《关于印发城乡建设抗震防灾"十三五"规划的通知》《关于印

发江苏省城乡建设抗震防灾“十三五”规划的通知》等文件的要求，政府和相关部门要推进城市建筑抗震风险排查，推动开展城市房屋建筑抗震能力普查工作，推动建立省市两级抗震风险监测平台，建立城市防灾能力档案和信息管理制度；应提升既有住房抗震能力，通过棚户区改造、抗震加固等，加快对抗震能力严重不足住房的拆除和改造；需研究探索强制性与引导性相结合的房屋抗震鉴定和加固制度。

老旧房屋抗震风险主要排查老旧房屋的抗震设防等级是否符合标准；是否存在装修改造破坏房屋抗震性能（抗震构件）的情况；是否进行抗震风险检测鉴定。住建行政主管部门可通过购买服务的方式让第三方专业检测鉴定机构参与排查工作，确保结论科学准确、工作全面覆盖、隐患不留死角。

根据《江苏省既有建筑安全隐患排查整治专项行动方案》，属地政府组织开展对隐患建筑的分析、鉴定、整治和验收工作。要按照轻重缓急，根据风险等级、人员密集程度、产权关系等情况，突出人员密集场所、公共建筑、老旧建筑等，科学分类确定整治方案，压茬推进，实现清单管理、动态销号。对于鉴定为D级危房或者存在重大安全风险的隐患建筑，应当第一时间依法清人、停用、封房，并设置明显的警示标志。对于鉴定为需要整治的隐患建筑，在落实产权人主体责任的前提下，组织制定隐患建筑整治“一案一策”，该停用的停用到位，该加固维修的加固维修到位，该拆除的依法拆除到位。

【评价内容-3】　按抗震设防要求[1]设计和施工学校、医院等建设工程。

【评价方法】　查阅政府、相关部门、单位资料。随机抽取不少于2所学校、2所医院和3所其他建筑。

【自评梳理建议】

1. 近三年新建（含在建）的学校、医院清单；
2. 现有养老机构和儿童福利机构清单；
3. 现有广播电视建筑清单；
4. 以上清单工程设计蓝图中关于抗震设防情况说明的照片；

5. 以上清单涉及的建筑工程抗震设防审查证书(如有)。

【释义】

1. 按抗震设防要求

根据《建筑工程抗震设防分类标准》(GB 50223—2008)的规定,教育建筑中,幼儿园、小学、中学的教学用房以及学生宿舍和食堂,抗震设防类别应不低于重点设防类;工矿企业的医疗建筑,可比照城市的医疗建筑示例确定其抗震设防类别;三级医院中承担特别重要医疗任务的门诊、医技、住院用房,抗震设防类别应划为特殊设防类;二、三级医院的门诊、医技、住院用房,具有外科手术室或急诊科的乡镇卫生院的医疗用房,县级及以上急救中心的指挥、通信、运输系统的重要建筑,县级及以上的独立采供血机构的建筑,抗震设防类别应划为重点设防类。

根据《建设工程抗震管理条例》,建筑工程根据使用功能以及在抗震救灾中的作用等因素,分为特殊设防类、重点设防类、标准设防类和适度设防类。学校、幼儿园、医院、养老机构、儿童福利机构、应急指挥中心、应急避难场所、广播电视等建筑,应当按照不低于重点设防类的要求采取抗震设防措施。位于高烈度设防地区、地震重点监视防御区的新建学校、幼儿园、医院、养老机构、儿童福利机构、应急指挥中心、应急避难场所、广播电视等建筑应当按照国家有关规定采用隔震减震等技术,保证发生本区域设防地震时能够满足正常使用要求。

【评价内容-4】 编制年度地质灾害防治方案[1],并按照计划实施。

【评价方法】 查阅政府、相关部门、单位资料。

【自评梳理建议】

1. 近三年的年度地质灾害防治方案;
2. 年度地质灾害防治方案实施情况总结。

【释义】

1. 地质灾害防治方案

根据《地质灾害防治条例》的要求,县级以上地方人民政府国土资源主管部门应会同同级建设、水利、交通等部门依据地质灾害防治规划，拟订年度地质灾害防治方案，报本级人民政府批准后公布。

年度地质灾害防治方案包括下列内容：

（1）主要灾害点的分布；

（2）地质灾害的威胁对象、范围；

（3）重点防范期；

（4）地质灾害防治措施；

（5）地质灾害的监测、预防责任人。

对出现地质灾害前兆，可能造成人员伤亡或者重大财产损失的区域和地段，县级人民政府应当及时划定为地质灾害危险区，予以公告，并在地质灾害危险区的边界设置明显警示标志。

县级以上人民政府应当组织有关部门及时采取工程治理或者搬迁避让措施，保证地质灾害危险区内居民的生命和财产安全。

【评价内容－5】 在地质灾害隐患点[1]设置警示标志[2]和采取自动监测技术[3]。

【评价方法】 查阅政府、相关部门、单位资料。随机抽查不少于2个地质灾害隐患点进行实地调查。

【自评梳理建议】

1. 地质灾害隐患点清单；
2. 地质灾害隐患点设置警示标志的现场照片；
3. 地质灾害隐患点采取自动监测技术的现场照片和系统截图。

【释义】

1. 地质灾害隐患点

根据《关于印发〈江苏省地质灾害隐患点认定与核销管理暂行办法〉的通知》的规定，地质灾害隐患点是指潜在的地质灾害点或区段，通常指通过地面地质、地形和影响因素调查，初步推测可能发生地质灾害的地点或区段。

设区市、县（市、区）自然资源主管部门应会同同级住建、交通、水利等部门结合地质环境状况组织开展本行政区域的地质灾害调查。调查评价结果提交设区市、县（市、区）属地人民政府，作为地质灾害隐患点认定的基础依据。

设区市、县(市、区)人民政府应对在地质灾害隐患动态排查、巡查工作中新发现的以及相关责任主体和群众上报的疑似隐患点组织开展调查核实。调查核实工作应委托具备地质灾害评估或勘查相应资质的单位开展,出具调查报告,经所在地设区市、县(市、区)自然资源主管部门组织专家论证认定后,纳入日常管理。

地质灾害隐患点认定调查报告内容应包括调查工作概况、隐患点基本特征、稳定性分析、危害程度评估、成因分析及发展趋势预测、结论及建议。

2. 警示标志设置要求

对出现地质灾害前兆,可能造成人员伤亡或者重大财产损失的区域和地段,县级人民政府应当及时划定为地质灾害危险区,予以公告,并在地质灾害危险区边界设立明显警示标志。

警示标志应设立在县级人民政府划定的地质灾害危险区外围醒目位置,具体根据危险区周边地物地貌和道路交通情况确定,危险区范围较大的,应设立多处。警示标志内容应有醒目警示词并明确灾害点基本情况及避险路线等相关内容。

由县级人民政府国土资源部门会同乡镇人民政府组织填制地质灾害防灾明白卡和地质灾害避险明白卡。地质灾害防灾明白卡由乡镇人民政府发放防灾责任人,地质灾害避险明白卡由隐患点所在村负责具体发放,并向所有持卡人说明其内容及使用方法,并对持卡人进行登记造册,建立两卡档案。

3. 自动监测技术

地质灾害防治自动化监测系统的核心部分是由传感器、数据通信、数据处理以及监控报警等核心内容所构成的,各个核心内容的具体功能分别为:传感器系统的应用能够对地质灾害信息进行全面且准确地获取,从而及时发现容易导致地质灾害发生的异常状况,通常有位移变形监测仪、雨量站、裂缝报警器等专业设备等;数据通信系统可以对传感器所获取的信息资料进行自动化传输,同时结合交换机以及通信线路的调用，实现对地质灾害信息的准确传递；数据处理系统在接收到相应的数据信息后，能够结合多项数据信息，实现对数据的综合评估以及判断，以分析地质灾害的严重程度，并决定是否发布报警信号；监控报警系统在发出相应的警报信号后，相关决策人员也可以基于此来制定应对地质灾害的措施与方案，实现对地质灾害的有效防治。

第 4 章　城市安全监督管理

4.1　城市安全责任体系

4.1.1　城市各级党委和政府的城市安全领导责任

【评价内容】 各级党委、政府及时研究部署城市安全工作，将城市安全重大工作、重大问题提请党委常委会研究；领导班子分工体现安全生产“一岗双责”。

【评价方法】 查看政府和相关部门资料。

【自评梳理建议】

1. 近三年党委、政府召开的研究城市安全工作的会议纪要；

2. 城市安全重大工作、重大问题提请党委常委会研究的有关记录文件；

3. 政府领导干部安全生产“职责清单”和“年度任务清单”文件。

【释义】

根据《地方党政领导干部安全生产责任制规定》《江苏省安全生产“党政同责、一岗双责”暂行规定》《关于推进安全生产领域改革发展的实施意见》和《关于进一步加强安全生产工作的意见》等文件的要求，各级党委要在统揽本地区经济社会发展全局中同步推进安全生产工作，把安全生产工作列入党委常委会重要议事日程，研究部署本地区安全生产工作重大事项。省委常委会、省辖市委常委会每年不少于1次，县(市、区)常委会每年不少于2次，乡镇党委会每年不少于4次，专题研究安全生产工作。

《关于推进安全生产领域改革发展的实施意见》指出，领导班子的分工必须体现出对城市安全相关的职责，党政主要负责人是本地区城市安全第一责任人，班子其他成员对分管范围内的安全生产工作负领导责任。各级安全生产委员会主任由政府主要负责人担任，成员由同级党委和政府及相关部门(单位)负责人组成。

《关于进一步加强安全生产工作的意见》要求，各级安全生产委员会主任由政府主要负责同志担任，副主任由政府分管应急管理、工业、交通、城建等方面的分管负责同志共同担任。安全生产委员会主任安全生产职责主要包括：

(一)全面落实党中央、国务院以及上级党委和政府、本级党委关于安全生产的决策部署和指示精神，认真贯彻安全生产方针政策、法律法规，组织落实安全生产领域改革发展措施。

(二)实施安全发展战略，根据国民经济和社会发展规划组织制定和实施安全生产规划，促进安全生产与城乡规划相衔接。强化城市运行安全保障，推进城市安全发展。

(三)把安全生产纳入政府重点工作，作为政府向本级人民代表大会报告工作的一项内容。县级以上政府常务会议每季度至少1次听取安全生产工作情况汇报，研究部署安全生产重点工作，及时解决安全生产突出问题。

(四)组织制定政府领导班子成员安全生产责任清单，对政府负有安全生产监督管理职责和负有安全生产管理责任的部门，在“三定”规定中明确安全生产职责，明确承担安全生产职责的内设机构。按照分级属地管理原则，明确本地区各类生产经营单位的安全生产监管部门。

(五)加强安全生产基础建设和监管能力建设，保障监管执法必需的人员编制、执法经费和专用车辆等装备，建立执法人员待遇保障制度，推动加强高素质专业化安全监管执法队伍建设。组织设立安全生产专项资金，列入本级财政预算并与财政收入保持同步增长。

（六）领导本地区安全生产委员会工作，设立安全生产专业委员会，统筹协调安全生产工作，建立健全安全生产责任体系，组织开展安全生产巡查、考核等工作，推动构建安全风险分级管控和隐患排查治理工作机制，依法领导和组织生产安全事故应急救援、调查处理及信息公开工作。

根据国务院安委会《安全生产十五条》文件要求：

（一）严格落实地方党委安全生产责任。地方各级党委要牢固树立安全发展理念，始终把人民群众生命安全放在第一位。要定期组织党委理论学习中心组跟进学习贯彻习近平总书记关于安全生产重要论述。严格落实《地方党政领导干部安全生产责任制规定》，严格落实"党政同责、一岗双责、齐抓共管、失职追责"，综合运用巡查督查、考核考察、激励惩戒等措施加强对安全生产工作的组织领导。加大安全生产等约束性指标在经济社会发展考核评价体系中的权重，将履行安全生产责任情况作为对党委政府领导班子和有关领导干部考核、有关人选考察的重要内容。党委主要负责人要亲力亲为、靠前协调，定期主持党委常委会会议研究安全监管部门领导班子、干部队伍、执法力量建设等重大问题。党委常委会其他成员要按照职责分工，协调纪检监察机关和组织、宣传、政法、机构编制等单位支持保障安全生产工作。

（二）严格落实地方政府安全生产责任。地方各级政府要组织制定政府领导干部安全生产"职责清单"和"年度任务清单"。政府主要负责人要根据党委会议的要求，及时研究解决突出问题。其他领导干部要分兵把口、严格履责，切实抓好分管行业领域安全生产工作，并把安全生产工作贯穿业务工作全过程。

根据《江苏省"十四五"应急管理体系和能力建设规划》的要求，完善责任体系。严格落实党政领导安全生产工作责任，制定"职责清单"和年度"工作清单"。推动各级党委政府将灾害事故防范和应对纳入地方高质量发展考核的内容，严格责任目标考核，落实安全生产"一票否决"制度。深入开展安全生产巡查工作，深化巡查巡视协作机制。

强化各级党委政府防灾减灾救灾主体责任，落实涉灾部门自然灾害防治责任。完善调查评估机制，严格责任追究。

4.1.2　各级各部门城市安全监管责任

【评价内容】 按照“三个必须”和“谁主管谁负责”原则，明确各有关部门安全生产职责[1] 并落实到部门工作职责规定中；各功能区[2] 明确负责安全生产监督管理的机构和人员[3]。

【评价方法】 查看政府和相关部门资料，随机抽查不少于 3 处功能区安全生产监督管理的机构和人员设置情况。

【自评梳理建议】

1. 安委会成员单位安全生产权力和责任清单文件；

2. 各类开发区、港区和风景区的安全生产监督管理机构设置、职责划分和人员在岗相关文件。

【释义】

1. 按照“三个必须”和“谁主管谁负责”原则，明确各有关部门安全生产职责

根据国务院安委会《安全生产十五条》文件要求：各有关部门要按照“管行业必须管安全、管业务必须管安全、管生产经营必须管安全”和“谁主管谁负责”的原则，依法依规抓紧编制安全生产权力和责任清单。对职能交叉和新业态新风险，按照“谁主管谁牵头、谁为主谁牵头、谁靠近谁牵头”的原则及时明确监管责任，各有关部门要主动担当，不得推诿扯皮。对直接关系安全的取消下放事项，要实事求是开展评估，基层接不住、监管跟不上的要及时予以纠正，必要时要收回，酿成事故的要严肃追责。应急管理部门要理直气壮履行安委会办公室职责，发挥统筹、协调、指导作用，加强考核巡查、警示提醒、挂牌督办、提级调查，督促各部门落实安全监管责任。

根据《江苏省“十四五”应急管理体系和能力建设规划》的要求，完善责任体系。坚持“管行业必须管安全、管业务必须管安全、管生产经营必须管安全”，强化行业部门监管责任，明确新兴行业、领域的安全

生产监督管理职责。

2. 功能区

《关于推进安全生产领域改革发展的实施意见》要求进一步完善各类功能区安全生产监管体制，各类工业园区、港区和风景区要明确安全生产监督管理机构、职责和人员。

工业园区包括市级以上各类开发区、仓储物流园区、工业园区、化工园区、化工集中区等。

风景区包括国家4A级以上旅游景区。

3. 负责安全生产监督管理的机构和人员

根据《关于加强开发区安全生产工作的通知》的要求，工业园区要在全面调查研究的基础上，进一步加强安全监管能力建设，切实理顺安全监管体制，建立健全安全监管机构，配足配强安全监管人员，坚决杜绝安全监管“盲区”和“真空”。尤其要根据园区面临的安全风险大小、企业数量多少、生产工艺要求等，加强安全监管执法力量和装备建设，强化对安全监管人员的全面培训，切实提高安全监管能力，保障安全监管执法到位。根据《关于进一步加强安全生产工作的意见》的要求，各类生产性园区(集中区)都应单独设立安全监管机构，专业监管人员配比不低于在职人员的75%。

《江苏省安全生产专项整治三年行动工作方案》附件《经济技术开发区安全专项整治三年行动实施方案》要求进一步完善经济开发区安全监管机构，充实安全生产监管力量，配足配强具有执法资格条件的专职安全监管执法人员，使之与安全生产工作需要相适应，依法或经授权履行安全生产监管和执法职责。各市、县(市、区)人民政府应向经济开发区适当调剂增加执法人员编制，国家级经济技术开发区安全生产监管执法人员不少于9人，省级经济开发区安全监管执法人员不少于5人。对化工、冶金等高危行业和劳动密集型企业分布较集中的开发区合理增配监管执法人员。

《关于推进安全生产领域改革发展的实施意见》要求风景名胜区应明确安全生产监督管理机构、职责和人员，落实《风景名胜区管理条例》相关安全要求。其他功能区应充实安全生产监管力量，配足配强具有执法资格条件的专职安全监管执法人员，使之与安全生产工作需要相适应。

根据《化工园区安全整治提升"十有两禁"释义》文件要求，负责化工园区管理的当地人民政府应设置或指定园区安全生产管理机构，实施园区安全生产一体化管理。化工园区安全管理机构包括化工园区单独设立的安全管理机构，内设化工园区的开发区（经开区、高新区）安全管理机构以及地方应急管理部门派驻园区的分局、安监站等。化工园区专业监管人员原则上不少于6人；化工（危险化学品）企业超过20家的，专业监管人员原则上不少于10人；化工（危险化学品）企业超过40家的，专业监管人员原则上不少于15人；涉及有毒、剧毒气体和爆炸物，重点监管危险化工工艺，重大危险源的化工园区，应增加专业监管人员。专业监管人员应具有化工等相关专业本科以上学历，或者相关行业领域中级以上专业技术职称、二级（技师）以上职业资格，或者注册安全工程师等职业资格，或者在化工企业一线从事生产或安全管理10年及以上。化工园区管委会应配备具有化工专业背景的负责人。

4.2 城市安全风险评估与管控

4.2.1 城市安全风险辨识评估

【评价内容-1】 开展城市安全风险辨识与评估[1]工作。

【评价方法】 查阅城市安全风险评估和功能区评估资料。

【自评梳理建议】

1. 城市安全风险源辨识清单；
2. 重大安全风险清单、重大隐患清单、重大危险源清单。

【释义】

1. 城市安全风险辨识与评估

对可能导致较大及以上事故或重大财产损失及其他不良社会影

响的单位、场所、部位、设备设施和活动等开展风险辨识。重点组织开展以下行业领域的安全风险辨识：

(1) 工业企业；

(2) 人员密集场所单位；

(3) 重点建筑、建筑工程、交通设施等大型建设项目；

(4) 道路交通、轨道交通、电力设施、隧道桥梁(含立交桥、高架桥)、燃气、管线管廊、特种设备等；

(5) 自然灾害；

(6) 其他可能引发重大灾害的城市安全风险。

城市安全风险辨识与评估工作应重点关注对城市公共安全影响较大的高层建筑、大型综合体、综合交通枢纽、隧道桥梁、水利工程、管线管廊、道路交通、轨道交通、燃气工程、排水防涝、垃圾填埋场、危险废物处置中心、渣土受纳场、电力设施及电梯、大型游乐设施、地下设施、危险化学品等。

【评价内容－2】 编制城市风险评估报告[1] 并及时更新[2]。

【评价方法】 查阅城市安全风险评估资料。

【自评梳理建议】

1. 城市安全风险评估报告；

2. 城市安全风险评估报告专家评审意见。

【释义】

1. 城市风险评估报告

城市安全风险评估报告应全面反映评估的全部工作，文字应简明、准确，可同时采用图、表和照片，以使评估过程和结果清晰、明确。城市风险评估报告应包括以下几方面内容：

(1) 编制说明

① 评估目的：结合评估对象的特点，阐述编制安全风险评估报告的目的。

② 评估对象：明确评估对象；根据现行相关法律法规要求，明确安全风险评估的空间范围和时效性。

③ 评估程序。

(2) 城市概况

介绍被评估城市概况，所在区位社会经济发展情况及周边交通概况；国民经济发展情况，主导产业等；地理位置、地形地貌、地质、水文、气象、地震烈度等自然条件情况；城市功能区划，总体发展规划，产业规划，防灾、应急专项规划介绍；介绍调查的危险源情况，主要安全风险特征等；介绍市政公用基础设施及应急情况，包括电力、给水、燃气、交通、通信网络、防洪排涝、污水处理、垃圾处理、消防、医疗等方面；介绍近年来评估对象事故发生情况，应急组织机构和工作机制、应急指挥平台建设、应急队伍建设情况、应急物资及装备配备情况、应急资金保障情况、应急预案及演练等情况。

(3) 评估单元划分

阐述划分评估单元的原则，划分评估单元。

(4) 选择评估方法

为各评估单元事故情景选择评估方法，并阐述原因。可采用列表方式表述各评估单元事故情景所采用的评估方法。

(5) 城市安全风险分析及应急评估

① 辨识城市各类危险源，分析危险源造成事故的可能性及影响严重程度，城市的应对措施和应急能力。

② 分析危险源总体分布与城市发展规划的协调性及可能产生的安全风险。

③ 分析城市供电、供水、燃气、交通等市政公用设施的抗风险能力，以及给城市安全发展所带来的风险。

④ 分析城市在应急能力、应急预案编制、演练、宣传方面存在的问题。

⑤ 分析城市总体发展规划在地质、地震、洪涝灾害、生化、危险物品、水源地、环境保护、核辐射等方面存在的安全风险和存在的问题。

(6) 城市安全发展建议

综合城市安全风险及应急能力评估结果，应提出城市危险源优化布局调整、控制措施、监管手段等管理措施，提出国土空间规划、专项规划等规划措施建议，提出城市应急能力建设和管理措施。

(7) 评估成果

概括总结评估成果应包括主要危险源辨识与风险分析结果、应重点防范的危险源及应重点保护的脆弱性目标、评估单元内较大及以上事故发生的可能性及严重程度预测结果、评估各单元典型事故类型的风险承受能力和控制能力、总体评价结果和安全风险水平、对策措施及建议等。

(8) 附图和附件

危险源分布图、脆弱性目标和敏感区域分布图及相关规划图纸、安全风险评估过程制作的有关图表。

2. 及时更新

各城市应根据自身风险评估和管控的模式、措施和流程，定期对城市安全风险评估报告进行补充和完善。可根据城市管理要求和城市发展的实际情况，每年进行评估修订和补充，也可根据城市总体发展规划修编计划进行评估、修订。

【评价内容-3】 建立城市安全风险管理信息平台并绘制四色等级安全风险分布图[1]，对城市功能区进行安全风险评估[2]。

【评价方法】 实地查看城市安全风险信息管理平台。

【自评梳理建议】

1. 城市安全风险管理信息平台实施方案和验收材料；
2. 城市各功能区安全风险评估报告和专家评审意见；
3. 四色等级安全风险分布图(风险源四色分级、区域板块四色分级)。

【释义】

1. 城市安全风险管理信息平台、四色等级安全风险分布图

城市安全风险管理信息平台可提供单位综合诊断分级、区域指数、多维度风险一张图、标准与模型配置、区划管理、机构管理等功能，覆盖城市企事业单位，支撑城市安全风险辨识、风险上报、风险评估及应急能力评估等工作。

建设城市安全管理信息平台，统筹开展高危行业企业、人员密集

区域、城市生命线、城市交通和城市自然灾害等领域风险监测感知网络建设，实现安全风险实时监测和智能防灾预警“一张图”。

城市安全风险等级从高到低划分为重大风险、较大风险、一般风险和低风险，分别用红、橙、黄、蓝四种颜色标示。根据风险评估的结果，将城市空间的风险分布用四色标示并公布。

2. 城市功能区进行安全风险评估

市级以上开发区、工业园区、国家4A级以上旅游景区和港区等功能区应进行安全风险评估。开发区、工业园区等功能区安全风险评估应符合《开发区整体性安全风险评估指南(试行)》(见补充材料)要求。国家4A级以上旅游景区安全风险评估可参考《旅游景区安全评估规范》。

4.2.2　城市安全风险管控

【评价内容-1】　建立重大风险联防联控机制[1]，明确风险清单对应的风险管控责任部门。

【评价方法】　查看政府和相关部门资料。

【自评梳理建议】

1. 地区、部门、行业重大风险联防联控相关制度、会议纪要等文件；

2. 重大安全风险清单(明确风险管控责任部门)。

【释义】

1. 联防联控机制

根据《安全生产法(2021修正)》第八条和第十条的规定，县级以上地方各级人民政府应当组织有关部门建立完善安全风险评估与论证机制，按照安全风险管控要求，进行产业规划和空间布局，并对位置相邻、行业相近、业态相似的生产经营单位实施重大安全风险联防联控。县级以上地方各级人民政府有关部门依照本法和其他有关法律、法规的规定，在各自的职责范围内对有关行业、领域的安全生产工作实施监督管理。对新兴行业、领域的安全生产监督管理职责不明确的，由县级以上地方各级人民政府按照业务相近的原则确定监督管理部门。

负有安全生产监督管理职责的部门应当相互配合、齐抓共管、信息共享、资源共用，依法加强安全生产监督管理工作。

根据《关于推进城市安全发展的实施意见》的要求，地方政府应明确风险管控的责任部门和单位，完善重大安全风险联防联控机制。《关于推进安全生产领域改革发展的实施意见》要求位置相邻、行业相近、业态相似的地区和行业，应研究建立重大安全风险联防联控机制。通过建立联席会议制度、制定应急联动预案、建立区域通信联络和应急响应机制、定期开展安全互查和跨区域应急调度、联合应急处置演练等方式，推动实现地区、行业间的资源共享。如江苏省应急管理厅和省生态环境厅共同印发《关于做好生态环境和应急管理部门联动工作的意见》，建立了环保相关设施重大风险联防联控机制，加强危险废物和环境治理设施监管的安全环保联动工作，各创建主体可参照此类模式开展跨地区、跨行业的重大风险联防联控机制。

【评价内容－2】 企业安全生产标准化达标率[1]。

【评价方法】 查看企业安全标准化达标情况材料。

【自评梳理建议】

1. 安全生产标准化达标企业清单（按行业和级别列明）；
2. 企业安全生产标准化达标率统计计算过程和结果。

【释义】

1. 安全生产标准化达标率

计算安全生产标准化达标率的企业为建成区内的危险化学品生产、仓储经营、装卸、储存企业，煤矿、非煤矿山、交通运输、建筑施工企业，规模以上冶金、有色、建材、机械、轻工、纺织、烟草等企业。

4.3 城市安全监管执法

4.3.1 城市安全监管执法规范化、标准化、信息化

【评价内容－1】 负有安全监管职责的部门按规定[1]配备安全监

管人员和装备。

【评价方法】 查看政府和相关部门资料。

【自评梳理建议】

1. 住建、交通运输、应急、市场监管等负有安全监管职责部门的行政执法人员清单(列明执法证号);

2. 住建、交通运输、应急、市场监管等部门的信息化执法装备清单。

【释义】

1. 规定

根据国务院安委会《安全生产十五条》文件要求:加强执法队伍专业化建设,配强领导班子、充实专业干部、培养执法骨干力量,加强专业执法装备配备,健全经费保障机制,尽快提高执法专业能力和保障水平。

负有安全生产监督管理职责的部门应按照《应急管理综合行政执法装备配备标准(试行)》《城市管理执法装备配备指导标准(试行)》《关于市场监管基层执法装备配备的指导意见》《交通运输行政执法基础装备配备及技术要求》(JT/T 1402—2022)和《江苏省交通运输综合行政执法装备配备标准》等文件标准要求配备执法装备。

【评价内容-2】 信息化执法率[1]>90%,执法检查处罚率>5%。

【评价方法】 查看政府和相关部门资料。随机抽查不少于 5 个负有安全监管职责的部门的安全生产监管信息系统和年度执法检查记录。

【自评梳理建议】

1. 住房城乡建设、交通运输、应急和市场监管等部门的信息化执法率计算过程和结果;

2. 住房城乡建设、交通运输、应急和市场监管等部门的执法检查处罚率计算过程和结果。

【释义】

1. 信息化执法率

是指使用信息化执法装备(移动执法快检设备、移动执法终端、执法记录仪)执法的次数占总执法次数的比例。

根据《关于全面推行行政执法公示制度执法全过程记录制度重大执法决定法制审核制度的指导意见》的要求,行政执法机关要加强执法信息管理,及时准确公示执法信息,实现行政执法全程留痕,法制审核流程规范有序。

根据《关于推进城市安全发展的意见》《关于推进城市安全发展的实施意见》的要求,安全生产监管执法机构应加强规范化、标准化、信息化建设,充分运用移动执法终端、电子案卷等手段提高执法效能,改善现场执法、调查取证、应急处置等监管执法装备,实施执法全过程记录。

4.3.2 城市安全公众参与机制

【评价内容】 建立城市安全问题公众参与、快速应答、处置、奖励机制[1],设置城市安全举报平台[2],城市安全问题举报投诉办结率100%。

【评价方法】 查看政府和相关部门资料。查看城市安全举报平台。

【自评梳理建议】

1. 城市安全问题公众参与、快速应答、处置、奖励的机制文件;
2. 奖励发放汇总清单(注明单次最高奖励金额和年度奖励总金额);
3. 近三年城市安全问题举报清单和办结情况台账。

【释义】

1. 城市安全问题公众参与、快速应答、处置、奖励机制

根据国务院安委会《安全生产十五条》文件要求,鼓励社会公众通过政务热线、举报电话和网站、来信来访等多种方式,对安全生产重大风险、事故隐患和违法行为进行举报。用好安全生产“吹哨人”制度,鼓励企业内部员工举报安全生产违法行为。负有安全生产监督管理职责的部门要及时处理举报,依法保护举报人,不得私自泄露有关个

人信息；根据风险程度落实举报奖励，对报告重大安全风险、重大事故隐患或者举报安全生产违法行为的有功人员实行重奖。

2. 城市安全举报平台

城市安全相关举报平台建设可依托 12345、12350、12328、96119 等举报热线。有条件的可利用互联网、手机 App、微信公众号等其他渠道实现城市安全问题举报。

4.3.3　典型事故教训吸取

【评价内容】 针对典型事故暴露的问题，按照有关要求[1] 开展隐患排查活动；事故调查报告向社会公开，落实整改防范措施[2]。

【评价方法】 查看政府和相关部门资料。检查事故调查报告向社会公开和落实事故整改防范措施情况。

【自评梳理建议】

1. 按要求开展隐患排查活动的通知、方案、计划和总结；

2. 近三年生产安全事故调查报告向社会公开情况的说明（附网页截图）；

3. 近三年生产安全事故调查报告整改防范措施落实情况的说明。

【释义】

1. 有关要求

根据近三年国务院（省、市）安委会或安委会办公室通报（通知）的要求，或国务院（省、市）相关部门的部署，开展隐患排查活动。

根据《江苏省“十四五”应急管理体系和能力建设规划》的要求，健全重大事故隐患治理督办制度，强化重大事故隐患治理全程督办，规范重大事故隐患治理档案管理。

2. 事故调查报告向社会公开，落实整改防范措施

根据《关于推进安全生产领域改革发展的实施意见》“（十八）完善事故调查处理机制”的要求，坚持问责与整改并重，充分发挥事故查处对加强和改进安全生产工作的促进作用。规范生产安全事故调查处

理报告，所有事故调查报告要设立技术和管理问题专篇，详细分析原因并全文发布。事故结案后一年内，负责事故调查的地方政府及有关部门要组织开展评估，及时向社会公开，对履职不力、整改措施不落实、责任追究不到位的，依法依规严肃追究有关单位和人员责任。

根据《安全生产法(2021修正)》第八十六条和八十九条的规定，事故调查处理应当按照科学严谨、依法依规、实事求是、注重实效的原则，及时、准确地查清事故原因，查明事故性质和责任，评估应急处置工作，总结事故教训，提出整改措施，并对事故责任单位和人员提出处理建议。事故调查报告应当依法及时向社会公布。县级以上地方各级人民政府应急管理部门应当定期统计分析本行政区域内发生生产安全事故的情况，并定期向社会公布。

根据《生产安全事故信息报告和处置办法》第二十二条，安全生产监督管理部门、煤矿安全监察机构按照有关规定组织或者参加事故调查处理工作。

根据《生产安全事故报告和调查处理条例》第十九条的规定，特别重大事故由国务院或者国务院授权有关部门组织事故调查组进行调查。重大事故、较大事故、一般事故分别由事故发生地省级人民政府、设区的市级人民政府、县级人民政府负责调查。省级人民政府、设区的市级人民政府、县级人民政府可以直接组织事故调查组进行调查，也可以授权或者委托有关部门组织事故调查组进行调查。未造成人员伤亡的一般事故，县级人民政府也可以委托事故发生单位组织事故调查组进行调查。第三十四条规定，事故处理的情况由负责事故调查的人民政府或者其授权的有关部门、机构向社会公布，依法应当保密的除外。

第5章　城市安全保障能力

5.1　城市安全科技创新

5.1.1　资金投入保障

【评价内容】　各级政府要加大城市安全发展科技创新和应用领域的财政投入[1]。

【评价方法】　查阅政府、相关部门资料。

【自评梳理建议】

1. 加大城市安全科技财政投入的举措说明；

2. 本级立项的安全科技项目合同或立项、结项等佐证材料(如有)；

3. 安全领域高新技术企业支持政策(如有)。

【释义】

1. 加大城市安全发展科技创新和应用领域的财政投入

政府、相关部门应设立安全科技专项资金，完善科技创新奖励和应用推广奖励制度，支持科研机构联合上下游企业、科技园区等，打造区域性安全生产技术创新和成果转化联盟。从科技研发立项、科技创新基地建设发展、科技人才队伍建设、科技成果转移转化、区域创新体系建设、科学技术普及、科研机构改革和发展建设、安全生产专用设备企业所得税优惠、高新技术企业所得税优惠等有关支持政策等方面加大城市安全发展科技创新和应用领域的财政投入。

5.1.2 安全科技成果、技术和产品的推广使用

【评价内容】 在城市安全相关领域推进科技创新，推广一批具有基础性、紧迫性的先进安全技术和产品[1]。

【评价方法】 查阅城市安全相关领域获得省部级科技创新成果奖励[2]的资料，查阅政府推广相关资料。

【自评梳理建议】

1. 获奖清单和证书(须为城市安全相关领域)；

2. 先进安全技术和产品推广案例(产品技术介绍、现场照片)。

【释义】

1. 先进安全技术和产品

政府、相关部门可根据地区行业特点和安全风险现状，在矿山、尾矿库、交通运输、危险化学品、建筑施工、重大基础设施、城市公共安全、气象、水利、地震、地质、消防等领域推广应用具有基础性、紧迫性的先进安全技术和产品。

根据《"十四五"国家安全生产规划》要求，推广安全风险分级管控和隐患排查治理技术装备，加强重点行业领域先进技术装备的推广应用。科技创新优先领域如下：

(1) 危险化学品：典型危险化学品生产过程本质安全，化工园区及危险化学品储存、运输与中转重点场站安全保障，典型危险化学品全生命周期智能监管系统，复杂油气开采安全，大型储存场所安全保障。

(2) 煤矿："数字矿井"构建，区域化煤矿重大灾害智能监测预警，重特大事故高效应急救援，煤矿井下精确定位，透明地质，灾变条件下矿井通信系统，井下辅助运输无人化、智能化。

(3) 非煤矿山：重大灾害防治基础理论，地压灾害、尾矿库溃坝、边坡坍塌等重大灾害发生机理及预测预报和防治，尾矿库空天地一体化实时智能监测预警，采空区事故隐患治理与资源化开发，矿区灾害事故链应急监测，深部采矿地压灾害监测预警与防治，高陡边坡在线

监测预警。

(4) 建筑施工：区域性建设工程施工安全智慧监管，基于自动感知采集、无人设备智能识别巡查的智能化施工安全管理。

(5) 特种设备：本质安全保障、在役风险智能防控及耦合损伤和失效演化基础理论，复杂工况下特种设备风险智能识别与评价，特种设备动态物联监测、远程检验评价和智能风险防控等。

(6) 交通运输：交通运输安全智慧监管平台设计与建设，交通运输安全生产系统性、区域性和非传统安全风险预警与管控，公路建设与运营安全风险智慧感知和预警。

(7) 其他：冶金等重点工业场所智能监控及应急救援，典型生产安全事故风险监测预警，地铁重大风险评测与精准防控，个体职业健康防护及群体避难，严重核事故应急救援技术与装备，救援机器人研发。

2. 省部级科技创新成果奖励

在城市安全相关领域获得省部级科技创新成果奖励。省部级科技创新成果包括但不限于中国安全生产协会安全科技进步奖、中国职业安全健康协会科学技术奖、华夏建设科学技术奖和中国地震局防震减灾科技成果奖；入选交通运输重大科技创新成果库、安全生产重特大事故防治关键技术科技项目等。

5.1.3　淘汰落后生产工艺、技术和装备

【评价内容】　企业淘汰落后生产工艺、技术和装备[1]。

【评价方法】　查阅政府、相关部门资料。随机抽查5家企业并实地查看。

【自评梳理建议】

1. 近三年企业淘汰落后生产工艺、技术和装备的清单，包括情况说明和现场照片。

【释义】

1. 落后生产工艺、技术和装备

行业主管部门可采取通知和专项检查的方式，督促企业淘汰落后

生产工艺、技术和装备。

淘汰落后生产工艺和技术参考目录包括但不限于：

(1)《产业结构调整指导目录(2019 年本)》；

(2)《省政府办公厅关于印发江苏省化工产业结构调整限制、淘汰和禁止目录(2020 年本)的通知》；

(3)《关于加快全省化工钢铁煤电行业转型升级高质量发展的实施意见》附件 3《江苏省产业结构调整限制、淘汰和禁止目录》；

(4)《国家安全监管总局关于印发淘汰落后安全技术装备目录(2015 年第一批)的通知》；

(5)《国家安全监管总局关于印发淘汰落后安全技术工艺、设备目录(2016 年)的通知》；

(6)《推广先进与淘汰落后安全技术装备目录(第二批)》；

(7)《金属非金属矿山禁止使用的设备及工艺目录(第一批)》；

(8)《金属非金属矿山禁止使用的设备及工艺目录(第二批)》。

5.2 社会化服务体系

5.2.1 城市安全专业技术服务

【评价内容-1】 制定政府购买安全生产服务指导目录[1]。

【评价方法】 查阅政府、相关部门资料。

【自评梳理建议】

1. 本级政府发布的政府购买服务目录。

【释义】

1. 安全生产服务指导目录

政府向社会力量购买服务，就是通过发挥市场机制作用，把政府直接向社会公众提供的一部分公共服务事项，按照一定的方式和程序，交由具备条件的社会力量承担，并由政府根据服务数量和质量向其支付费用。近年来，一些地方立足实际，积极开展向社会力量购买服务的探索，取得了良好效果，在政策指导、经费保障、工作机制等方面积累了不少好的做法和经验。

根据《国务院办公厅关于政府向社会力量购买服务的指导意见》《关于印发政府购买服务管理办法（暂行）的通知》等文件的要求，江苏省出台了《江苏省省级政府购买服务目录》并定期进行调整，设区市政府也纷纷出台市级政府购买服务指导目录。目录中直接提及安全的服务包括基本公共服务中的安全服务、技术性服务的技术测试和分析服务、地震服务。而目录中与安全生产有关联的服务，根据行业类别包括城市规划和设计服务、市政公共设施管理服务、专业技能培训服务、防洪管理服务、技术测试和分析服务、地震服务、气象服务等。

2018年原国家安监总局出台的《政府购买服务指导性目录》，对安全生产购买服务进行了细化，分为6个一级目录、26个二级目录和52个三级目录。

【评价内容－2】 定期对技术服务机构进行专项检查[1]，并对问题进行通报整改。

【评价方法】 查阅政府、相关部门资料。

【自评梳理建议】

1. 相关监管部门的检查记录；
2. 相关机构的整改报告（如有）。

【释义】

1. 定期对技术服务机构进行专项检查

技术服务机构指为政府部门、企业提供安全生产、防灾减灾、技术评估、检验检测、应急管理等专业技术服务的机构。

根据《安全生产法（2021修正）》第十五条的规定，依法设立的为安全生产提供技术、管理服务的机构，依照法律、行政法规和执业准则，接受生产经营单位的委托为其安全生产工作提供技术、管理服务。

根据《应急管理部办公厅关于印发安全评价机构执业行为专项整治方案的通知》《江苏省安全评价机构执业行为专项整治工作实施方案》等要求，各级应急管理部门应将安全评价机构纳入年度安全生产监督检查计划，并按照国务院“双随机、一公开”有关规定实施监督检查，监督检查数量是否确保每三年至少覆盖一次。

根据《江苏省安全评价检测检验机构管理办法》第十一条和第十八条的规定，在我省从事安全评价、检测检验服务的机构，应当在开展现场技术服务前七个工作日内，通过“安全评价检测检验机构信息查询系统”进行从业告知，并接受各级应急管理部门的监督抽查。市、县应急管理部门负责对在本行政区域从事安全评价检测检验服务的安全评价检测检验机构执业行为实施日常监督检查，并通过“安全评价检测检验机构信息查询系统”对机构进行动态监管。

5.2.2 城市安全领域失信惩戒

【评价内容】 建立安全生产、消防、住建、交通运输、特种设备、人民防空等领域失信联合惩戒制度[1]；建立城市安全领域失信联合惩戒对象管理台账[2]。

【评价方法】 查阅政府、相关部门资料。

【自评梳理建议】

1. 相关行政机关制定的信用修复机制；

2. 各级行政机关和公共信用信息工作机构制定的信用信息查询使用权限和程序；

3. 本级信用管理部门的失信联合惩戒对象管理台账；

4. 仅在地方范围内实施的严重失信主体名单制度(如有)；

5. 各级行政机关对严重失信主体名单认定标准执行效果进行的第三方评估资料和修订说明(如有)；

6. 适用于本级的联合失信惩戒措施补充清单(如有)。

【释义】

1. 失信联合惩戒制度

根据《国务院关于建立完善守信联合激励和失信联合惩戒制度加快推进社会诚信建设的指导意见》和《江苏省关于建立完善守信联合激励和失信联合惩戒制度的实施意见》的要求，在有关部门和社会组织依法依规对本领域失信行为做出处理和评价基础上，通过信息共享，推动其他部门和社会组织依法依规对严重失信行为采取联合惩戒措施。加快推进失信被执行人信用监督、警示和惩戒机制建设。对有履行能力但拒不履行的失信被执行人实施限制出境等联合惩戒措施。将各级法院发布的失信被执行人名单纳入省内跨地区、跨部门的联合惩戒范围，推动失信行为信息共享、结果互认，促进司法惩戒和社会惩戒深度融合。

根据《国务院办公厅关于进一步完善失信约束制度构建诚信建设长效机制的指导意见》和《省政府办公厅关于印发江苏省进一步完善失信约束制度构建诚信建设长效机制实施方案的通知》的要求：

(1) 2021 年底前，全面梳理各地、各行业领域失信行为认定、记录、归集、共享、公开、惩戒和信用修复等相关制度文件，按照国家要求开展清理规范工作，确保各项失信约束措施依法合规。

(2) 各设区市可依据地方性法规，制定适用于本地区的失信惩戒措施补充清单。

(3) 各级行政机关应严格按照国家统一认定标准规范认定严重失信主体名单。认定标准以法律、行政法规或者党中央、国务院政策文件形式确定；暂无相关文件的，认定标准也可以该领域主管(监管)部门的部门规章形式确定。制定仅在地方范围内实施的严重失信主体名单制度，其名单认定标准必须由地方性法规规定。制定地方认定标准时应当明确名单移出条件、程序以及救济措施。

(4) 各级行政机关应当建立有利于自我纠错、主动自新的信用修复机制，明确修复方式和程序；鼓励支持信用主体积极主动申请信用修复。符合修复条件的，根据相关流程及时予以修复，终止共享公开相关失信信息，或者对相关失信信息进行标注、屏蔽。各地各部门以及各级信用信息共享平台、信用门户网站应当明确专门人员负责信用修复工作，在规定时限内办结符合条件的信用修复申请，不得以任何形式向申请信用修复的主体收取费用。

(5) 各级行政机关和公共信用信息工作机构要依法严格保护市

场主体权益，加强信用信息共享平台、信用门户网站建设运维和安全保护，明确信用信息查询使用权限和程序，完善查询使用审查和登记制度，防止信息泄露。

(6) 各级行政机关要切实履行本行业信用监管主体责任，强化政务诚信建设，提高依法行政能力和水平，依法依规做好失信行为认定、记录、归集、共享、公开、惩戒和信用修复等工作，定期组织对严重失信主体名单认定标准执行效果进行第三方评估并及时修订。

2. 城市安全领域失信联合惩戒对象管理台账

根据《江苏省关于建立完善守信联合激励和失信联合惩戒制度的实施意见》的要求，市以上各部门和单位应及时将法人、自然人和其他组织的红黑名单信息通过门户网站、地方政府信用网站和“信用江苏”网站公示，并推送至“信用中国”网站，为社会提供“一站式”查询服务。推动司法机关在“信用江苏”网站公示失信被执行人名单等信用信息。红黑名单信息的发布，应当客观、准确、公正，保证发布信息的合法性、真实性，发布时限与名单的有效期保持一致。各有关部门从联合奖惩系统获取红黑名单信息，开展联合奖惩工作并定期反馈联合奖惩实施情况。依法推进政府与公用事业单位、信用服务机构、金融机构、行业协会商会开展红黑名单等信用信息交换共享。

政府和相关部门可依托现有信用信息系统，强化失信联合惩戒对象名单收集、共享、交换和发布等工作，为跨地区、跨部门联合惩戒提供系统支撑，充分发挥省公共信用信息系统的枢纽作用，实现联合奖惩信息在全省范围内交换共享、定向分发、自动提醒、实时响应、多方应用、直接反馈和动态调整。因此，检查时可查看城市信用平台的相关内容，但应注意台账信息应涵盖涉及城市安全的安全生产、消防、住建、交通运输、特种设备和人民防空等领域。

5.2.3 城市社区安全网格化

【评价内容】 社区网格化[1] 覆盖率 100%，网格员发现的事故隐患处理率 100%。

【评价方法】 查阅政府、相关部门资料。现场查阅不少于 5 个安全网格记录。

【自评梳理建议】

1. 网格的划分、调整及备案情况；

2. 网格服务管理事项清单。

【释义】

1. 社区网格化

根据《关于创新网格化社会治理机制的意见》的要求，要通过创新网格化社会治理机制，努力实现服务管理网络全面覆盖。基层网格责任单元划分切合实际、科学合理。网格管理员队伍职责明确、结构优化、精干高效，与基层党政组织、群团组织、群众自治组织非公有制经济组织、社会组织等有效衔接、优势互补，全面建成覆盖城乡、条块结合、横向到边、纵向到底的服务管理网格体系。建立明晰的网格服务管理职责体系，网格主要承担以下服务管理职责：信息采集、便民服务、矛盾化解、隐患排查、治安防范、人口管理、法制宣传、心理疏导及经党委政府批准的其他工作。建立规范的网格管理工作制度体系，包括上岗公示制度、工作例会制度、巡查走访制度、情况报告制度及考核奖惩制度。

根据《江苏省城乡网格化服务管理办法》的要求，网格分为综合网格和专属网格。综合网格，是指在城市社区以居民小区、楼栋等为基本单元，在农村以自然村落、村民小组或者一定数量住户为基本单元划分的网格。城市社区综合网格一般为三百户至五百户，农村综合网格一般为三百户。专属网格，是指以城乡社区范围内行政中心、各类园区以及企业事业单位等为基本单元划分的网格。网格由县(市、区)网格化机构会同相关部门、单位统一划分，并根据工作需要适时调整。网格的划分和调整情况应当及时报设区的市网格化机构备案。

县(市、区)网格化机构应当会同有关部门编制网格服务管理事项清单，向社会公布并动态调整。纳入清单的网格服务管理事项，由网格化机构统一组织实施的，相关部门应当将相应的力量、资源、经费下沉到网格。任何单位和个人不得要求网格员从事超出当地网格服务管理事项清单中应当由网格员实施的事项。

5.3 城市安全文化

5.3.1 城市安全文化创建活动

【评价内容】 汽车站、火车站、大型广场等公共场所开展安全公益宣传,广播电视及市级网站、新媒体平台开展安全公益宣传,社区开展安全文化创建活动[1]。

【评价方法】 现场查看城市安全文化创建情况。随机抽查汽车站、火车站、大型广场等不少于10处公共场所。查看广播电视及市级网站、新媒体平台开展安全公益宣传的节目清单。随机抽查不少于10个社区安全文化创建资料。

【自评梳理建议】

1. 公共场所城市安全文化宣传推广现场照片;
2. 各种媒体安全公益宣传推广情况说明和典型做法展示;
3. 社区安全文化创建先进做法(如有)。

【释义】

1. 社区开展安全文化创建活动

社区开展安全文化创建活动包括不同形式和内容的定期、不定期、专项安全检查制度和安全检查计划,监督或检查范围覆盖社区内各类场所和设施;针对高危人群、高风险环境和弱势群体,在交通安全、消防安全、家居安全、学校安全等方面组织实施形式多样的安全促进活动;针对地方特点开展不同灾害的逃生避险和自救互救技能培训及应急知识宣传教育。

城市社区开展安全文化创建,相关节庆、联欢等活动体现安全宣传内容,相关安全元素和安全标识等融入社区。

5.3.2　城市安全文化教育体验基地或场馆

【评价内容】　建设不少于 1 处具有城市特色的安全文化教育体验基地或场馆[1]。

【评价方法】　查阅建设资料并现场查看城市安全文化教育体验基地、场馆建设情况。

【自评梳理建议】

1. 城市安全文化教育体验基地或场馆的建设运行情况；
2. 城市安全文化教育体验基地或场馆现场照片。

【释义】

1. 具有城市特色的安全文化教育体验基地或场馆

利用科技手段将自然灾害、事故灾害呈现在体验者面前，通过体验事故灾难和开展应急避险的教育对市民起到安全教育培训的作用。基地或场馆至少应该包含地震、消防、交通、居家安全等安全教育体验内容。安全文化教育体验基地或场馆应结合城市安全风险的特点，有针对性地设计体验项目。

《“十四五”国家安全生产规划》要求，推动建设具有城市特色的安全文化教育体验基地与场馆。《江苏省“十四五”安全生产规划》要求，建设一批安全生产全民教育体验场馆（中心）和应急消防科普教育基地，实现公共安全、应急避险、逃生自救、防震减灾、应急救护培训功能。

5.3.3　城市安全知识宣传教育

【评价内容-1】　推进安全、应急、防灾减灾、职业健康、爱路护路、人民防空宣传教育“进企业、进机关、进学校、进社区、进家庭、进公共场所”。

【评价方法】　查阅政府、企业、单位相关工作资料。

【自评梳理建议】

1. 安全宣传进企业、进社区、进学校、进家庭的相关资料。

【释义】

习近平总书记在中央政治局第十九次集体学习时指出，要坚持群众观点和群众路线，坚持社会共治，完善公民安全教育体系，推动安全宣传进企业、进农村、进社区、进学校、进家庭，加强公益宣传，普及安全知识，培育安全文化，开展常态化应急疏散演练，支持引导社区居民开展风险隐患排查和治理，积极推进安全风险网格化管理，筑牢防灾减灾救灾的人民防线。

根据《江苏省"十四五"安全生产规划》要求，实施全民安全生产宣传教育行动计划，推动安全宣传进企业、进农村、进社区、进学校、进家庭。

安全宣传进企业、进农村、进社区、进学校、进家庭的标准可参考《江苏省安全宣传"五进"工作推进示范标准(试行)》。

【评价内容-2】 中小学安全教育[1] 覆盖率100%，开展应急避险、人员疏散掩蔽演练活动。

【评价方法】 随机抽查不少于2所中小学安全课程开设情况，查阅学校应急避险、人员疏散掩蔽演练方案和记录。

【自评梳理建议】

1. 中小学清单；
2. 中小学开展应急疏散演练记录(附演练照片)；
3. 中小学安全教育经验做法(如有)。

【释义】

1. 中小学安全教育

根据《关于推进安全生产领域改革发展的实施意见》的要求，行业主管部门应把交通、防火灾、防溺水、防触电、防电梯伤害、防雷电等安全知识普及纳入国民教育，建立完善中小学安全教育和高危行业职业安全教育体系。

根据《中华人民共和国突发事件应对法》第三十条的要求，各级各类学校应当把应急知识教育纳入教学内容，对学生进行应急知识教育，培养学生的安全意识和自救与互救能力。

《关于印发〈中小学幼儿园应急疏散演练指南〉的通知》对演练的各个环节、步骤提出了明确的指导性意见和规范性要求，适用于全国普通中小学幼儿园在开展针对地震、火灾、校车事故等的应急疏散演练时参考。

演练准备阶段应包括制定演练方案，成立演练组织结构，演练前安全教育及其他准备工作。

应急疏散演练方案应根据学校自身性质、地理位置、周边环境、教职工和学生人数、校园内建(构)筑物类型和数量等实际情况，依据《国家突发公共事件总体应急预案》《教育系统突发公共事件应急预案》等相应应急预案制定。

演练方案一般应包括以下内容：演练的主题、演练的目的意义、演练的时间和地点、参与演练人员、演练组织结构及人员分工、演练准备工作、疏散路线、演练流程、保障措施、善后处置和信息报告等。演练方案应做到内容完整、简洁规范、责任明确、路线科学、措施具体、便于操作。

从疏散信号发出到全体师生(除伤病师生外)疏散完成，原则上楼层较低(4 层以下)、安全出口合理、通道通畅的学校应控制在 2 分钟之内。

中小学每月至少要开展一次应急疏散演练，幼儿园每季度至少要开展一次应急疏散演练。

演练总结阶段应对演练进行总结评估，各部门和有关人员通过访谈、填写评价表、提交报告等方式，进行总结评估。有条件的学校可建立独立评价机制，聘请相关人员为整个演练进行测评。将演练文字及视频资料进行整理、保存。

5.3.4　市民安全意识和满意度

【评价内容】　市民具有较高的安全获得感、满意度[1]，安全知识知晓率高，安全意识强。

【评价方法】 问卷调查[2]。

【释义】

1. 满意度

习近平总书记在中央城市工作会议上强调，做好城市工作，要顺应城市工作新形势、改革发展新要求、人民群众新期待，坚持以人民为中心的发展思想，坚持人民城市为人民。这是我们做好城市工作的出发点和落脚点。2019 年习近平总书记在上海考察时指出，人民城市人民建，人民城市为人民。在城市建设中，一定要贯彻以人民为中心的发展思想，合理安排生产、生活、生态空间，努力扩大公共空间，让老百姓有休闲、健身、娱乐的地方，让城市成为老百姓宜业宜居的乐园。

《安全生产法(2021 修正)》第三条明确提出，安全生产工作应当以人为本，坚持人民至上、生命至上，把保护人民生命安全摆在首位。《江苏省"十四五"应急管理体系和能力建设规划》强调，坚持以人为本，筑牢生命防线。

因此，市民满意度是评价城市安全发展示范引领作用的重要指标之一。

2. 问卷调查

问卷调查采用访谈问卷和网络问卷等方式。本指南提供问卷参考样表(见附件六)。

第 6 章　城市安全应急救援

6.1　城市应急救援体系

6.1.1　城市应急管理综合应用平台

【评价内容】 建设包含五大业务领域(监管监察、监测预警、应急指挥、辅助决策、政务管理)的应急管理综合应用平台[1]。平台与省级应急管理综合应用平台实现互联互通[2],平台实现相关部门之间数据共享[3]。

【评价方法】 查阅政府、相关部门建设、验收和管理文件。现场检查应用平台运行情况。

【自评梳理建议】

1. 城市应急管理综合应用平台建设方案、验收资料、系统运行管理相关制度;

2. 与上级应急管理综合应用平台互联互通情况说明;

3. 城市应急管理综合应用平台与各相关部门数据共享情况说明(共享方式、数据类型等)。

【释义】

1. 应急管理综合应用平台

根据应急管理部《应急管理信息化发展战略规划框架(2018—2022 年)》的愿景目标,应急管理部于 2020 年初步形成较为完备的应急管理信息化体系，2022 年全面形成应急管理信息化体系。根据《关于印发 2019 年地方应急管理信息化实施指南的通知》的要求，省、市、县应根据《关于印发应急管理信息化 2019 年第一批地方建设任务书的通知》要求，开展应急管理信息化体系建设。2020 年的建设任务见《地方应急管理信息化 2020 年建设任务书》。政府、相关部门应急管理综合应用平台建设进度和质量应基本符合应急管理信息化发展战略。

根据《应急管理信息化发展战略规划框架(2018—2022 年)》的总体设计，应急管理信息化发展总体架构“四横四纵”(如图 6-1 所示)，形成“两网络”“四体系”“两机制”。“两网络”指全域覆盖的感知网络、天地一体的应急通信网络。“四体系”指先进强大的大数据支撑体系、智慧协同的业务应用体系、安全可靠的运行保障体系、严谨全面的标准规范体系。“两机制”指统一完备的信息化工作机制和创新多元的科技力量汇集机制。

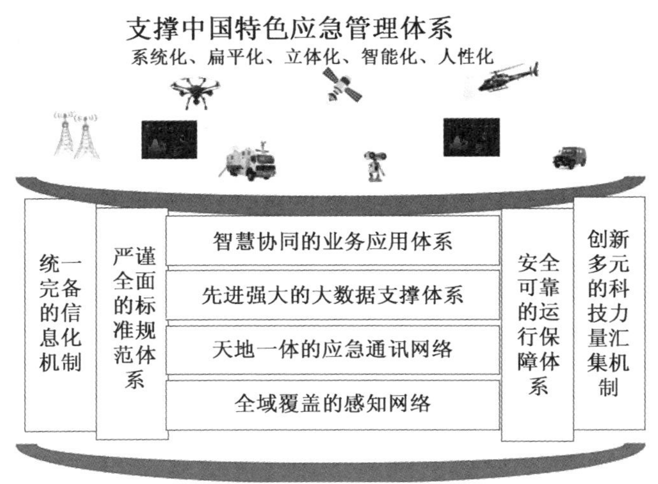

图 6-1　应急管理信息化发展总体架构

全域覆盖的感知网络：通过物联感知、卫星感知、航空感知、视频感知、全民感知等途径，汇集各地、各部门感知信息，构建全域覆盖的感知网络，实现对自然灾害易发多发频发地区和高危行业领域全方位、立体化、无盲区动态监测，为多维度全面分析风险信息提供数据源。

天地一体的应急通信网络：采用5G、软件定义网络(SDN)、IPv6、专业数字集群(PDT)等技术，综合专网、互联网、宽窄带无线通信网、北斗卫星、通信卫星、无人机、单兵装备等手段，建成天地一体、全域覆盖、全程贯通、韧性抗毁的应急通信网络。

先进强大的大数据支撑体系：建设全国应急管理数据中心，构建应急管理业务云，形成性能强大、弹性计算、异构兼容的云资源服务能力；构建全方位获取、全网络汇聚、全维度整合的海量数据资源治理体系，满足精细治理、分类组织、精准服务、安全可控的数据资源管理要求。

智慧协同的业务应用体系：建设统一的全国应急管理大数据应用平台，形成应急管理信息化体系的“智慧大脑”，通过机器学习、神经网络、知识图谱、深度学习等算法，利用模型工厂、应用工厂和应用超市等为上层的监督管理、监测预警、指挥救援、决策支持、政务管理5大业务域提供应用服务能力，有力支撑常态、非常态下的事前、事发、事中、事后全过程业务开展；构建统一的门户，为各级各类用户提供集成化的应用服务入口。

安全可靠的运行保障体系：建立全面立体的安全防护体系和科学智能的运维管理体系。实现对应急管理信息系统的多层次、全维度的安全防控，部署智能化运维管理系统，建立完善的运维管理制度和运维反应机制，保障应急管理部信息网络以及应用系统安全、稳定、高效、可靠地运行。

严谨全面的标准规范体系：各标准之间相互联系、相互作用、相互约束、相互补充，构成一个完整统一体，指导应急管理信息化建设全过程。

统一完备的信息化工作机制：建立应急管理部全国统一领导、地方各级部门分工协作的信息化工作组织领导体系，建立覆盖项目建设全过程的协调联动制度机制、项目管理制度，完善应用考核机制。

创新多元的科技力量汇集机制：培育专业化的技术研究团队，打造应急管理信息化专业人才培养体系，加强各类先进技术攻关、融合与集成创新，建立开放的“政产学研用”技术创新机制和产业生态，调动全社会力量共同参与应急管理信息化建设。

《应急管理信息化发展战略规划框架(2018—2022 年)》对以下工作进行了分项设计：

(1)感知网络

围绕自然灾害监测、城市安全监测、行业领域生产安全监测、区域风险隐患监测、应急救援现场实时动态监测等应用需求，利用物联网、卫星遥感、视频识别、网络爬虫、移动互联等技术，通过物联感知、卫星感知、航空感知、视频感知和全民感知等途径，汇集各地、各部门感知信息，建设全域覆盖的感知网络。主要感知途径包括物联感知、卫星感知、航空感知、视频感知和全民感知等五种途径。

(2) 应急通信网络

应急管理部使用指挥信息网、卫星通信网和无线通信网、国家电子政务外网、国家电子政务内网和互联网，组成天地一体的应急通信网络。

(3) 大数据支撑体系

依据集约化建设原则，建设绿色节能型高密度数据中心，包括“1+3”部本级数据中心、区域数据中心和边缘节点。规划建设应急管理云。按照“数用分离，智能驱动”的思路，构建符合大数据发展的应急数据治理体系，实现从数据接入、处理、存储、应用等全生命周期的治理。

(4) 业务应用体系

建设智慧协同的业务应用体系，形成“1+5+5+1”的架构设计(如图 6-2 所示)，即：1 个大平台，5 大业务域、5 大集成门户和 1 个应用生态。按照应急管理部的职能定位，将应急管理业务划分为监督管理、监测预警、指挥救援、决策支持和政务管理 5 个业务域，深度融合大数据、人工智能等先进技术，面向各级应急管理部门、相关部委、企事业单位、社会公众等提供开放共享的应用服务能力。五大门户是指面向应急管理各级各类用户，提供指挥信息网门户、电子政务外网门户、电子政务内网门户、应急信息网门户、互联网政府门户共 5 类集成访问入口。

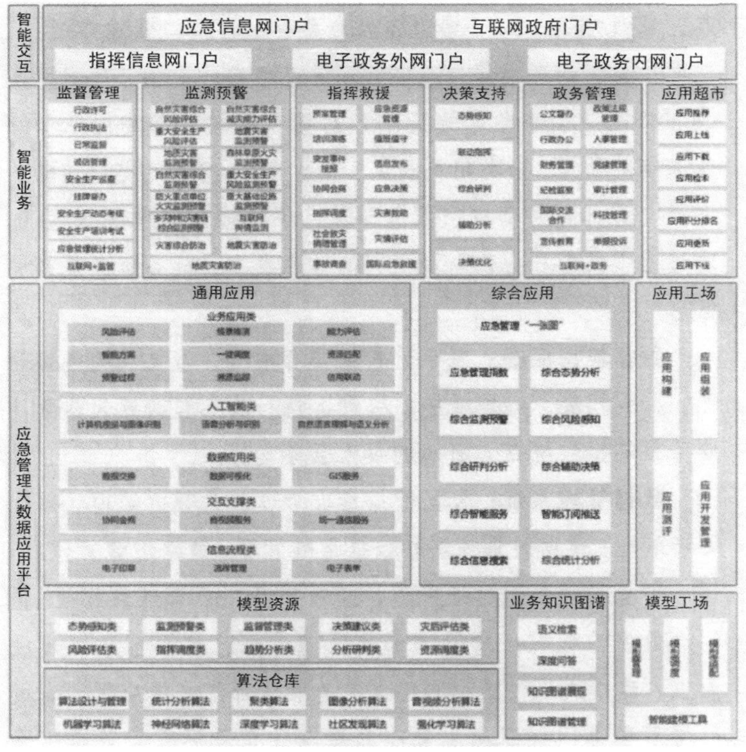

图 6-2　业务应用体系架构示意图

(5) 标准规范体系

建设严谨全面的标准规范体系。坚持标准先行，遵循“系统性、继承性、前瞻性”原则，制定服务于应急管理全过程管理、全生命周期的标准规范体系，主要包括总体、基础设施、数据资源、应用支撑、业务应用、运行保障、信息化管理等10个方面47类标准。

（6）运行保障体系

① 安全保障

基于零信任理念，以数据安全和应用安全为核心，建设“身份要认证、访问有授权、数据可管控、攻击可阻断、行为可溯源、态势能感知”的应急管理信息化安全保障体系。

② 运维保障

运维保障方面，利用大数据分析、人工智能等技术手段，以标准化为基础、平台化为载体、自动化为手段、智能化为核心，构建应急管理部智能运维运营体系，实现立体化实时监控、全覆盖资源管理、自动化主动运维、标准化流程服务、智能化辅助运营、多样化可视交互。

根据《关于印发2019年地方应急管理信息化实施指南的通知》的要求，地方应急管理部门应完成安全监管、地震、消防救援、森林消防等转隶单位的已建系统整合接入和数据共享。建成应急管理综合应用平台和应急管理数据库。在条件允许的情况下，接入公安、自然资源、交通运输、水利、气象等外单位的相关信息系统。省级应急管理部门所有新建系统必须集成到应急管理综合应用平台，利用应急管理部的共享交换系统将共享数据及时汇入应急管理大数据应用平台。

对于政务管理信息化工程的“互联网＋政务服务”系统，省级“互联网＋政务服务”系统按照全国一体化在线政府服务平台统一标准规范要求建设。市、县级“互联网＋政务服务”系统按照全国一体化在线政府服务平台统一标准规范要求建设，对标上级应急管理部门建设内容。

对于政务管理信息化工程的“互联网＋监管”系统，市、县级“互联网＋监管”系统按照全国“互联网＋监管”系统建设统一标准规范要求建设，对标上级应急管理部门建设内容。

《关于印发应急管理信息化2019年第一批地方建设任务书的通

知》共下达11项建设任务书，包括感知网络地方建设任务书、指挥信息网地方建设任务书、卫星通信网地方建设任务书、地方应急管理综合应用平台总体框架、数据治理系统地方建设任务书、应急管理综合应用平台应用支撑与系统集成地方建设任务书、自然灾害综合监测预警系统地方建设任务书、安全生产风险监测预警系统地方建设任务书、政务管理应用系统地方建设任务书、应急指挥信息系统地方建设任务书、认证授权与密码服务地方建设任务书。

《地方应急管理信息化2020年建设任务书》共下达8项建设任务书，包括应急指挥视频调度系统地方建设任务书、应急指挥窄带无线通信网地方建设任务书、危险化学品安全生产风险监测预警系统地方建设任务书、危险化学品管道应急管理信息化地方建设任务书、烟花爆竹安全生产风险监测预警系统地方建设任务书、尾矿库安全生产风险监测预警系统地方建设任务书、应急基础信息汇聚融合工程地方建设任务书、"互联网＋执法"系统地方建设任务书。

应急管理信息化发展战略按"三步走"路径实施，通过推进重大工程项目建设提升应急管理信息化水平。

(1) 第一阶段：至2019年12月，着力"务实基础，开发应用，上下对接"。

地方应急管理部门应完成：完成地方应急管理信息化规划，与规划框架无缝对接；大力推动感知网络建设；各转隶单位网络互联互通，完成省内指挥信息网建设，并与应急管理部骨干网联通；启动各省卫星通信网及无线通信网建设，批量配备终端逐步推广应用，实现与部级系统对接；建设应急管理综合应用平台，整合各已建应用系统，与全国应急管理大数据应用平台对接。

(2) 第二阶段：至2020年12月，重在"强化覆盖，深化应用，专项突破"。应急管理信息化体系基本形成，达到国内领先水平。

地方应急管理部门应完成：感知网络覆盖重点风险领域；按统一标准建设卫星通信网，完善天通、窄带和高通量业务；继续加强省—市—县三级无线通信网建设应用；完成省级数据资源汇聚与治理；应急管理业务应用新生态基本形成。

(3) 第三阶段:至2022年12月,持续“提质增效,技术升级,自我进化”。完成本规划框架和各地规划确定的目标任务,实现“智慧应急”,全面支撑应急管理能力现代化。

地方应急管理部门应完成:感知网络全域覆盖,有线、无线、卫星通信网实现广域覆盖、随遇接入,数据统一接入应急管理大数据平台,应急管理业务全面实现信息化。

2. 与省级应急管理综合应用平台实现互联互通

根据《全省应急指挥中心规范化标准化建设基本要求(试行)》的要求,应急指挥中心是立足服务于各级党委政府的多功能复合型场所,应加强指挥场所和配套信息化系统建设。指挥场所信息化终端和应用需按照“逻辑隔离、控制接入”的原则,具备灵活接入省应急管理指挥信息网、省电子政务外网的能力,视情可接入互联网。

《江苏省“十四五”应急管理体系和能力建设规划》中要求,省应急管理综合应用平台实现跨层级、跨区域、跨系统、跨部门、跨业务的协同管理和共享服务,消除“信息孤岛”“数据烟囱”,提高信息化服务实战的能力。

3. 相关部门之间数据共享

根据《安全生产法(2021修正)》第七十九条的要求,国务院应急管理部门牵头建立全国统一的生产安全事故应急救援信息系统,国务院交通运输、住房和城乡建设、水利、民航等有关部门和县级以上地方人民政府建立健全相关行业、领域、地区的生产安全事故应急救援信息系统,实现互联互通、信息共享,通过推行网上安全信息采集、安全监管和监测预警,提升监管的精准化、智能化水平。

《应急管理信息化发展战略规划框架(2018—2022年)》提出应急管理部门重点推进森林、草原、矿山、危险化学品、烟花爆竹、金属冶炼、消防重点单位等领域和灾害事故现场感知端建设,接入水旱、气象、地质灾害和道路、交通、建筑施工、民航、铁路、特种设备、重大基础设施等行业领域感知信息,依托互联网、应急通信网络,传输汇集至应急管理部数据中心，实现感知对象全覆盖、感知终端全接入、感知手段全融合、感知服务全统一，满足风险隐患和灾害事故数据的全面感知要求。

地方应急管理部门应完成安全监管、地震、消防救援、森林消防等转隶单位的已建系统整合接入和数据共享。建成应急管理综合应用平台和应急管理数据库，并实现与市场监管、环境保护、治安防控、消防、道路交通、信用管理、公安、自然资源、水利、气象等多部门之间数据共享。

6.1.2　应急信息报告制度和多部门协同响应

【评价内容】 建立应急信息报告制度[1]，在规定时限报送事故信息[2]；建立统一指挥和多部门协同响应处置机制[3]。

【评价方法】 查阅政府、相关部门文件。

【自评梳理建议】

1. 应急信息报告制度、多部门协同响应处置机制相关文件及执行情况说明；

2. 事故信息报告相关台账；

3. 近三年较大以上事故调查报告。

【释义】

1. 应急信息报告制度

(1) 根据《中华人民共和国突发事件应对法》的要求，县级以上地方各级人民政府应当建立或者确定本地区统一的突发事件信息系统，汇集、储存、分析、传输有关突发事件的信息，并与上级人民政府及其有关部门、下级人民政府及其有关部门、专业机构和监测网点的突发事件信息系统实现互联互通，加强跨部门、跨地区的信息交流与情报合作。县级人民政府应当在居民委员会、村民委员会和有关单位建立专职或者兼职信息报告员制度。地方各级人民政府应当按照国家有关规定向上级人民政府报送突发事件信息。县级以上人民政府有关主管部门应当向本级人民政府相关部门通报突发事件信息。专业机构、监测网点和信息报告员应当及时向所在地人民政府及其有关主管部门报告突发事件信息。

(2) 根据《生产安全事故信息报告和处置办法》第五条的规定，安全生产监督管理部门、煤矿安全监察机构应当建立事故信息报告和处置制度，设立事故信息调度机构，实行 24 小时不间断调度值班，并向社会公布值班电话，受理事故信息报告和举报。(注：部分部门名称已发生变化)

(3) 根据《江苏省突发事件总体应急预案》的要求，县级以上人民政府和有关部门应建立健全信息快速获取机制。统筹各项应急资源，完善突发事件信息报送和信息共享系统，建立规范的基层网格员制度，做到突发事件第一时间报告和先期处置，为突发事件及时应对提供信息保障。突发事件发生后，基层网格员和有关单位及时向所在地人民政府及有关主管部门报告。有关主管部门向本级人民政府报告突发事件信息，同时通报本级人民政府相关部门。事发地人民政府按照规定向上一级人民政府报送突发事件信息，针对可能发生的特别重大、重大突发事件，向上一级人民政府有关部门、当地驻军和可能受到危害的毗邻或者相关地区的人民政府通报。信息报告应当按照国家有关规定执行，做到及时、客观、真实、准确，不得迟报、谎报、瞒报、漏报，内容包括时间、地点、信息来源、事件性质、简要经过、影响范围、损害程度、现场救援情况和已采取的其他措施等，并根据事态发展，及时续报事件处置等有关情况。敏感性突发事件或可能演化为较大以上突发事件的，不受突发事件分级标准限制，事发地人民政府应当立即向省人民政府报告。涉及港澳台侨、外籍人员，或影响到境外的突发事件，按照国家有关规定向相关部门、涉外机构通报。

2. 在规定时限报送事故信息

根据《生产安全事故报告和调查处理条例》的要求，安全生产监督管理部门和负有安全生产监督管理职责的有关部门逐级上报事故情况，每级上报的时间不得超过 2 小时。事故报告后出现新情况的，应当及时补报。自事故发生之日起 30 日内，事故造成的伤亡人数发生变化的，应当及时补报。道路交通事故、火灾事故自发生之日起7日内，事故造成的伤亡人数发生变化的，应当及时补报。

根据《生产安全事故信息报告和处置办法》的要求，生产经营单位发生生产安全事故或者较大涉险事故，其单位负责人接到事故信息报告后应当于1小时内报告事故发生地县级安全生产监督管理部门、煤矿安全监察分局。发生较大以上生产安全事故的，事故发生单位在依规报告的同时，应当在1小时内报告省级安全生产监督管理部门、省级煤矿安全监察机构。发生重大、特别重大生产安全事故的，事故发生单位在依规报告的同时，可以立即报告国家安全生产监督管理总局、国家煤矿安全监察局。发生较大生产安全事故或者社会影响重大的事故的，县级、市级安全生产监督管理部门或者煤矿安全监察分局接到事故报告后，在依规逐级上报的同时，应当在1小时内先用电话快报省级安全生产监督管理部门、省级煤矿安全监察机构，随后补报文字报告；乡镇安监站(办)可以根据事故情况越级直接报告省级安全生产监督管理部门、省级煤矿安全监察机构。发生重大、特别重大生产安全事故或者社会影响恶劣的事故的，县级、市级安全生产监督管理部门或者煤矿安全监察分局接到事故报告后，在依规逐级上报的同时，应当在1小时内先用电话快报省级安全生产监督管理部门、省级煤矿安全监察机构，随后补报文字报告；必要时，可以直接用电话报告国家安全生产监督管理总局、国家煤矿安全监察局。(注：部分部门名称已发生变化)

3. 建立统一指挥和多部门协同响应处置机制

《“十四五”国家应急体系规划》要求健全领导指挥体制，按照常态应急与非常态应急相结合，建立国家应急指挥总部指挥机制，省、市、县建设本级应急指挥部，明确各级各类灾害事故响应程序，进一步理顺防汛抗旱、抗震救灾、森林草原防灭火等指挥机制。要求强化部门协同，充分发挥相关议事协调机构的统筹作用，发挥好应急管理部门的综合优势和各相关部门的专业优势，明确各部门在信息发布、抢险救援、环境监测、物资保障等方面的工作职责，健全灾害事故应对处置现场指挥协调机制。

《江苏省"十四五"应急管理体系和能力建设规划》要求强化统一领导和部门协同。加强各级党委政府对应急管理工作的集中领导,健全完善统一指挥、专常兼备、反应灵敏、上下联动的应急管理体制。健全灾害事故处置应对的多部门会商研判、协同联动机制,强化预案联动、信息联动、队伍联动、物资联动。

6.1.3 应急预案体系

【评价内容】 制定完善应急救援预案[1],实现各级政府预案、部门预案、企业预案有效衔接[2],定期开展应急演练[3]并持续改进,开展城市应急准备能力评估[4]。

【评价方法】 查阅政府预案,以及相关部门、街镇预案、企业预案等。查阅城市应急准备能力评估报告。

【自评梳理建议】

1. 各级政府及部门应急预案清单及本级政府预案全文;

2. 近三年各级政府应急演练清单及本级政府预案演练、评估和持续改进的资料;

3. 城市应急准备能力评估报告及专家评审意见。

【释义】

1. 应急救援预案

根据《突发事件应急预案管理办法》的要求,应急预案按照制定主体划分,分为政府及其部门应急预案、单位和基层组织应急预案两大类。政府及其部门应急预案由各级人民政府及其部门制定,包括总体应急预案、专项应急预案、部门应急预案等。总体应急预案是应急预案体系的总纲,是政府组织应对突发事件的总体制度安排,由县级以上各级人民政府制定。专项应急预案是政府为应对某一类型或某几种类型突发事件,或者针对重要目标物保护、重大活动保障、应急资源保障等重要专项工作而预先制定的涉及多个部门职责的工作方案,由有关部门牵头制订,报本级人民政府批准后印发实施。部门应急预案是政府有关部门根据总体应急预案、专项应急预案和部门职责，为应对本部门（行业、领域）突发事件，或者针对重要目标物保护、重大活动保障、应急资源保障等涉及部门工作而预先制定的工作方案，由各级政府有关部门制定。单位和基层组织应急预案由机关、企业、事业单位、社会团体和居委会、村委会等法人和基层组织制定，侧重明确应急响应责任人、风险隐患监测、信息报告、预警响应、应急处置、人员疏散撤离组织和路线、可调用或可请求援助的应急资源情况及如何实施等，体现自救互救、信息报告和先期处置特点。

地方各级人民政府总体应急预案应当经本级人民政府常务会议审议，以本级人民政府名义印发；专项应急预案应当经本级人民政府审批，必要时经本级人民政府常务会议或专题会议审议，以本级人民政府办公厅（室）名义印发；部门应急预案应当经部门有关会议审议，以部门名义印发，必要时，可以由本级人民政府办公厅（室）转发。单位和基层组织应急预案须经本单位或基层组织主要负责人或分管负责人签发，审批方式根据实际情况确定。应急预案审批单位应当在应急预案印发后的20个工作日内依照下列规定向有关单位备案：

（1）地方人民政府总体应急预案报送上一级人民政府备案。

（2）地方人民政府专项应急预案抄送上一级人民政府有关主管部门备案。

（3）部门应急预案报送本级人民政府备案。

（4）涉及需要与所在地政府联合应急处置的中央单位应急预案，应当向所在地县级人民政府备案。

2. 预案有效衔接

根据《中华人民共和国突发事件应对管理法（草案）》第二十八条的规定，县级以上人民政府应急管理部门指导突发事件应急预案体系建设，综合协调应急预案衔接工作，增强有关应急预案的衔接性和实效性。

各级各类应急预案应与相关人民政府及其部门、应急救援队伍和涉及的其他单位的应急预案相衔接并符合上位预案要求，对信息报告、响应分级、指挥权移交、警戒疏散等做出合理规定。

3. 定期开展应急演练

根据《生产安全事故应急条例》和《生产安全事故应急预案管理办法》的要求，各级人民政府应急管理部门应当至少每两年组织一次应急预案演练。生产经营单位应当制定本单位的应急预案演练计划，根据本单位的事故风险特点，每年至少组织一次综合应急预案演练或者专项应急预案演练，每半年至少组织一次现场处置方案演练。易燃易爆物品、危险化学品等危险物品的生产、经营、储存、运输单位，矿山、金属冶炼、城市轨道交通运营、建筑施工单位，以及宾馆、商场、娱乐场所、旅游景区等人员密集场所经营单位，应当至少每半年组织一次生产安全事故应急预案演练，并将演练情况报送所在地县级以上地方人民政府负有安全生产监督管理职责的部门。

根据《突发事件应急预案管理办法》的要求，应急预案编制单位应当建立应急演练制度，根据实际情况采取实战演练、桌面推演等方式，组织开展人员广泛参与、处置联动性强、形式多样、节约高效的应急演练。专项应急预案、部门应急预案至少每3年进行一次应急演练。地震、台风、洪涝、滑坡、山洪泥石流等自然灾害易发区域所在地政府，重要基础设施和城市供水、供电、供气、供热等生命线工程经营管理单位，矿山、建筑施工单位和易燃易爆物品、危险化学品、放射性物品等危险物品生产、经营、储运、使用单位，公共交通工具、公共场所和医院、学校等人员密集场所的经营单位或者管理单位等，应当有针对性地经常组织开展应急演练。

4. 城市应急准备能力评估

应急准备是为自然灾害、事故灾难类突发事件预防、监测、预警、应急处置与救援所做的准备活动，包括意识、组织、机制、预案、队伍、资源、培训演练等各种准备。应急准备能力是在自然灾害、事故灾难类突发事件发生之前、期间以及之后高效开展预防、监测、预警、应急处置与救援的总体能力，包括组织管理能力、风险防控能力、应急救援能力、综合保障能力、科教支撑能力和社会共治能力。城市应急准备能力评估可以根据《城市应急准备能力评估规范》(见补充材料)开展工作,明确城市应急准备能力分级,提出改进对策措施和建议,并鼓励将评估成果应用于城市应急准备能力状况跟踪、政策制定与执行效能评估、国土空间总体规划编制、智慧应急建设等各项工作。

6.1.4　城市应急物资储备调用

【评价内容】　编制应急物资[1]储备规划[2]和需求计划,建立应急物资储备信息管理系统[3],应急储备物资齐全,建立应急物资装备调拨协调机制[4]。

【评价方法】　查阅政府文件、管理系统建设资料、应急储备物资台账,应急物资装备调拨管理文件等资料。

【自评梳理建议】

1. 应急物资储备规划、需求计划、调拨机制、储备协议等相关文件;

2. 应急物资储备库建立的相关资料;

3. 应急物资储备信息管理系统建设、验收资料(如有);

4. 省级应急物资储备管理云平台数据接入情况;

5. 应急物资装备清单及储存、调拨台账。

【释义】

1. 应急物资

根据《生产安全事故应急条例》第十三条的规定,县级以上地方人民政府应当根据本行政区域内可能发生的生产安全事故的特点和危害,储备必要的应急救援装备和物资,并及时更新和补充。

根据《应急物资分类及编码》(GB/T 38565—2020),应急物资分为大类、种类、小类和细类 4 个层次,其中大类依据应急物资的性质划分为基本生活保障物资、应急装备及配套物资、工程材料与机械加工设备。

2. 储备规划

根据《江苏省突发事件总体应急预案》6.3 的要求，市、县（市、区）人民政府应当制定应急物资储备规划并组织实施。发改、财政、商务、应急管理、粮食和物资储备等部门按照职能分工，建立健全省重要应急物资保障系统，完善重要应急物资监管、生产、储备、调拨和紧急配送体系。市、县（市、区）人民政府根据本地区的实际情况，与有关企业签订协议，保障应急救援物资、生活必需品和应急处置装备的生产、供给。鼓励和引导社区、企业事业单位和家庭储备基本的应急自救物资和生活必需品。

《江苏省“十四五”物资储备发展规划》要求坚持政府储备与社会储备、实物储备与协议储备相结合，推广合同储备、产能储备、技术储备和家庭储备等多元储备方式，提升储备效能。市、县级储备立足于承担辖区内和周边地区应急保障任务，以所辖地区自然灾害救助预案Ⅱ级响应启动条件，严格落实储备总量，其中市级储备至少满足 1 个县（市、区）应急保障需要，县级储备至少满足 2 个乡镇（街道）应急保障需要。推进以合同储备、生产能力和技术储备为主要形式的协议储备。巩固提升产能储备优势。倡导鼓励社会储备。

根据《江苏省“十四五”应急管理体系和能力建设规划》，“十四五”期间，推进全省应急物资仓储体系建设，提升应急物资仓储保障能力。新建和改扩建一批市级应急物资储备库，推进县级应急物资储备库建设，95％以上县（市、区）建立应急物资储备库，探索在多灾易灾的乡镇（街道）、村（社区）设立应急物资储备点。

3. 应急物资储备信息管理系统

根据《江苏省“十四五”物资储备发展规划》的规划目标，“十四五”期间，物资仓储设施标准化、信息化、智能化建设取得积极进展，逐步实现机构、人员、设施、物资、装备的全方位数字化管理，基本建成网络互联、信息互通、业务协同、集约高效的省域储备物资管理信息化平台。

加快推进物资储备仓库管理自动化，实现对物资采购、入库、存储、出库、运输和分发等全过程的智能化管理，提高储备物资管理的信息化、网络化和智能化水平。加快物资综合调配信息化与应急决策的智能建设，形成风险快速识别、物资信息沟通与实时共享、综合评估、物资配置与调度等决策支持能力。在物资仓储安全通信网络、安全计算环境、安全管理区域等层面升级完善网络和信息化安全技术，构建防御体系，提升综合安全保障能力。

4. 应急物资装备调拨协调机制

《关于改革完善体制机制加强战略和应急物资储备安全管理的若干意见》强调，要加快健全统一的战略和应急物资储备体系，坚持政府主导、社会共建、多元互补，健全中央和地方、实物和产能、政府和企业储备相结合的储备机制，优化重要物资产能保障和区域布局，分类分级落实储备责任，完善储备模式，创新储备管理机制。

市、县(市、区)人民政府结合本地区实际情况，建立应急物资装备调拨协调机制，与有关单位、企业签订协议，保障应急救援物资、生活必需品和应急处置装备的生产、供给。

6.1.5　城市应急避难场所

【评价内容】　制作辖区应急避难场所[1]分布图(表)[2]，向社会公开；应急避难场所设置显著标志[3]，基本设施[4]齐全；人均避难场所面积大于1.5 m^2[5]；新竣工人防工程标识覆盖率100%。

【评价方法】　查阅政府文件、应急避难场所分布图(表)、相关台账，随机现场抽查不少于5个应急避难场所和人防工程。

【自评梳理建议】

1. 国土空间规划或城市应急避难场所建设规划(如有)；
2. 城市应急避难场所清单、建设竣工资料及现场标识照片；
3. 应急避难场所分布图(表)及公示信息；
4. 应急避难场所启用记录、日常维护台账；

5 人均避难场所面积计算资料。

【释义】

1. 应急避难场所

根据《中华人民共和国突发事件应对法》第十九条的规定，城乡规划应当符合预防、处置突发事件的需要，统筹安排应对突发事件所必需的设备和基础设施建设，合理确定应急避难场所。

根据《城镇应急避难场所通用技术要求》(GB/T 35624—2017)的术语和定义，应急避难场所是用于突发事件应急响应时的人员疏散和避难生活，具有应急避难生活服务设施的一定规模的场地和建筑。既包括公园、绿地、广场、学校操场等场地，也包括地下空间(含人民防空工程)、体育场馆、学校教室等建筑。应急避难场所根据安置时限和功能分为三级：Ⅰ级应急避难场所(避难时间 30 d 以上)、Ⅱ级应急避难场所(避难时间 3～30 d，含 30 d)、Ⅲ级应急避难场所(避难时间 3 d 以内)。

根据《防灾避难场所设计规范》(GB 51143—2015)，避难场所按照其配置功能级别、避难规模和开放时间，可划分为紧急避难场所、固定避难场所和中心避难场所三类。其中固定避难场所按预定开放时间和配置应急设施的完善程度可划分为短期固定避难场所、中期固定避难场所和长期固定避难场所三类。

根据《城市社区应急避难场所建设标准》(建标 180—2017)城市社区应急避难场所建设应符合所在地城市规划要求，统一规划，一次或分期实施。根据条文说明第三条，城市社区应急避难场所是经规划、建设与规范化管理，具有应急避难服务设施，为社区居民提供紧急、快速、就近、安全避难的安全场所，是避难人员紧急疏散或临时安置的安全场所，也是避难人员集合并转移到固定避难场所的过渡性场所。

各标准中的避难场所对应关系见表 6-1。

表 6-1　避难场所对应关系表

<table>
<tr><td rowspan="2">GB/T 35624—2017</td><td>级别</td><td colspan="4">Ⅲ级应急避难场所</td><td colspan="2">Ⅱ级应急避难场所</td><td colspan="2">Ⅰ级应急避难场所</td></tr>
<tr><td>避难时间(d)</td><td colspan="4">3 以内</td><td colspan="2">3～30(含)</td><td colspan="2">30 以上</td></tr>
<tr><td rowspan="3">GB 51143—2015</td><td>级别</td><td colspan="4">紧急避难场所</td><td colspan="3">固定避难场所</td><td>中心避难场所</td></tr>
<tr><td>避难期</td><td colspan="2">紧急</td><td colspan="2">临时</td><td>短期</td><td>中期</td><td>长期</td><td>长期</td></tr>
<tr><td>最长开放时间(d)</td><td colspan="2">1</td><td colspan="2">3</td><td>15</td><td>30</td><td>100</td><td>100</td></tr>
<tr><td rowspan="2">建标 180—2017</td><td>级别</td><td>三类</td><td colspan="2">二类</td><td>一类</td><td colspan="2">/</td><td colspan="2">/</td></tr>
<tr><td>社区规划人口或常住人口(人)</td><td>3000～4999</td><td colspan="2">5000～9999</td><td>10000～15000</td><td colspan="2">/</td><td colspan="2">/</td></tr>
</table>

2. 分布图(表)

结合行政区划地图制作全市应急避难场所分布图或全市应急避难场所分布表(不包括人防工程)，标志避难场所的具体地点，并向社会公开。

3. 显著标志

根据《防灾避难场所设计规范》(GB 51143—2015)，应急避难标志应包括区域位置指示，警告标志，场所功能演示标识，场所引导性标识，场所设施标识等类别。避难场所应建立完整的、明显的、适于辨认和宜于引导的避难标识系统，并应符合下列规定：

(1) 避难场所主出入口处的显著位置应设置场所功能综合演示标识牌，场所功能综合演示标识牌应标明避难场所内部各类设施位置和行走路线，说明避难场所使用规则及注意事项、责任区域的分布图、内部功能区划图和周边居民疏散路线图；

(2) 危险建筑潜在倒塌影响区，古树、名木、文物和重要建筑的保护范围，灾害潜在危险区及其他可能影响受灾人员安全的地段，应设置警告标志；

(3) 在道路交叉口处应设置避难场所区域位置指示牌，并应指明避难场所的位置和方向；

(4) 各类设施入口处应设置场所设施标识牌；

(5) 宿住区入口处应设置说明区内分区编号及位置的综合性标识；

(6) 规模较大场所内通道交叉口或路边应设置引导内部交通的引导性标识。

避难场所标识的图形符号应符合《防灾避难场所设计规范》(GB 51143—2015)的规定。场所周边道路指示标志应符合《江苏省城市应急避难场所建设技术标准》(DGJ32/J122—2011)的规定。各类标识设施宜经久耐用，图案、文字和色彩简洁、牢固、醒目，并应便于夜间辨认。

人防工程标志应符合《人民防空工程设备设施标志和着色标准》(RFJ 01—2014)的规定。

4. 基本设施

根据《城镇应急避难场所通用技术要求》(GB/T 35624—2017)的规定，应急避难场所包含基本设施、一般设施和综合设施。基本设施为保障避难人员基本生活需求而设置的配套设施，可以包括：应急指挥管理设施、应急集结区、应急医疗救护与卫生防疫设施、应急供水设施、应急供电设施、应急通风、应急厕所、应急照明、应急标志等；一般设施是为改善避难人员生活条件，在基本设施基础上增设的配套设施，可以包括：应急棚宿区、应急物资储备设施、应急垃圾储运设施、应急排污设施、应急消防设施、应急停车场等；综合设施是为提高避难人员生活条件，在已有基本设施和一般设施基础上增设的配套设施，可以包括：应急指挥中心、应急停机坪、应急洗浴设施、功能介绍设施、应急救援驻地等。具体要求可参考《江苏省城市应急避难场所建设技术标准》(DGJ32/J122—2011)的相关规定。

应急避难场所按不同等级应配备相应的设施。Ⅰ级应急避难场所应配备基本设施、一般设施和综合设施。Ⅱ级应急避难场所应配备基本设施和一般设施。Ⅲ级应急避难场所应配备基本设施。

5. 人均避难场所面积大于 1.5 m^2

根据《国土空间规划城市体检评估规程》(TD/T 1063—2021)的规定,人均避难场所面积指按照避难人数为70%的常住人口计算的全市应急避难场所人均面积。

6.2　城市应急救援队伍

6.2.1　城市消防救援队伍

【评价内容】 出台消防救援队伍社会保障机制意见[1],按规划建设支队战勤保障大队,综合性消防救援队伍[2]的执勤人数符合标准要求[3]。

【评价方法】 查阅政府、相关部门文件,现场核查。

【自评梳理建议】

1. 消防救援队伍社会保障机制意见的文件;
2. 各综合性消防救援队伍执勤人员花名册。

【释义】

1. 消防救援队伍社会保障机制意见

《"十四五"国家消防工作规划》全面加强国家综合性消防救援队伍建设,建立完善与消防救援高风险、高负荷、高压力职业特点相适应的建管训战体系、职业保障机制和尊崇消防救援职业的荣誉体系。

《江苏省"十四五"社会消防事业发展规划》要求深化消防救援队伍职业优待。立足消防救援高风险、高负荷、高压力的职业特点,深化落实省委、省政府7项消防救援人员优待政策,完善相应保障机制和尊崇消防救援职业的荣誉体系,明确各级消防救援人员享受驻地现役军人优待政策,保障消防指战员依法履行职责。因地制宜出台政策,建立与消防救援职业高危特点相适应的政府专职消防员职业保障机制。

城市应结合城市经济发展水平，通过建立消防救援队伍社会保障机制，重点对消防救援人员表彰奖励、伤亡抚恤、走访慰问、家庭落户、子女教育、交通出行、经费保障、医疗保障、住房保障等内容进行规定，健全职业保障机制、落实社会优待政策、建立职业荣誉体系。消防救援队伍社会保障机制意见应以文件形式正式发布，文件应明确相关政策的主管部门和办理渠道。

2. 综合性消防救援队伍

2018 年 10 月，根据中共中央《深化党和国家机构改革方案》的要求，公安消防部队（武警消防部队）、武警森林部队退出现役，成建制划归中华人民共和国应急管理部，组建国家综合性消防救援队伍。

国家综合性消防救援队伍是应急救援的主力军，市、县（市、区）党委政府应当加强消防救援队伍建设，为建设一支专常兼备、反应灵敏、作风过硬、本领高强的应急救援队伍提供支持保障。

根据《“十四五”国家应急体系规划》，将消防救援队伍和森林消防队伍整合为一支正规化、专业化、职业化的国家综合性消防救援队伍。根据《“十四五”国家消防工作规划》，大力发展政府专职消防队伍和消防文员，纳入国家综合性消防救援力量统筹规划布局。

根据《江苏省政府专职消防救援队伍管理办法》，政府专职消防救援队伍是消防救援力量体系的重要组成部分。地方各级人民政府应当依法建设政府专职消防救援队伍，将政府专职消防救援队伍建设发展纳入国民经济和社会发展相关规划，确保队伍建设与当地经济社会发展相适应。

3. 符合标准要求

综合性消防救援队伍的执勤人数应符合《城市消防站建设标准》（建标 152—2017）的规定，其中一个班次同时执勤人数，一级站可按 30～45 人估算，二级站可按 15～25 人估算，小型站可按 15 人估算，特勤站可按 45～60 人估算，战勤保障站可按 40～55 人估算。

6.2.2　城市专业化应急救援队伍

【评价内容】 编制专业应急救援队伍[1]建设规划，按规定建成重点领域专业应急救援队伍[2]，组织专业应急救援队伍开展培训和联合演练[3]。

【评价方法】 查阅政府、相关部门文件，现场核查。

【自评梳理建议】

1. 专业应急救援队伍建设规划；
2. 本地区专业应急救援队伍的种类、数量和布局及队伍建设管理办法；
3. 专业应急救援队伍培训台账；
4. 专业应急救援队伍参与联合演练的记录。

【释义】

1. 专业应急救援队伍

根据《国务院办公厅关于加强基层应急队伍建设的意见》的要求，地方各级人民政府是推进基层应急队伍建设工作的责任主体。县级人民政府要对县级综合性应急救援队伍和专业应急救援队伍建设进行规划，确定各街道、乡镇综合性应急救援队伍和专业应急救援队伍的数量和规模。

根据《江苏省突发事件总体应急预案》，专业应急救援队伍是应急救援的骨干力量。县级以上应急管理、网信、工业和信息化、公安、生态环境、交通运输、水利、住房城乡建设、农业农村、文化和旅游、卫生健康、能源、通信、林业、新闻宣传等部门依据职能分工和实际需要，建设和管理本行业、本领域的专业应急救援队伍，提高人员素质，加强装备建设。

专业应急救援队伍建设规划应根据城市安全风险评估的结果和本城市风险的特点制定。各类专业应急救援队伍主要由地方政府和企业专职消防、地方森林（草原）防灭火、地震和地质灾害救援、生产安全事故救援等专业救援队伍构成，是国家综合性消防救援队伍的重要协同力量，担负着区域性灭火救援和安全生产事故、自然灾害等专业救援职责。交通、铁路、能源、工信、卫生健康等行业部门应建立水上、航空、电力、通信、医疗防疫等应急救援队伍，主要担负行业领域的事故灾害应急抢险救援任务。各行业、各领域应注重专业应急救援队伍建设，如建设危险化学品事故、道路交通事故、矿山抢险、森林防火、地质灾害、抗洪抢险、地震救援、水上搜救、医疗救护、卫生防疫、电力、通信、运输、市政工程等各类型专业队伍。

根据《江苏省"十四五"应急管理体系和能力建设规划》，实施救援能力提升工程专业救援队伍建设项目，省级重点建设24支自然灾害、事故灾难类专业救援队伍(含防汛抢险队伍4支、地震和地质灾害队伍4支、森林消防队伍3支，省级危化品专业应急救援队伍10支，矿山救护大队3支)，市、县分别建设不少于5支和3支重点专业应急救援队伍。

根据《省应急管理厅关于进一步加强应急救援队伍建设管理的通知》的要求，各级应急管理部门要进一步加强辖区内应急救援队伍建设和管理工作的指导，统筹规划本地区专业应急救援队伍的种类、数量、布局，结合本地区实际，制定队伍建设管理办法。

2. 重点领域专业应急救援队伍

重点领域专业应急救援队伍应按照规划建设，包括危化、煤矿、非煤矿山、水(海)上、隧道施工、油气管道、金属冶炼、交通运输、建筑施工、地震、防汛抗旱、医疗、通信、电力等各类应急救援队伍。

专业应急救援队伍的建设应符合《江苏省人民政府办公厅关于切实加强基层应急队伍建设的意见》的要求，队伍的专业能力建设可参照《专业应急救援队伍能力建设规范 危险化学品》《专业应急救援队伍能力建设规范 水域》《专业应急救援队伍能力建设规范 燃气》《专业应急救援队伍能力建设规范 道路桥梁》《专业应急救援队伍能力建设规范 建筑工程施工现场》《专业应急救援队伍能力建设规范 防汛排水》《专业应急救援队伍能力建设规范 通信保障》等标准规范。

3. 联合演练

根据《江苏省突发事件总体应急预案》，应急预案编制单位应当建立应急演练制度，根据实际情况采取实战演练、桌面推演等方式，组织开展人员参与广泛、处置联动性强、形式多样、节约高效的应急演练。市、县(市、区)人民政府及其有关部门根据应急预案组织综合应急演练和专项应急演练，必要时可以组织跨地区、跨行业的应急演练，提高快速反应和整体协同处置能力。专项应急预案、部门应急预案依据有关规定组织常态化应急演练。

根据《省应急管理厅关于进一步加强应急救援队伍建设管理的通知》的要求，要加强综合性消防救援队伍与专业应急救援队伍、基层应急救援队伍之间的协调配合，建立健全相关应急预案，完善工作制度，实现信息共享和应急联动。经常性组织各类队伍开展联合培训和演练，形成有效处置突发事件的合力。

6.2.3　社会救援力量

【评价内容】　将社会力量参与救援纳入政府购买服务范围[1]；制定支持引导社会力量参与应急工作的相关规定[2]，明确社会力量参与救援工作的重点范围和主要任务[3]。

【评价方法】　查阅政府、相关部门文件。

【自评梳理建议】

1. 社会力量参与救援纳入政府购买服务范围的文件；
2. 近三年政府购买社会力量参与救援的清单及证明材料(如有)；
3. 支持引导社会力量参与应急工作的相关规定。

【释义】

1. 政府购买服务范围

根据民政部《关于支持引导社会力量参与救灾工作的指导意见》的要求，政府、相关部门应结合本地救灾工作实际，明确社会力量参与救灾的协调机制、功能作用，综合考虑灾区需求以及社会力量参与救灾的重点范围，研究制定社会力量参与救灾的有关政策法规、支持措施、监督办法，制定社会力量参与救灾的工作预案和操作规程，健全救灾需求评估、信息发布和资源对接机制，探索建立紧急征用、救灾补偿制度，支持引导社会力量依法依规有序参与救灾工作。将社会力量参与减灾救灾纳入政府购买服务范围，明确购买服务的项目、内容和方式，支持社会力量参与减灾救灾工作。

2. 支持引导社会力量参与应急工作的相关规定

鼓励大专院校、科研院所、企事业单位等社会力量积极参与防灾减灾救灾课题研究，加强防灾减灾救灾科技应用。县级以上人民政府应建立社会力量参与减灾救灾统筹协调服务平台，健全协调组织机制，明确工作渠道，公布相关信息。乡镇(街道办事处)每年要动员组织辖区内社会组织、专业社工和社区志愿者自愿参与防灾减灾知识宣传、教育、培训。每年都应列支一定数额的专项经费用于支持县级组织开展防灾减灾活动。鼓励引导企事业单位、社会组织、专业社工、志愿者等社会力量参与综合减灾示范社区创建，开展防灾减灾知识宣传、自救互救技能培训、灾害风险评估和必要的中小型应急救援和生活安置演练等活动。鼓励社会力量通过捐赠、设立帮扶项目、提供志愿服务等方式，为应急期、过渡期和冬春期间生活困难的受灾群众提供帮助，援建居民住房，援助和投资灾区基础设施和公共服务设施恢复重建。

3. 重点范围和主要任务

政府、相关部门应根据救灾工作不同阶段的任务和特点，支持和引导社会力量充分发挥优势，积极参与救灾工作。

(1) 常态减灾阶段：积极鼓励和支持社会力量参与日常减灾各项工作，注重发挥社会力量在人力、技术、资金、装备等方面的优势，支持社会力量参与或组织面向社会公众尤其是在中小学校、城乡社区、工矿企业开展防灾减灾知识宣传教育和技能培训，协助做好灾害隐患点的排查和治理，参与社区灾害风险评估、编制灾害风险隐患分布图、制订救灾应急预案，协同开展形式多样的救灾应急演练，着力提升基层单位、城乡社区的综合减灾能力和公众防灾减灾意识及自救互救技能。

（2）紧急救援阶段：突出救援效率，统筹引导具有救援专业设备和技能的社会力量有序参与，注重发挥灾区当地社会力量的作用，协同开展人员搜救、伤病员紧急运送与救治、紧急救援物资运输、受灾人员紧急转移安置、救灾物资接收发放、灾害现场清理、疫病防控、紧急救援人员后勤服务保障等工作。不提倡其他社会力量在紧急救援阶段自行进入灾区。

（3）过渡安置阶段：有序引导社会力量进入灾区，注重支持社会力量协助灾区政府开展受灾群众安置、伤病员照料、救灾物资发放、特殊困难人员扶助、受灾群众心理抚慰、环境清理、卫生防疫等工作，扶助受灾群众恢复生产生活，帮助灾区逐步恢复正常社会秩序。

（4）恢复重建阶段：帮助社会力量及时了解灾区恢复重建需求，支持社会力量参与重建工作，重点是参与居民住房、学校、医院等民生重建项目，以及参与社区重建、生计恢复、心理康复和防灾减灾等领域的恢复重建工作。

6.2.4　企业应急救援

【评价内容】　危险物品生产、经营、储存、运输单位，矿山、金属冶炼、城市轨道交通运营、建筑施工单位，以及旅游景区等人员密集场所经营单位，依法建立[1] 应急救援队伍；小微企业[2] 指定兼职应急救援人员，或与邻近的应急救援队伍签订应急救援协议；符合条件的高危企业依法建立专职消防队、配备应急救援装备[3]。

【评价方法】　查阅政府、相关部门文件，抽取不少于 5 家危险物品的生产、经营等单位，随机抽查不少于 5 家符合条件的高危企业。

【自评梳理建议】

1. 符合建队条件的高危企业清单；

2. 高危企业建立的专职消防队情况（包含人员、场地、装备等信息）；

3. 高危企业专职消防队培训、演练和实战记录。

【释义】

1. 依法建立

根据《生产安全事故应急条例》第十条的要求，易燃易爆物品、危险化学品等危险物品的生产、经营、储存、运输单位，矿山、金属冶炼、城市轨道交通运营、建筑施工单位，以及宾馆、商场、娱乐场所、旅游景区等人员密集场所经营单位，应当建立应急救援队伍。其中，小型企业或者微型企业等规模较小的生产经营单位，可以不建立应急救援队伍，但应当指定兼职的应急救援人员，并且可以与邻近的应急救援队伍签订应急救援协议。工业园区、开发区等产业聚集区域内的生产经营单位，可以联合建立应急救援队伍。

根据《生产安全事故应急条例》第十二条的要求，生产经营单位应当及时将本单位应急救援队伍建立情况按照国家有关规定报送县级以上人民政府负有安全生产监督管理职责的部门，并依法向社会公布。

县级以上人民政府负有安全生产监督管理职责的部门应当定期将本行业、本领域的应急救援队伍建立情况报送本级人民政府，并依法向社会公布。

2. 小微企业

根据国家统计局《关于印发〈统计上大中小微型企业划分办法(2017)〉的通知》确定的小型微型企业。

3. 符合条件的高危企业依法建立专职消防队、配备应急救援装备

根据《"十四五"国家消防工作规划》，依法落实企业"应建尽建"专职消防队主体责任，配齐配强人员、车辆装备、消防船艇等，加强专职消防队员职业保障，满足企业消防安全保障需要。根据《消防法(2021修正)》《关于规范和加强企业专职消防队伍建设的指导意见》和《企业专职消防队建设和管理规范》(DB32/T 3293—2017)等规定，下列单位应当建立专职消防队：

(1) 大型核设施单位

核电厂等大型核设施营运单位应建立一支全天候 24 h 值班的专

职消防队，且满足《核电厂消防安全监督管理暂行规定》《核电厂防火准则》(EJ/T 1082—2005)等标准文件的要求。

(2) 大型发电厂

从业人员1000人及以上，且营业收入40000万元及以上的大型发电厂至少应建立二级普通消防队。单台机组容量为300 MW及以上的大型火力发电厂应设置消防站，对于集中建设的电站群或建在工业园区的火力发电厂，宜采用联合建设原则集中设置消防站，消防车的配置应符合《火力发电厂与变电站设计防火规范》(GB 50229—2019)7.12.2的要求。水力发电厂消防车的配置应符合《水电工程设计防火规范》(GB 50872—2014)和《水利工程设计防火规范》(GB 50987—2014)等标准的规定。

(3) 民用机场

根据《民用航空运输机场飞行区消防设施》(MH/T 7015—2007)的要求，消防保障等级为3级(含3级)以上的机场应设消防站。消防保障等级3级以下的机场可不设消防站，但应按要求建设消防车库及与其相通的消防员备勤室。消防站和消防队配置要求应满足《民用航空运输机场消防站消防装备配备》(MH/T 7002—2006)的要求。

(4) 主要港口

列入《全国主要港口名录》的港口内的石油化学危险品码头及其库区集中区至少应建立特勤消防队；列入《全国主要港口名录》的港口内的棉、麻、纤维等易燃可燃货物码头及仓库、货场集中区至少应建立一级普通消防队；列入《全国主要港口名录》的港口内的煤炭、矿石、粮食集散区及生产设备集中区至少应建立二级普通消防队。

(5) 石油化工企业

大型石油化工企业至少应建立特勤消防队，中型石油化工企业至少应建立一级普通消防队。大中型石油化工企业消防站的建设要求详见《石油化工企业设计防火标准》(GB 50160—2008，2018版)。

(6) 石油储备库

石油储备库应设置消防站，消防站的建设要求详见《石油储备库设计规范》(GB 50737—2011)。

(7) 石油库

石油库应配置消防车，消防车配置要求详见《石油库设计规范》(GB 50074—2014)。

(8) 油气田

油气田消防站应根据区域规划，并结合油气站场火灾风险大小、邻近消防协作条件和所处地理环境设置。消防站人员配备、装备器材及其他方面的具体要求详见《油气田消防站建设规范》(SY/T 6670—2006)。

宜设三级消防站的情况：原油生产能力大于或等于 50×10^4 t/年或天然气生产能力大于或等于 100×10^4 m^3/d 的区块；三级及以上油气站场；邻近消防协作力量不能在 30 min 内到达。

宜设二级消防站的情况：原油生产能力大于或等于 100×10^4 t/年或天然气生产能力大于或等于 200×10^4 m^3/d 的区块；油品库容总量大于或等于 60×10^4 m^3；邻近消防协作力量不能在 30 min 内到达。

宜设一级消防站的情况：原油生产能力大于或等于 300×10^4 t/年或天然气生产能力大于或等于 500×10^4 m^3/d 的区块；一、二级油气站场超过两座；人口超过 5 万的居民区；具备其中两项或以上者。

宜设特勤消防站的情况：原油生产能力大于或等于 500×10^4 t/年或天然气生产能力大于或等于 1000×10^4 m^3/d 的区块；有毒有害气体生产装置；高层建筑多于 10 幢；人口超过 10 万的居民区；具备其中两项或以上者。

(9) 石油天然气工程

石油天然气工程应设置消防站和消防车，消防站人员配备、装备器材及其他方面的具体要求详见《石油天然气工程设计防火规范》(GB 50183—2004)。

(10) 酒厂

常储量大于或等于 10000 m^3 的白酒厂或城市消防站接到火警后 5 min 内不能抵达火灾现场且常储量大于或等于 1000 m^3 的白酒厂应建消防站。白酒厂消防站的设置要求及消防车、泡沫液的配备标准应符合《酒厂设计防火规范》(GB 50694—2011)的规定。

(11) 钢铁冶金

从业人员1000人及以上，且营业收入40000万元及以上的大型钢铁冶金厂至少应建立一级普通消防队。

(12) 烟草企业

距离公安消防队或政府专职消防队较远(接到出动指令后到达该企业的时间超过5 min)的大型烟草企业(卷烟年生产量在二十万箱以上的卷烟厂，复烤烟叶在二十万吨以上的复烤厂，贮存物资价值在一亿元以上的各类仓库)至少应建立一级普通消防队。

(13) 大型纺织企业

根据《纺织工业企业安全管理规范》(AQ 7002—2007)的要求，从业人员超过1500人的棉纺、毛纺、麻纺、化纤等企业，存放量达到1万t及以上的或者5万m^2(30亩)以上的原成品仓库等企业，以及从业人员达到2000人及以上其他企业应当配备2名专兼职消防管理人员，至少应建立二级普通专职消防队。

(14) 储备可燃的重要物资的大型仓库、基地；

储备易燃、可燃重要物资的大型仓库、基地等至少应建立二级普通消防队。

大型发电厂、石油化工企业、钢铁冶金企业、烟草企业、大型纺织企业、储备可燃的重要物资的大型仓库、基地等的建队标准可依据《企业专职消防队建设和管理规范》(DB32/T 3293—2017)，两个及以上企业可由政府或园区管理委员会组织企业联合建立消防队。联合建立的消防队不低于每个企业应建消防队的规模，且不低于一级普通消防队规模。联合建立消防队的辖区范围应满足接到出动指令后到达事故现场时间不超过5 min的要求。消防队的人员配备、训练作战能力、装备配备、业务用房等方面的要求可参照DB32/T 3293—2017执行。企业专职消防队分为特勤消防队和普通消防队，普通消防队分为一级普通消防队、二级普通消防队。特勤消防队人数不低于26人，一级普通消防队配备人数18～25人，二级普通消防队配备人数8～17人。

第 7 章　城市安全状况

7.1　城市安全事故指标

【评价内容】　近三年内，亿元国内生产总值生产安全事故死亡人数[1] 前三年平均值[2] 逐年下降；近三年内，道路交通事故万车死亡人数[3] 前三年平均值逐年下降；近三年内，火灾十万人口死亡率[4] 前三年平均值逐年下降；近三年内，每百万人口因灾死亡[5] 率前三年平均值逐年下降。

【评价方法】　查阅政府、相关部门资料。

【自评梳理建议】

1. 近 5 年年度亿元国内生产总值生产安全事故死亡人数；
2. 近 5 年年度道路交通事故万车死亡人数；
3. 近 5 年年度火灾十万人口死亡率；
4. 近 5 年年度每百万人口因灾死亡率。

【释义】

1. 亿元国内生产总值生产安全事故死亡人数

亿元国内生产总值生产安全事故死亡人数＝一定时间内城市生产安全事故死亡人数÷城市国内生产总值(亿元)

2. 前三年平均值

指标计算年度及前 2 个年度的数据平均值。

3. 道路交通事故万车死亡人数

道路交通事故万车死亡人数＝一定时间内城市道路交通死亡人数÷城市机动车保有数量(万辆)

4. 火灾十万人口死亡率

火灾十万人口死亡率＝一定时间内火灾死亡人数÷城市常住人口（十万人）×100％

5. 因灾死亡

根据《关于印发〈自然灾害情况统计制度〉的通知》，指以自然灾害为直接原因导致死亡的人口数量（含非常住人口）。

第 8 章　鼓励项和否决项

8.1　鼓励项

【评价内容】 城市安全科技项目[1] 获得国家科学技术奖(国家最高科学技术奖、国家自然科学奖、国家技术发明奖、国家科学技术进步奖、国际科学技术合作奖),城市安全科技项目获得省级科学技术奖,国家安全产业示范园区[2]、全国综合减灾示范社区[3] 创建取得显著成绩;国家重点研发计划(城市安全相关项目)应用示范城市,在城市安全管理体制、法制、制度、手段、方式创新等方面取得显著成绩和良好效果。

【评价方法】 查阅政府、相关部门资料。

【自评梳理建议】

1. 获奖项目清单和证书(城市安全相关项目);
2. 国家安全应急产业示范基地(国家安全产业示范园区)命名文件;
3. 全国综合减灾示范社区命名文件;
4. 国家重点研发应用示范证明(城市安全相关项目);
5. 城市安全管理创新做法与绩效说明。

【释义】

1. 城市安全科技项目

在鼓励项评分环节,城市安全相关领域科技项目的归属地确定根据以下原则：

（1）项目主要承担单位（第一承担单位）的注册地址；

（2）城市安全科技项目研究对象或应用示范对象。

2. 国家安全产业示范园区

工信部、发改委、科技部 2021 年印发《国家安全应急产业示范基地管理办法（试行）》，对示范基地和示范基地创建单位的申报、评审、命名和管理等工作进行了规定。已批复的国家应急产业示范基地、国家安全产业示范园区（含创建）的管理适用于该办法。

3. 全国综合减灾示范社区

民政部、中国地震局、中国气象局 2018 年印发《全国综合减灾示范社区创建管理暂行办法》，用于评价城乡社区综合减灾工作，规范全国综合减灾示范社区创建管理。

8.2 否决项

【评价内容】 在参评年及前五个自然年内发生特别重大事故灾难，或参评年及前三个自然年内发生重大事故灾难的；在参评年及前一个自然年内，发生重特大环境污染和生态破坏事件、药品安全事件和食品安全事故，或者因工作不力导致重特大自然灾害事件损失扩大、造成恶劣影响的；在参评年及前一个自然年内，因城市安全有关工作不力被国务院安委会、安委办或省安委会约谈、通报的；已获得命名城市，被撤销命名未满 2 年的；国务院安委会、安委办，或省安委会、安委办挂牌督办的重大安全隐患未按规定整改到位的；存在弄虚作假、出具虚假失实文件等行为，严重干扰误导复核和评议工作的。

【评价方法】 查阅政府、相关部门资料。

第9章 评价细则县级城市版与设区市版的差异

省级安全发展示范城市评价细则县级城市版与设区市版相比较而言，一级项、二级项基本保持一致，三级项在表述上略有不同。根据设区市政府与县级政府以及上下级部门职责权限设置，县级城市版在评价内容上进行了相应的调整。本章对调整的内容予以描述和释义，其他内容可参照设区市版相关内容。由于评价内容调整或三级项分值调整导致的评分标准变化，不在本章节描述，分值变化的相关内容可查看附件。

9.1 城市安全源头治理

9.1.1 安全规划

(1) 市县国土空间总体规划及防灾减灾等专项规划

【评价内容】 制定市县国土空间总体规划(城市总体规划)，制定综合防灾减灾规划、安全生产规划、防震减灾规划、地质灾害防治规划、防洪规划、职业病防治规划、消防规划、道路交通安全管理规划、排水防涝规划、人防工程规划、城市地下管线规划、综合管廊规划等专项规划和年度实施计划，对总体规划和专项规划进行专家论证评审，并按规定开展相关评估。

【评价方法】 查阅政府、相关部门总体规划、专项规划的相关资料。

【说明】

根据《评价细则(2020版)》编制调研阶段了解的情况，县级城市国土空间总体规划(城市总体规划)相关工作内容基本与设区市相同，可执行相同的评价内容。根据县级城市政府和相关部门(单位)职责权限，部分专项规划的组织编制、年度实施计划的制定等相关职责并非由县级城市承担，而是根据所在设区市专项规划和实施计划的要求开展工作。因此开展该项评价时，此类专项规划可查阅设区市专项规划和年度实施计划以及工作记录。

(3) 城市各类设施安全管理办法

【评价内容】 制修订城市高层建筑、大型商业综合体、综合交通枢纽、隧道桥梁、管线管廊、道路交通、轨道交通、城市燃气、城市照明、城市供排水、人防工程、垃圾填埋场(渣土受纳场)、加油(气)站、电力设施、电梯、低空慢速小目标飞行器(物)和游乐设施等城市各类设施安全管理办法，制定既有房屋装饰装修、棚户区、城中村和危房改造监督管理办法。

【评价方法】 查阅政府、相关部门资料。

【说明】

该项评价可查阅县级城市所在设区市制修订的相关管理办法，重点评价县级城市执行情况工作记录。

9.1.2 城市基础及安全设施建设

(8) 地下综合管廊

【评价内容】 城市新区、各类园区、成片开发区域的新建主干道必须同步建设地下综合管廊[1]。地下综合管廊的综合入廊率达100%。

【评价方法】 查阅政府、相关部门、单位资料。

【释义】

1. 新建主干道必须同步建设地下综合管廊

根据《关于推进城市地下综合管廊建设的指导意见》的要求，城市新区、各类园区、成片开发区域的新建道路要根据功能需求，同步建设地下综合管廊。根据《城市综合管廊工程技术规范》(GB 50838—2015)的规定,地下综合管廊工程建设应以地下综合管廊规划为依据。地下综合管廊规划应与城市基础设施建设规划衔接、协调。

根据《关于推进城市地下综合管廊建设的实施意见》的要求,全省城市新区、各类园区、成片开发区域的新建道路必须同步建设地下综合管廊。

【说明】

与设区市版相比,评价内容增加了"城市新区、各类园区、成片开发区域的新建主干道必须同步建设地下综合管廊",删去了"城市新区新建道路综合管廊建设率>30%;城市道路综合管廊配建率>2%"。

9.1.3 城市产业安全改造与升级

(9) 城市禁止类产业目录

【评价内容】 执行城市安全生产禁止和限制类产业目录。

【评价方法】 查阅政府、相关部门、单位资料。

【说明】

该项评价可查阅所属设区市制定的城市安全生产禁止和限制类产业目录,重点评价县级城市执行情况和工作记录。

(10) 高危行业搬迁改造与升级

【评价内容】 制定高危行业企业退出、改造或转产等奖励政策、工作方案和计划,并按计划逐步落实推进,新建危险化学品生产企业进园入区率 100%,按期完成"四个一批"等专项行动。

【评价方法】 查阅政府、相关部门、企业资料。

【说明】

与设区市版相比,评价内容增加了"按期完成'四个一批'等专项行动"。

9.2　城市安全风险防控

9.2.1　城市工业企业

（12）渣土受纳场运行安全风险

【评价内容】　对渣土受纳场堆积体进行稳定性验算及监测，废弃尾矿库 100%实施闭库或有效治理。

【评价方法】　随机抽查不少于 3 个渣土受纳场（填埋场）和 3 个废弃尾矿库，查阅相关资料并现场复核。

【说明】

与设区市版相比，删去了“定期开展尾矿库安全现状评价；三等及以上尾矿库在线监测系统正常运行率 100%，风险监控系统报警信息处置率 100%”。

（14）安全风险防控体系

【评价内容】　建立高危行业企业风险预警控制机制，高危行业企业建立安全生产监控系统，工业企业较大以上安全风险管控清单报告率 100%。

【评价方法】　查阅政府、相关部门和企业资料。随机抽查不少于 5 家高危行业企业，查阅相关资料并现场复核。

【说明】

与设区市版相比，本项抽查企业数量不同。

9.2.2　公共设施

（19）城市交通安全风险

【评价内容】　制定城市公共交通应急预案，定期开展应急演练；建立公交驾驶员生理、心理健康监测机制，定期开展评估；新增公交车驾驶区域安装安全防护隔离设施；“两客一危”道路运输企业安全生产标准化二级达标率 100%以上；“两客一危”安装防碰撞、智能视频监控报警装置和卫星定位装置；按照规定对城市轨道交通工程可研、试运营前、验收阶段进行安全评价，进行运营前和日常运营期间安全评估、消防设施评估、车站紧急疏散能力评估；城市内河渡口渡船安全达标率 100%；长江江苏段、沿海及内湖、内河沿岸建立危险货物码头安全风险监控体系；铁路平交道口按规定设置安全设施并进行管理；建立铁路沿线安全环境整治机制；定期组织开展铁路沿线外部环境问题整治专项行动；汽车客运站按规定设置安全设施和进行管理；对交通流量大、事故多发、违法频率较高等重要路段实施路网运行监测与交通执法监控系统，对事故多发、易发路段进行实时监控，开展“三超一疲”“百吨王”“大吨小标”等交通违法违规突出问题整治。

【评价方法】 查阅政府、相关部门、单位资料。实地查看城市公共交通风险监控平台；随机抽查公交车、长途客车、旅游客车、危险物品运输车各不少于 2 辆，查阅车辆相关资料并现场复核；随机抽查轨道交通项目，查阅相关资料；随机抽查不少于 2 个渡口、2 个铁路平交道口、2 个汽车客运站，查阅相关资料并现场复核。

【说明】

与设区市版相比，评价内容删去了“按计划治理完成铁路外部环境安全管控通报问题”。

9.2.3 自然灾害

(22) 地震、地质灾害

【评价内容】 开展老旧房屋抗震风险排查、鉴定、制定加固计划并实施；按抗震设防要求设计和施工学校、医院等建设工程；编制年度地质灾害防治方案，并按照计划实施；在地质灾害隐患点设置警示标志和采取自动监测技术。

【评价方法】 查阅政府、相关部门、单位资料。随机抽查不少于 2 所老旧房屋，查看其是否进行抗震风险排查、鉴定和加固。随机抽取不少于 2 所学校和 2 所医院，查看其是否按照抗震设防要求进行设计和施工。随机抽取不少于 2 个地质灾害隐患点进行实地调查。

【说明】

与设区市版相比，删去了“开展城市活动断层探测”，老旧房屋抽查数量不同。

9.3 城市安全监督管理——城市安全责任体系

(24) 各级各部门城市安全监管责任

【评价内容】 按照“三个必须”和“谁主管谁负责”原则，明确各有关部门安全生产职责并落实到部门工作职责规定中；各功能区明确负责安全生产监督管理的机构和人员。

【评价方法】 查看政府和相关部门资料，随机抽查不少于 2 处功能区安全生产监督管理的机构和人员设置情况。

【说明】

与设区市版相比，功能区抽查数量不同(不少于 2 处)。

(26) 城市安全风险管控

【评价内容】 建立重大风险联防联控机制，明确风险清单对应的风险管控责任部门；建立重大危险源生产安全预警机制[1]，明确重大事故减灾措施；企业安全生产标准化达标。

【评价方法】 查看政府和相关部门资料，查看重大危险源通报记录，查看企业安全标准化达标情况材料。

【自评梳理建议】

1. 地区、部门、行业重大风险联防联控相关制度、会议纪要等文件；
2. 重大安全风险清单(明确风险管控责任部门)；
3. 近一年县级应急管理部门及化工园区内部通报记录(危险化学品安全生产风险监测预警系统)；
4. 重大事故减灾措施相关材料；
5. 安全生产标准化达标企业清单(按行业和级别列明)；
6. 企业安全生产标准化达标率统计计算过程和结果。

【释义】

1. 重大危险源生产安全预警机制

根据《关于转发国务院安委办 应急管理部〈加快推进危险化学品安全生产风险监测预警系统建设指导意见〉的通知》的要求，应围绕危险化学品储罐区、仓库、生产装置等重大危险源以及关键部位等的安全风险，形成从企业、化工园区（集中区）、地方应急管理部门到应急管理部的分级管控与动态监测预警，不断提升危险化学品安全监管的信息化、网络化、智能化水平，推动部门监管责任和企业主体责任落实到位，有效化解重大安全风险、遏制重特大事故。

根据《关于推进安全生产领域改革发展的实施意见》的要求，应研究建立位置相邻、行业相近、业态相似的地区和行业重大安全风险联防联控机制。构建省、市、县三级重大危险源信息管理体系，建立重大危险源生产安全预警机制，明确重大事故减灾措施，对重点行业、重点区域、重点企业实行风险预警控制。

根据《危险化学品安全生产风险监测预警系统分级巡查抽查管理办法（试行）》文件要求：县级应急管理部门及化工园区内部通报应通报以下内容：（一）每日通报。包括但不限于辖区内企业报警消警、较大以上安全风险预警处置，安全承诺落实、系统在线、视频在线、重大危险源包保责任制落实、抽查发现的异常等情况。（二）每周通报。包括但不限于企业按时安全承诺次数与排名、较大以上安全风险次数及排名、在线时长与排名、视频在线时长与排名、较大及以上安全风险企业清单、巡查抽查异常情况统计分析、报警预警消警情况分析及数量排名等。县级应急管理部门也可根据需要在系统内部就监测预警系统应用情况进行月度、季度、年度信息通报。各级应急管理部门可通过政府网站、公报、会议以及报刊、广播、电视等向社会公开通报。

【说明】

与设区市版相比，评价内容增加了“建立重大危险源生产安全预警机制，明确重大事故减灾措施”，评价方法增加了“查看重大危险源通报记录”。

9.4　城市安全保障能力

9.4.1　城市安全科技创新应用

(30) 资金投入保障

【评价内容】 设立安全生产专项资金,并专款专用。

【评价方法】 查阅政府、相关部门资料。

【释义】

安全生产专项资金用于安全生产综合监管、宣传教育、应急管理、表彰奖励、公共安全隐患整改,以及购买专业技术服务等方面。

【说明】

与设区市版相比,评价内容不同。

9.4.2　社会化服务体系

(33) 城市安全专业技术服务

【评价内容】 定期对技术服务机构进行专项检查,并对问题进行通报整改。

【评价方法】 查阅政府、相关部门资料。

【说明】

与设区市版相比,评价内容删去了"制定政府购买安全生产服务指导目录"。

9.4.3　城市安全文化

(36) 城市安全文化创建活动

【评价内容】 汽车站、火车站、大型广场等公共场所开展安全公益宣传,广播电视及网站、新媒体平台开展安全公益宣传,社区开展安全文化创建活动。

【评价方法】 现场查看城市安全文化创建情况。随机抽查汽车站、火车站、大型广场等不少于10处公共场所。查看县级广播电视及县级网站、新媒体平台开展安全公益宣传的节目清单。随机抽查不少于10个社区安全文化创建资料。

【说明】

与设区市版相比，评价方法中广播电视和网站增加了“县级”，安全公益宣传数量要求不同(县级为50条)。

9.5 城市安全应急救援

9.5.1 城市应急救援体系

(40) 城市应急管理综合应用平台

【评价内容】 建设包含五大业务域(监管监察、监测预警、应急指挥、辅助决策、政务管理)的应急管理综合应用平台；平台实现与市级应急管理综合应用平台互联互通，实现相关部门之间数据共享。

【评价方法】 查阅政府、相关部门建设、验收和管理文件，现场检查应用平台运行情况。

【说明】

与设区市版相比，评价内容改为“平台实现与市级应急管理综合应用平台互联互通”。

9.5.2 城市应急救援队伍

(45) 城市消防救援队伍

【评价内容】 出台或执行当地消防救援队伍社会保障机制意见，综合性消防救援队伍的执勤人数符合标准要求。

【评价方法】 查阅政府、相关部门文件，现场核查。

【说明】

与设区市版相比，删去了“按规划建设支队战勤保障大队”。

9.6 城市安全状况

(49) 亿元国内生产总值生产安全事故死亡人数、道路交通事故万车死亡人数、火灾十万人口死亡率

【评价内容】 近三年内,亿元国内生产总值生产安全事故死亡人数前三年平均值逐年下降;近三年内,道路交通事故万车死亡人数前三年平均值逐年下降;近三年内,火灾十万人口死亡率前三年平均值逐年下降。

【评价方法】 查阅政府、相关部门资料。

【说明】

与设区市版相比,评价内容删去了"近三年内,每百万人口因灾死亡率前三年平均值逐年下降"。

第10章　省级安全发展示范城市评价细则(2020国家级开发区版)

10.1　城市安全源头治理

10.1.1　安全规划

(1) 开发区总体规划及防灾减灾等专项规划

【评价内容】 制定开发区总体规划;制定综合防灾减灾规划、安全生产规划、防震减灾规划、地质灾害防治规划、防洪规划、职业病防治规划、消防规划、道路交通安全管理规划、排水防涝规划、人防工程规划、城市地下管线规划、综合管廊规划等专项规划和年度实施计划;对总体规划和专项进行专家论证评审,并按规定开展相关评估。

【评价方法】 查阅政府、相关部门总体规划、专项规划的相关资料。

【说明】

根据《评价细则(2020版)》编制调研阶段了解的情况,国家级开发区的总体规划相关工作内容基本与设区市、县级城市相同,可执行相同的评价内容。根据国家级开发区所在设区市或县级城市相关部门(单位)职责权限,部分专项规划的组织编制、年度实施计划的制定等相关职责并非国家级开发区相关部门(单位)承担。国家级开发区主要是根据所在设区市或县级城市专项规划和实施计划的要求开展工作。因此开展该项评价时,此类专项规划可查阅国家级开发区提供的设区市或所在县级城市的专项规划和年度实施计划以及工作记录。

(2) 建设项目安全评估论证

【评价内容】 建设项目按规定开展安全评价、地震安全性评价、地质灾害危险性评估。

【评价方法】 查阅政府、相关部门、建设单位资料。随机抽查不少于 5 处按规定应当开展安全评价、地震安全性评价、地质灾害危险性评估的项目。

【说明】

开发区建设项目地震安全性评价可按规定使用区域性地震安全性评价结果。

(3) 开发区各类设施安全管理手段

【评价内容】 开发区高层建筑、大型商业综合体、综合交通枢纽、隧道桥梁、管线管廊、道路交通、轨道交通、城市燃气、城市照明、城市供排水、人防工程、垃圾填埋场(渣土受纳场)、加油(气)站、电力设施、电梯、低空慢速小目标飞行器(物)和游乐设施等城市各类设施安全管理明确、有效;开发区既有房屋装饰装修、棚户区、城中村和危房改造监督管理明确、有效。

【评价方法】 查阅政府、相关部门资料。

【说明】

与设区市版相比,评价内容未要求制定相关管理办法,该项评价可查阅所属设区市制修订的相关管理办法。

10.1.2　基础及安全设施建设

(4) 市政安全设施

【评价内容】 开发区市政消火栓完好率 100%;市政供水、燃气老旧管网改造率>80%。

【评价方法】 查看开发区市政消火栓的相关资料。随机实地抽查 10 个市政消火栓。查看市政供水、燃气老旧管网改造的相关资料。

【说明】

与设区市版一致。

(5) 消防站

【评价内容】 消防站的布局符合标准要求,在接到出动指令后规定时间内消防队到达辖区边缘;消防站建设规模符合标准要求;消防通信设施完好率≥95%;消防站及特勤站中的消防车、防护装备、抢险救援器材和灭火器材的配备达标率100%;社区“四有”(有消防工作站、消防宣传橱窗、公共消防器材点、志愿消防队伍)达标率100%。

【评价方法】 查阅政府、相关部门资料。实地查看不少于2个消防站或特勤消防站,随机抽查不少于2个社区消防情况,现场复核。

【说明】

与设区市版相比,评价方法改为“实地查看不少于2个消防站或特勤消防站”。

(6) 道路交通安全设施

【评价内容】 双向六车道及以上道路按规定设置分隔设施;市政桥梁、地下道路按规定设置限高、限重、限行等标识;中小学校、幼儿园周边不少于150米范围内交通安全设施齐全。

【评价方法】 查阅政府、相关部门、单位资料。随机抽查建成区内不少于2处双向六车道及以上道路、2处城市桥梁和地下道路、2所中小学校、幼儿园,现场复核设施设置情况。

【说明】

与设区市版相比,抽查数量不同。

(7) 防洪排涝安全设施

【评价内容】 开发区堤防、河道等防洪工程按规划标准建设;管网、泵站等设施按城市排水防涝规划要求建设;易淹易涝片区按整改方案和计划完成防涝改造。

【评价方法】 查看政府防洪规划、排水防涝规划和城市易淹易涝片区整改方案和计划。随机抽查建成区内不少于2处防洪工程和防涝改造,现场复核。

【说明】

与设区市版一致。

(8) 地下综合管廊

【评价内容】 开发区新建主干道必须同步建设地下综合管廊。地下综合管廊的管线入廊率达100%。

【评价方法】 查阅政府、相关部门、单位资料。

【说明】

与设区市版相比,评价内容增加了“开发区新建主干道必须同步建设地下综合管廊”,删去了“城市新区新建道路综合管廊建设率＞30%;城市道路综合管廊配建率＞2%”。

10.1.3 产业安全改造与升级

(9) 开发区产业规划和布局

【评价内容】 制定开发区产业规划,新建项目符合规划要求,优化各功能分区布局,严控高风险功能区规模。

【评价方法】 查阅政府、相关部门、单位资料。

【释义】

根据《关于印发江苏省安全生产专项整治三年行动工作方案的通知》中附件10《经济开发区安全生产专项整治三年行动实施方案》的要求,我省将组织编制《江苏省开发区总体发展规划》,优化国土空间规划,统筹开发区区域布局,明确开发区数量、规模、产业布局和发展方向。各经济开发区所在地人民政府要根据全省开发区总体发展规划,结合本地区经济基础、产业特点、资源和环境条件,组织编制本地区开发区总体发展规划,科学确定开发区空间布局、产业定位和建设运营模式。要在安全评估的基础上,优化开发区各功能区分区布局,严格控制高风险功能区规模。不符合安全生产条件、存在重大风险隐患、未纳入全省统一规划、不符合国土空间规划的园区要限期整改,未达到整改要求的要关闭退出。

合理布局经济开发区内企业。各经济开发区要综合考虑主导风向、地势高低落差、企业之间的相互影响，统筹企业类型、物资供应、公用设施保障、应急救援等因素，严格落实企业安全防护距离相关标准规范要求，合理布置企业分区，把企业与周边安全的相互影响降到最低。严格执行有关标准规范，禁止在危险化学品企业外部安全防护距离内布局劳动密集型企业、人员密集场所。对经济开发区内外部安全防护距离进行再确认，不符合要求的要制定整改方案，依法依规实施改造、搬迁、退出等措施。

(10) 开发区项目准入机制

【评价内容】 严格开发区项目安全条件审查，严禁承接其他地区关闭退出的落后产能，建立并完善开发区内企业退出机制，对不符合安全生产要求的企业，要及时淘汰退出开发区，新建危险化学品生产企业进园入区率100%。

【评价方法】 查阅政府、相关部门、企业资料，现场复核。

【释义】

根据《关于印发江苏省安全生产专项整治三年行动工作方案的通知》中附件10《经济开发区安全生产专项整治三年行动实施方案》的要求，经济开发区要按照全省开发区“一特三提升”的产业发展总体规划，制定完善产业发展规划，明确项目准入条件，建立经济开发区招商引资项目准入评估制度，评估结果作为项目投资签约、规划选址、财政支持、投资服务的决策依据；制定“禁限控”目录，对只引进生产设备及其工艺包，未配套引进与其相关的安全包与控制技术，拼凑式设置安全设施以及生产工艺安全防控系统的项目，要严格禁止落户经济开发区；禁止自动化程度低、工艺装备落后等本质安全水平低的项目进区。严格建设项目安全条件审查，严禁承接其他地区落后产能，严防高风险项目转移；建立完善经济开发区内企业退出机制，对不符合安全生产要求的企业，要及时淘汰退出经济开发区。

10.2　城市安全风险防控

10.2.1　城市工业企业

(11) 危险化学品企业运行安全风险

【评价内容】 危险化学品重大危险源的企业视频和安全监控系统安装率及危险化学品监测预警系统建设完成率 100%;涉及重点监管危险化工工艺和重大危险源的危险化学品生产装置和储存设施安全仪表系统装备率 100%;油气长输管道定检率、安全距离达标率、途经人员密集场所高后果区域安装监测监控率 100%;危化品安全风险分布档案建成率 100%,形成危化品安全风险“一张图一张表”;人口密集区危险化学品和化工企业生产、仓储场所安全搬迁工程完成率 100%;化工生产企业建成集重大危险源监控信息、可燃有毒气体检测报警信息、企业安全风险分区信息、生产人员在岗在位信息以及企业生产全流程管理信息等于一体的信息管理系统。

【评价方法】 查阅政府、相关部门资料。查看危化品安全风险分布档案。查看各级重大危险源监测预警系统。随机抽查不少于 5 家规模以上危化品企业。随机抽查不少于 5 处油气长输管道。

【说明】

评价内容与设区市版一致。

(12) 建设施工作业安全风险

【评价内容】 建设工程现场视频及大型起重机械安全监控系统安装率 100%;危大工程专项施工方案按规定审查并施工;建筑施工企业主要负责人、项目负责人、专职安全管理人员和特种作业人员持证上岗率达 100%;逐步推进所有在建施工项目安全生产标准化考评率全覆盖。

【评价方法】 查阅政府、相关部门资料。随机抽查不少于 5 处建设项目施工现场,查阅相关资料。

【说明】

与设区市版一致。

(13) 高风险功能区封闭化管理

【评价内容】 采取局部门禁系统、视频监控系统等手段,逐步推进园区内高风险功能区封闭化管理。

【评价方法】 查阅政府、相关部门和企业资料,并现场复核。

【自评梳理建议】

1. 封闭化管理方案;

2. 封闭化管理实施情况说明和现场照片。

【释义】

根据《全国安全生产专项整治三年行动计划》中附件10《工业园区等功能区安全专项整治三年行动实施方案》的要求,经济开发区应推进园区封闭化管理。按照“分类控制、分级管理、分步实施”的要求,结合园区产业结构、产业链特点、安全风险类型等实际情况,通过采取园区门禁系统、视频监控系统等手段,逐步推进园区封闭化管理,严格控制人员、车辆进出。对当前无法实施整体封闭化管理的园区,要创造条件优先对园区内高风险功能区实施封闭化管理。

附件10《工业园区等功能区安全专项整治三年行动实施方案》将化工园区、冶金有色等产业聚集区、仓储物流园区、港口码头等功能区划定为高风险功能区。此外,经济开发区通过开展整体性安全风险评估确认为高风险功能区的,也应执行封闭化管理相关要求。

(14) 高危行业企业安全风险防控体系

【评价内容】 高危行业企业建立风险预警控制机制;高危行业企业建立安全生产监控系统;工业企业较大以上安全风险管控清单报告率100%。

【评价方法】 查阅政府、相关部门和企业资料。随机抽查不少于5家高危行业企业,查阅相关资料并现场复核。

【说明】

与设区市版相比,抽查企业数量不同。

10.2.2　人员密集区域

(15) 人员密集场所安全风险

【评价内容】 人员密集场所按规定开展风险评估;人员密集场所设置视频监控系统;人员密集场所建立大客流监测预警和应急管控制度;人员密集场所特种设备注册登记和定检率 100%;人员密集场所既有建筑、安全出口、疏散通道等符合标准要求;人员密集场所火灾自动报警系统等消防设施符合标准要求。

【评价方法】 随机抽查不少于 10 处人员密集场所,查阅相关资料并现场复核。

【说明】

与设区市版一致。

(16) 大型群众性活动安全风险

【评价内容】 大型群众性活动按规定开展风险评估;建立大客流监测预警和应急管控措施。

【评价方法】 随机抽查不少于 5 个大型群众性活动相关资料。

【说明】

与设区市版一致。

(17) 高层建筑、“九小”场所、居住场所安全风险

【评价内容】 高层建筑按规定设置消防安全经理人、楼长、消防安全警示、标识公告牌;高层建筑特种设备注册登记和定检率 100%;消防安全重点单位“户籍化”工作验收达标率 100%;“九小”场所开展事故隐患排查并按计划完成整改;按规定配置消防设施;餐饮场所按规定安装可燃气体浓度报警装置;各类游乐场所和游乐设施开展事故隐患排查,按计划完成整改;开展群租房安全专项整治并基本建立长效机制,群租房发现登记率达 100%,租住人员信息登记率在 95%以上,重大安全隐患整改率达到 100%;全面清查“三合一”场所并开展综合整治工作。

【评价方法】 查看政府、相关部门资料。随机抽查高层建筑不少

于 5 栋、社区不少于 2 个、“九小”场所每类不少于 2 个、游乐场所不少于 2 处，查阅相关资料并现场复核。

【说明】

与设区市版一致。

10.2.3 公共设施

(18) 城市生命线安全风险

【评价内容】 供电、供水管网安装安全监测监控设备；重要燃气管网和场站监测监控设备安装率 100%；建立地下管线综合管理信息系统，并及时维护更新；开展地下管线、窨井盖隐患排查，按计划完成整改；老旧小区二次供水设施改造全部完成；建立电梯应急处置平台并有效运行；开展地下工程影响区域、老旧管网集中区域、地下人防工程影响区域主要道路塌陷隐患排查，按计划完成整改。

【评价方法】 查阅政府、相关部门、单位资料；查阅地下管线隐患排查资料。实地查看燃气监控预警平台、城市电梯应急处置平台；随机抽查不少于 2 处地下管线、窨井设施，查阅相关现场整治台账资料并现场复核。

【说明】

评价开发区地下管线综合管理信息系统和主要道路塌陷隐患排查时，可查阅上级设区市或所在县级城市信息系统和台账。评价开发区电梯应急处置平台时，可查阅设区市电梯应急处置平台。

(19) 交通安全风险

【评价内容】 制定公共交通应急预案，定期开展应急演练；建立公交驾驶员生理、心理健康监测机制，定期开展评估；新增公交车驾驶区域安装安全防护隔离设施；“两客一危”道路运输企业安全生产标准化二级达标率 100%；“两客一危”安装防碰撞、智能视频监控报警装置和卫星定位装置；按照规定对城市轨道交通工程可研、试运营前、验收阶段进行安全评价，进行运营前和日常运营期间安全评估、消防设施评估、车站紧急疏散能力评估；城市内河渡口渡船安全达标率 100%；

长江江苏段、沿海及内湖、内河沿岸建立危险货物码头安全风险监控体系;铁路平交道口按规定设置安全设施和进行管理;建立铁路沿线安全环境整治机制,定期组织开展铁路沿线外部环境问题整治专项行动;汽车客运站按规定设置安全设施和进行管理;对交通流量大、事故多发、违法频率较高等重要路段实施路网运行监测与交通执法监控系统,对事故多发、易发路段进行实时监控,开展“三超一疲”“百吨王”“大吨小标”等交通违法违规突出问题整治。

【评价方法】　查阅政府、相关部门、单位资料。实地查看城市公共交通风险监控平台;随机抽查公交车、长途客车、旅游客车、危险物品运输车各不少于 2 辆,查阅车辆相关资料;随机抽查轨道交通项目,查阅相关资料并现场复核;现场随机抽查渡口、铁路平交道口、汽车客运站,查阅相关资料并现场复核。

【说明】

与设区市版相比,评价内容删去了“按计划治理完成铁路外部环境安全管控通报问题”。评价方法对渡口、铁路平交道口、汽车客运站抽查数量未做要求。

(20) 桥梁隧道、老旧房屋建筑安全风险

【评价内容】　定期开展桥梁、隧道技术状况检测评估;桥梁、隧道安全设施隐患按计划完成整改;开展老旧房屋、户外广告牌、灯箱、店招标牌、玻璃幕墙、道口遮阳棚和楼房外墙附着物检查,隐患整改率 100%。

【评价方法】　查阅政府、相关部门、单位资料。随机抽查不少于 3 个桥梁、3 个隧道、3 处老旧房屋、2 个街道、2 个社区,查阅相关资料并现场复核。

【说明】

与设区市版相比,评价内容删去了“危险房屋”。

10.2.4　自然灾害

(21) 气象、洪涝灾害

【评价内容】　水文监测预警系统正常运行;气象灾害预警信息公

众覆盖率>90%;编制洪水风险图;开展城市洪水、内涝风险和隐患排查,按计划完成整改;易燃易爆场所安装雷电防护装置并定期检测。

【评价方法】 查阅政府、相关部门、单位资料。查阅城市洪水、内涝风险和隐患排查报告等相关资料。随机抽取不少于2个城市洪水、内涝风险点,查阅相关资料并现场复核。随机抽取不少于2个易燃易爆场所,查阅相关资料并现场复核。

【说明】

可查阅上一级相关部门编制的洪水风险图。

(22) 地震、地质灾害

【评价内容】 开展老旧房屋抗震风险排查、鉴定,制定加固计划并实施;按抗震设防要求设计和施工学校、医院等建设工程;编制年度地质灾害防治方案,并按照计划实施;在地质灾害隐患点设置警示标志。

【评价方法】 查阅政府、相关部门、单位资料。随机抽查不少于2所老旧房屋,查看其是否进行抗震风险排查、鉴定和加固。随机抽取不少于2所学校和2所医院,查看其是否按照抗震设防要求进行设计和施工。随机抽取不少于2个地质灾害隐患点进行实地调查。

【说明】

与设区市版相比,评价内容删去了"开展城市活动断层探测"和"采取自动监测技术",评价方法中老旧房屋抽查数量不同。

10.3 城市安全监督管理

10.3.1 安全责任体系

(23) 开发区各级党委和政府城市安全领导责任

【评价内容】 及时研究部署城市安全工作,将城市安全重大工作、重大问题提请党委(党工委)常委会研究;领导班子分工体现安全生产"一岗双责"。

【评价方法】 查看政府和相关部门资料。

【说明】

根据《地方党政领导干部安全生产责任制规定》《江苏省安全生产“党政同责、一岗双责”暂行规定》《关于推进安全生产领域改革发展的实施意见》和《省委办公厅、省政府办公厅印发〈关于进一步加强安全生产工作的意见〉的通知》等文件的要求,各级党委要在统揽本地区经济社会发展全局中同步推进安全生产工作,把安全生产工作列入党委常委会重要议事日程,研究部署本地区安全生产工作重大事项。省委常委会、省辖市委常委会每年不少于 1 次,县(市、区)常委会每年不少于 2 次,乡镇党委会每年不少于 4 次,专题研究安全生产工作。

(24) 开发区安全监管责任

【评价内容】 按照“三个必须”和“谁主管谁负责”原则,明确各有关部门安全生产职责并落实到部门工作职责规定中;加强安全生产监管执法力量建设,开发区及辖区内各功能区、乡镇、街道明确负责安全生产监督管理的机构和人员。

【评价方法】 查看政府和相关部门资料,随机抽查安全生产监督管理的机构和人员设置情况。

【释义】

根据《关于推进安全生产领域改革发展的实施意见》的相关要求,地方政府应统筹加强乡镇(街道)安全监管力量,推行派驻执法、委托执法、授权执法,提高监管执法效能。行政村(社区)配备安全生产检查员,结合我省“镇村治理一张网”的有关要求,协助做好监督检查和事故善后处理等工作。进一步完善各类功能区安全生产监管体制,各类工业园区、港区和风景区要明确安全生产监督管理机构、职责和人员。

《关于进一步加强我省乡镇(街道)安监机构建设的意见》明确乡镇(街道)安监机构设置,乡镇(街道)应设立安监办(安监站)。经济发达的乡镇(街道)或以工业经济为主的乡镇(街道),安监机构应当作为乡镇(街道)行政机构单独设置。其他乡镇(街道)可在相关机构增挂牌子或明确相关机构承担安监工作职责。乡镇(街道)要配足配强具有执法资格条件的专职安全监管执法人员,使之与安全生产工作需要相适应。要按照产业结构类型、高危行业和劳动密集型企业分布、企业总量、经济规模等因素,合理配备监管执法人员。经济发达的乡镇(街道)或以工业经济为主的乡镇(街道)应配备5名以上安监执法人员,其他乡镇(街道)应配备3名以上安监执法人员。乡镇(街道)要按照安全生产工作的需要,把政治素质过硬且具备较强业务素质、专业知识和良好职业道德的人员充实到安全生产监管队伍。严格人员选拔标准,优化安全生产监管队伍的知识结构。专职安全监管执法人员必须具有大专以上学历,新录用人员必须具备安全生产相关专业背景。严格安全监管执法人员持证上岗制度,安全监管人员须经监管执法资格培训考核合格后方可从事安全生产监管执法工作。实行安全监管人员定期培训制度,对在岗人员每3年轮训一次,提高基层安全监管人员的执法水平。

10.3.2 安全风险评估与管控

(25) 安全风险辨识评估

【评价内容】 开展开发区安全风险辨识与评估工作;编制开发区风险评估报告并及时更新;建立安全风险管理信息平台并绘制四色等级安全风险分布图;开发区功能区按规定开展安全风险评估[1]。

【评价方法】 查阅开发区安全风险评估和功能区评估资料,实地查看安全风险信息管理平台。

【释义】

1. 开发区功能区按规定开展安全风险评估

根据《关于印发江苏省安全生产专项整治三年行动工作方案的通知》附件10《经济开发区安全生产专项整治三年行动实施方案》的相关内容,经济开发区要树立整体安全风险意识,组织开展经济开发区整体性安全风险评估,确定安全容量,实施总量控制,提出消除、降低、控制安全风险的对策措施。每五年至少组织开展一次对经济开发区的整体性安全风险评估。针对风险较高的行业,要细化行业企业评估办法,对发现的问题,要督促企业及时整改,防止产生“多米诺”效应。开发区内的工业园区、国家 4A 级以上旅游景区和港区等功能区应进行安全风险评估。

(26) 安全风险管控

【评价内容】 建立重大风险联防联控机制,明确风险清单对应的风险管控责任部门;企业安全生产标准化达标。

【评价方法】 查看政府和相关部门资料。查看企业安全标准化达标情况材料。

【说明】

与设区市版一致。

10.3.3 安全监管执法

(27) 安全监管执法规范化、标准化、信息化

【评价内容】 负有安全监管职责的部门按规定配备安全监管人员和装备;信息化执法率>90%;执法检查处罚率>5%。

【评价方法】 查看政府和相关部门资料。随机抽查不少于 5 个负有安全监管职责部门安全生产监管信息系统和年度执法检查记录。

【说明】

与设区市版一致。

(28) 安全公众参与机制

【评价内容】 建立安全问题公众参与、快速应答、举报、处置、奖励机制,举报投诉办结率 100%。

【评价方法】 查看政府和相关部门资料。

【说明】

与设区市版相比,评价内容删去了“建立城市举报平台”。

(29) 典型事故教训吸取

【评价内容】 针对典型事故暴露的问题,按照有关要求开展隐患排查活动;事故调查报告向社会公开,落实整改防范措施。

【评价方法】 查看政府和相关部门资料。检查事故调查报告向社会公开和落实事故整改防范措施情况。

【说明】

与设区市版一致。

10.4 城市安全保障能力

10.4.1 安全科技创新应用

(30) 资金投入保障

【评价内容】 设立安全生产专项资金,并专款专用。

【评价方法】 查阅政府、相关部门资料。

【释义】

安全生产专项资金用于安全生产综合监管、宣传教育、应急管理、表彰奖励、公共安全隐患整改,以及购买专业技术服务等方面。

(31) 安全科技成果、技术和产品的推广使用

【评价内容】 在城市安全相关领域推进科技创新;推广一批具有基础性、紧迫性的先进安全技术和产品。

【评价方法】 查阅城市安全相关领域获得省部级科技创新成果奖励的资料,查阅政府推广相关资料。

【说明】

与设区市版一致。

(32) 淘汰落后生产工艺、技术和装备

【评价内容】 企业淘汰落后生产工艺、技术和装备。

【评价方法】 随机抽查 5 家企业并实地查看。

【说明】

与设区市版一致。

10.4.2　社会化服务体系

(33) 安全专业技术服务

【评价内容】　定期对技术服务机构进行专项检查,并对问题进行通报整改。

【评价方法】　查阅政府、相关部门资料。

【说明】

与设区市版相比,评价内容删去了“制定政府购买安全生产服务指导目录”。

(34) 安全领域失信惩戒

【评价内容】　落实安全生产、消防、住建、交通运输、特种设备等领域失信联合惩戒制度。

【评价方法】　查阅政府、相关部门资料。

【说明】

与设区市版相比,删去了“人民防空领域”和“建立城市安全领域失信联合惩戒对象管理台账”。

(35) 安全工作网格化

【评价内容】　安全工作网格化覆盖率 100%;网格员发现的事故隐患处理率 100%。

【评价方法】　查阅政府、相关部门资料。现场查阅不少于 5 个安全网格记录。

【说明】

与设区市版相比,评价内容改为“安全工作网格化”。

10.4.3　安全文化

(36) 安全文化创建活动

【评价内容】　汽车站、火车站、大型广场等公共场所开展安全公益宣传;开发区在网站、新媒体平台开展安全公益宣传;社区开展安全文化创建活动。

【评价方法】 现场查看安全文化创建情况。随机抽查汽车站、火车站、大型广场等不少于5处公共场所。查看广播电视及网站、新媒体平台开展安全公益宣传的节目清单。查看城市安全公众互动信息平台运行情况。随机抽查不少于5个社区安全文化创建资料。

【说明】

与设区市版相比,评价内容删去了“广播电视”,考评方法中抽查汽车站、火车站、大型广场的数量不一样,增加了“查看城市安全公众互动信息平台”,评价时公益宣传数量不一样(50条)。

(37) 安全文化教育体验场所

【评价内容】 有安全文化教育体验场馆、基地、企业等场所。

【评价方法】 查看安全文化教育体验场所情况。

【说明】

设区市和县级城市安全文化教育体验基地或场馆应结合城市安全风险的特点,有针对性地设计体验项目。基地或场馆至少应该包含地震、消防、交通、居家安全等安全教育内容。评价开发区安全文化教育体验场所的要求有所降低。

(38) 安全知识宣传教育

【评价内容】 推进安全生产和防灾减灾宣传教育“进企业、进机关、进学校、进社区、进家庭、进公共场所”;中小学安全教育覆盖率100%,开展应急避险、人员疏散掩蔽演练活动。

【评价方法】 查阅政府、企业、单位“六进”工作资料。随机抽查不少于2所中小学安全课程开设情况,查阅学校应急避险、人员疏散掩蔽演练方案和记录。

【说明】

与设区市版相比,评价内容保留了“安全生产和防灾减灾”的“六进”要求。

(39) 市民安全意识和满意度

【评价内容】 市民具有较高的安全获得感、满意度,安全知识知晓率高,安全意识强。

【评价方法】 问卷调查。

【说明】

与设区市版一致。

10.5　城市安全应急救援

10.5.1　应急救援体系

(40) 应急信息化及智慧园区建设

【评价内容】 提升开发区应急管理信息化建设水平,实现对开发区内企业、重点场所、重大危险源、基础设施安全风险监控预警,将应急管理信息化纳入智慧园区建设。

【评价方法】 查阅政府、相关部门建设、验收和管理文件。现场检查应用平台运行情况。

【自评梳理建议】

1. 应急管理信息化建设方案及竣工验收材料;
2. 智慧园区建设方案。

【释义】

根据《江苏省智慧园区认定和管理暂行规定》第六条的要求,省级智慧园区应具备的标准和条件:(一)开发区高度重视智慧园区创建工作,对实施智慧园区战略有迫切需求,设立专门的智慧园区创建工作机构,配备专职工作人员,建立了较完备的智慧园区实施方案、管理制度;(二)开发区出台智慧园区实施战略或实施意见,将其纳入开发区整体发展战略和开发区管理工作,建立健全的智慧园区规划、建设体系,具有较高的智慧园区建设能力,配套政策措施完善;(三)开发区对创建智慧园区相关经费投入增长幅度较大,智慧园区主要指标有较大幅度增长,其增长率高于同类园区的平均增长率;(四)开发区的智慧产业服务体系基本完善,建立了智慧产业公共服务平台,具有一定的智慧产业服务能力;(五)开发区有一定的智慧型产业基础,智慧园区建设工作能够在全省发挥引领示范作用，在全省具有先进性。

根据《关于印发江苏省安全生产专项整治三年行动工作方案的通知》附件10《经济开发区安全生产专项整治三年行动实施方案》的相关内容，经济开发区要结合产业特点，以对开发区安全做出准确、高效的智能响应为目标，采用"互联网＋产业"模式，综合利用电子标签、大数据、人工智能等技术，建立集约化、可视化安全监管信息共享平台，定期进行安全风险分析，实现对经济开发区内企业重点场所、重大危险源、基础设施安全风险监控预警。加快智慧园区建设，把安全生产监管信息平台纳入智慧园区建设的重要内容，进一步提升开发区基础设施智能化、规划管理信息化、公共服务便捷化、社会治理精细化水平。

(41) 应急信息报告制度和多部门协同响应

【评价内容】 建立应急信息报告制度，在规定时限报送事故信息；建立统一指挥和多部门协同响应处置机制。

【评价方法】 查阅政府、相关部门文件。

【说明】

与设区市版一致。

(42) 应急预案体系

【评价内容】 制定完善应急救援预案；实现各级政府预案、部门预案、企业预案的有效衔接；定期开展应急演练并持续改进；开展开发区应急准备能力评估。

【评价方法】 查阅政府预案，以及相关部门、街镇预案清单。随机抽查政府、部门、街镇、企业预案。

【说明】

除沿用设区市版前述释义外，附件10《经济开发区安全生产专项整治三年行动实施方案》要求经济开发区要全面掌握区内企业相关应急信息，制定总体应急预案及专项预案，定期检查检验应急准备工作开展情况，督促企业修订完善应急救援预案并加强演练。

(43) 应急物资储备调用

【评价内容】 编制应急物资储备规划和需求计划；建立应急物资

储备信息管理系统;应急储备物资齐全;建立应急物资装备调拨协调机制。

【评价方法】 查阅政府文件、管理系统建设资料、应急物资装备调拨管理文件等资料。

【说明】

与设区市版一致。

(44) 应急避难场所

【评价内容】 制作辖区应急避难场所分布图(表),向社会公开;应急避难场所设置显著标志,基本设施齐全;人均避难场所面积大于 1.5 平方米;新竣工人防工程标识覆盖率 100%。

【评价方法】 查阅政府文件、应急避难场所分布图(表)、相关台账;随机现场抽查不少于 5 个应急避难场所和人防工程。

【说明】

与设区市版一致。

10.5.2　应急救援队伍

(45) 消防救援队伍

【评价内容】 出台或执行当地消防救援队伍社会保障机制意见,综合性消防救援队伍的执勤人数符合标准要求。

【评价方法】 查阅政府、相关部门文件,现场核查。

【说明】

与设区市版相比,评价内容删去了“按规划建设支队战勤保障大队”。消防救援队伍社会保障机制可执行上级设区市或县级城市的机制。

(46) 专业化应急救援队伍

【评价内容】 编制专业应急救援队伍建设规划;按规定建成重点领域专业应急救援队伍;组织专业应急救援队伍开展培训和联合演练。

【评价方法】 查阅政府、相关部门文件,现场核查。

【说明】

专业应急救援队伍建设规划可查阅上级设区市的相关规划。

(47) 企业应急救援

【评价内容】 制定支持引导社会力量参与应急工作的相关规定;明确社会力量参与救援工作的重点范围和主要任务。

【评价方法】 查阅政府、相关部门文件。

【说明】

与设区市版相比,评价内容删去了“将社会力量参与救援纳入政府购买服务范围”。

(48) 社会救援力量

【评价内容】 危险物品生产、经营、储存、运输单位,矿山、金属冶炼、城市轨道交通运营、建筑施工单位,以及旅游景区等人员密集场所经营单位,依法建立应急救援队伍;小型微型企业指定兼职应急救援人员,或与邻近的应急救援队伍签订应急救援协议;符合条件的高危企业依法建立专职消防队、配备应急救援装备。

【评价方法】 查阅政府、相关部门文件。抽取不少于 5 家危险物品的生产、经营等单位。抽查不少于 5 家符合条件的高危企业。

【说明】

与设区市版一致。

10.6 城市安全状况

(49) 亿元国内生产总值生产安全事故死亡人数;道路交通事故死亡人数;火灾十万人口死亡率

【评价内容】 近三年内,亿元国内生产总值生产安全事故死亡人数前三年平均值逐年下降;近三年内,道路交通事故死亡人数前三年平均值逐年下降;近三年内,火灾十万人口死亡率前三年平均值逐年下降。

【评价方法】 查阅政府、相关部门资料。

【说明】

与设区市版相比,评价内容删去了“近三年内,每百万人口因灾死亡率前三年平均值逐年下降”,交通事故评价内容删去了“万车”。

附件一

关于推进城市安全发展的意见

随着我国城市化进程明显加快，城市人口、功能和规模不断扩大，发展方式、产业结构和区域布局发生了深刻变化，新材料、新能源、新工艺广泛应用，新产业、新业态、新领域大量涌现，城市运行系统日益复杂，安全风险不断增大。一些城市安全基础薄弱，安全管理水平与现代化城市发展要求不适应、不协调的问题比较突出。近年来，一些城市甚至大型城市相继发生重特大生产安全事故，给人民群众生命财产安全造成重大损失，暴露出城市安全管理存在不少漏洞和短板。为强化城市运行安全保障，有效防范事故发生，现就推进城市安全发展提出如下意见。

一、总体要求

（一）指导思想。全面贯彻党的十九大精神，以习近平新时代中国特色社会主义思想为指导，紧紧围绕统筹推进“五位一体”总体布局和协调推进“四个全面”战略布局，牢固树立安全发展理念，弘扬生命至上、安全第一的思想，强化安全红线意识，推进安全生产领域改革发展，切实把安全发展作为城市现代文明的重要标志，落实完善城市运行管理及相关方面的安全生产责任制，健全公共安全体系，打造共建共治共享的城市安全社会治理格局，促进建立以安全生产为基础的综合性、全方位、系统化的城市安全发展体系，全面提高城市安全保障水平，有效防范和坚决遏制重特大安全事故发生，为人民群众营造安居乐业、幸福安康的生产生活环境。

（二）基本原则

——坚持生命至上、安全第一。牢固树立以人民为中心的发展思想，始终坚守发展决不能以牺牲安全为代价这条不可逾越的红线，严格落实地方各级党委和政府的领导责任、部门监管责任、企业主体责任，加强社会监督，强化城市安全生产防范措施落实，为人民群众提供更有保障、更可持续的安全感。

——坚持立足长效、依法治理。加强安全生产、职业健康法律法规和标准体系建设，增强安全生产法治意识，健全安全监管机制，规范执法行为，严格执法措施，全面提升城市安全生产法治化水平，加快建立城市安全治理长效机制。

——坚持系统建设、过程管控。健全公共安全体系，加强城市规划、设计、建设、运行等各个环节的安全管理，充分运用科技和信息化手段，加快推进安全风险管控、隐患排查治理体系和机制建设，强化系统性安全防范制度措施落实，严密防范各类事故发生。

——坚持统筹推动、综合施策。充分调动社会各方面的积极性，优化配置城市管理资源，加强安全生产综合治理，切实将城市安全发展建立在人民群众安全意识不断增强、从业人员安全技能素质显著提高、生产经营单位和区域安全保障水平持续改进的基础上，有效解决影响城市安全的突出矛盾和问题。

（三）总体目标。到 2020 年，城市安全发展取得明显进展，建成一批与全面建成小康社会目标相适应的安全发展示范城市；在深入推进示范创建的基础上，到 2035 年，城市安全发展体系更加完善，安全文明程度显著提升，建成与基本实现社会主义现代化相适应的安全发展城市。持续推进形成系统性、现代化的城市安全保障体系，加快建成以中心城区为基础，带动周边、辐射县乡、惠及民生的安全发展型城市，为把我国建成富强民主文明和谐美丽的社会主义现代化强国提供坚实稳固的安全保障。

二、加强城市安全源头治理

（四）科学制定规划。坚持安全发展理念，严密细致制定城市经济社会发展总体规划及城市规划、城市综合防灾减灾规划等专项规划，居民生活区、商业区、经济技术开发区、工业园区、港区以及其他功能区的空间布局要以安全为前提。加强建设项目实施前的评估论证工作，将安全生产的基本要求和保障措施落实到城市发展的各个领域、各个环节。

（五）完善安全法规和标准。加强体现安全生产区域特点的地方性法规建设，形成完善的城市安全法治体系。完善城市高层建筑、大型综合体、综合交通枢纽、隧道桥梁、管线管廊、道路交通、轨道交通、燃气工程、排水防涝、垃圾填埋场、渣土受纳场、电力设施及电梯、大型游乐设施等的技术标准，提高安全和应急设施的标准要求，增强抵御事故风险、保障安全运行的能力。

（六）加强基础设施安全管理。城市基础设施建设要坚持把安全放在第一位，严格把关。有序推进城市地下管网依据规划采取综合管廊模式进行建设。加强城市交通、供水、排水防涝、供热、供气和污水、污泥、垃圾处理等基础设施建设、运营过程中的安全监督管理，严格落实安全防范措施。强化与市政设施配套的安全设施建设，及时进行更换和升级改造。加强消防站点、水源等消防安全设施建设和维护，因地制宜规划建设特勤消防站、普通消防站、小型和微型消防站，缩短灭火救援响应时间。加快推进城区铁路平交道口立交化改造，加快消除人员密集区域铁路平交道口。加强城市交通基础设施建设，优化城市路网和交通组织，科学规范设置道路交通安全设施，完善行人过街安全设施。加强城市棚户区、城中村和危房改造过程中的安全监督管理，严格治理城市建成区违法建设。

（七）加快重点产业安全改造升级。完善高危行业企业退城入园、搬迁改造和退出转产扶持奖励政策。制定中心城区安全生产禁止和限制类产业目录，推动城市产业结构调整，治理整顿安全生产条件落后的生产经营单位，经整改仍不具备安全生产条件的，要依法实施关闭。加强矿产资源型城市塌（沉）陷区治理。加快推进城镇人口密集区不符合安全和卫生防护距离要求的危险化学品生产、储存企业就地改造达标、搬迁进入规范化工园区或依法关闭退出。引导企业集聚发展安全产业，改造提升传统行业工艺技术和安全装备水平。结合企业管理创新，大力推进企业安全生产标准化建设，不断提升安全生产管理水平。

三、健全城市安全防控机制

（八）强化安全风险管控。对城市安全风险进行全面辨识评估，建立城市安全风险信息管理平台，绘制“红、橙、黄、蓝”四色等级安全风险空间分布图。编制城市安全风险白皮书，及时更新发布。研究制定重大安全风险“一票否决”的具体情形和管理办法。明确风险管控的责任部门和单位，完善重大安全风险联防联控机制。对重点人员密集场所、安全风险较高的大型群众性活动开展安全风险评估，建立大客流监测预警和应急管控处置机制。

（九）深化隐患排查治理。制定城市安全隐患排查治理规范，健全隐患排查治理体系。进一步完善城市重大危险源辨识、申报、登记、监管制度，建立动态管理数据库，加快提升在线安全监控能力。强化对各类生产经营单位和场所落实隐患排查治理制度情况的监督检查，严格实施重大事故隐患挂牌督办。督促企业建立隐患自查自改评价制度，定期分析、评估隐患治理效果，不断完善隐患治理工作机制。加强施工前作业风险评估，强化检维修作业、临时用电作业、盲板抽堵作业、高空作业、吊装作业、断路作业、动土作业、立体交叉作业、有限空间作业、焊接与热切割作业以及塔吊、脚手架在使用和拆装过程中的安全管理，严禁违章违规行为，防范事故发生。加强广告牌、灯箱和楼房外墙附着物管理，严防倒塌和坠落事故。加强老旧城区火灾隐患排查，督促整改私拉乱接、超负荷用电、线路短路、线路老化和影响消防车通行的障碍物等问题。加强城市隧道、桥梁、易积水路段等道路交通安全隐患点段排查治理，保障道路安全通行条件。加强安全社区建设。推行高层建筑消防安全经理人或楼长制度，建立自我管理机制。

明确电梯使用单位安全责任，督促使用、维保单位加强检测维护，保障电梯安全运行。加强对油、气、煤等易燃易爆场所雷电灾害隐患排查。加强地震风险普查及防控，强化城市活动断层探测。

（十）提升应急管理和救援能力。坚持快速、科学、有效救援，健全城市安全生产应急救援管理体系，加快推进建立城市应急救援信息共享机制，健全多部门协同预警发布和响应处置机制，提升防灾减灾救灾能力，提高城市生产安全事故处置水平。完善事故应急救援预案，实现政府预案与部门预案、企业预案、社区预案有效衔接，定期开展应急演练。加强各类专业化应急救援基地和队伍建设，重点加强危险化学品相对集中区域的应急救援能力建设，鼓励和支持有条件的社会救援力量参与应急救援。建立完善日常应急救援技术服务制度，不具备单独建立专业应急救援队伍的中小型企业要与相邻有关专业救援队伍签订救援服务协议，或者联合建立专业应急救援队伍。完善应急救援联动机制，强化应急状态下交通管制、警戒、疏散等防范措施。健全应急物资储备调用机制。开发适用高层建筑等条件下的应急救援装备设施，加强安全使用培训。强化有限空间作业和现场应急处置技能。根据城市人口分布和规模，充分利用公园、广场、校园等宽阔地带，建立完善应急避难场所。

四、提升城市安全监管效能

（十一）落实安全生产责任。完善党政同责、一岗双责、齐抓共管、失职追责的安全生产责任体系。全面落实城市各级党委和政府对本地区安全生产工作的领导责任、党政主要负责人第一责任人的责任，及时研究推进城市安全发展重点工作。按照管行业必须管安全、管业务必须管安全、管生产经营必须管安全和谁主管谁负责的原则，落实各相关部门安全生产和职业健康工作职责，做到责任落实无空档、监督管理无盲区。严格落实各类生产经营单位安全生产与职业健康主体责任，加强全员全过程全方位安全管理。

（十二）完善安全监管体制。加强负有安全生产监督管理职责部门之间的工作衔接，推动安全生产领域内综合执法，提高城市安全监管执法实效。合理调整执法队伍种类和结构，加强安全生产基层执法力量。科学划分经济技术开发区、工业园区、港区、风景名胜区等各类功能区的类型和规模，明确健全相应的安全生产监督管理机构。完善民航、铁路、电力等监管体制，界定行业监管和属地监管职责。理顺城市无人机、新型燃料、餐饮场所、未纳入施工许可管理的建筑施工等行业领域安全监管职责，落实安全监督检查责任。推进实施联合执法，解决影响人民群众生产生活安全的“城市病”。完善放管服工作机制，提高安全监管实效。

（十三）增强监管执法能力。加强安全生产监管执法机构规范化、标准化、信息化建设，充分运用移动执法终端、电子案卷等手段提高执法效能，改善现场执法、调查取证、应急处置等监管执法装备，实施执法全过程记录。实行派驻执法、跨区域执法或委托执法等方式，加强街道（乡镇）和各类功能区安全生产执法工作。加强安全监管执法教育培训，强化法治思维和法治手段，通过组织开展公开裁定、现场模拟执法、编制运用行政处罚和行政强制指导性案例等方式，提高安全监管执法人员业务素质能力。建立完善安全生产行政执法和刑事司法衔接制度。定期开展执法效果评估，强化执法措施落实。

（十四）严格规范监管执法。完善执法人员岗位责任制和考核机制，严格执法程序，加强现场精准执法，对违法行为及时做出处罚决定。依法明确停产停业、停止施工、停止使用相关设施或设备，停止供电、停止供应民用爆炸物品，查封、扣押、取缔和上限处罚等执法决定的适用情形、时限要求、执行责任，对推诿或消极执行、拒绝执行停止供电、停止供应民用爆炸物品的有关职能部门和单位，下达执法决定的部门可将有关情况提交行业主管部门或监察机关做出处理。严格执法信息公开制度，加强执法监督和巡查考核，对负有安全生产监督管理职责的部门未依法采取相应执法措施或降低执法标准的责任人实施问责。严肃事故调查处理，依法依规追究责任单位和责任人的责任。

五、强化城市安全保障能力

(十五)健全社会化服务体系。制定完善政府购买安全生产服务指导目录,强化城市安全专业技术服务力量。大力实施安全生产责任保险,突出事故预防功能。加快推进安全信用体系建设,强化失信惩戒和守信激励,明确和落实对有关单位及人员的惩戒和激励措施。将生产经营过程中极易导致生产安全事故的违法行为纳入安全生产领域严重失信联合惩戒“黑名单”管理。完善城市社区安全网格化工作体系,强化末梢管理。

(十六)强化安全科技创新和应用。加大城市安全运行设施资金投入,积极推广先进生产工艺和安全技术,提高安全自动监测和防控能力。加强城市安全监管信息化建设,建立完善安全生产监管与市场监管、应急保障、环境保护、治安防控、消防安全、道路交通、信用管理等部门公共数据资源开放共享机制,加快实现城市安全管理的系统化、智能化。深入推进城市生命线工程建设,积极研发和推广应用先进的风险防控、灾害防治、预测预警、监测监控、个体防护、应急处置、工程抗震等安全技术和产品。建立城市安全智库、知识库、案例库,健全辅助决策机制。升级城市放射性废物库安全保卫设施。

(十七)提升市民安全素质和技能。建立完善安全生产和职业健康相关法律法规、标准的查询、解读、公众互动交流信息平台。坚持谁执法谁普法的原则,加大普法力度,切实提升人民群众的安全法治意识。推进安全生产和职业健康宣传教育进企业、进机关、进学校、进社区、进农村、进家庭、进公共场所,推广普及安全常识和职业病危害防治知识,增强社会公众对应急预案的认知、协同能力及自救互救技能。积极开展安全文化创建活动,鼓励创作和传播安全生产主题公益广告、影视剧、微视频等作品。鼓励建设具有城市特色的安全文化教育体验基地、场馆,积极推进把安全文化元素融入公园、街道、社区,营造关爱生命、关注安全的浓厚社会氛围。

六、加强统筹推动

(十八)强化组织领导。城市安全发展工作由国务院安全生产委员会统一组织，国务院安全生产委员会办公室负责实施，中央和国家机关有关部门在职责范围内负责具体工作。各省（自治区、直辖市）党委和政府要切实加强领导，完善保障措施，扎实推进本地区城市安全发展工作，不断提高城市安全发展水平。

（十九）强化协同联动。把城市安全发展纳入安全生产工作巡查和考核的重要内容，充分发挥有关部门和单位的职能作用，加强规律性研究，形成工作合力。鼓励引导社会化服务机构、公益组织和志愿者参与推进城市安全发展，完善信息公开、举报奖励等制度，维护人民群众对城市安全发展的知情权、参与权、监督权。

（二十）强化示范引领。国务院安全生产委员会负责制定安全发展示范城市评价与管理办法，国务院安全生产委员会办公室负责制定评价细则，组织第三方评价，并组织各有关部门开展复核、公示，拟定命名或撤销命名“国家安全发展示范城市”名单，报国务院安全生产委员会审议通过后，以国务院安全生产委员会名义授牌或摘牌。各省（自治区、直辖市）党委和政府负责本地区安全发展示范城市建设工作。

附件二

关于推进城市安全发展的实施意见

关于推进城市安全发展的实施意见为深入贯彻落实中共中央办公厅、国务院办公厅印发的《关于推进城市安全发展的意见》精神，强化城市运行安全保障，有效防范事故发生，扎实推进全省城市安全发展，现结合我省实际，提出如下实施意见。

一、总体要求

（一）指导思想。以习近平新时代中国特色社会主义思想和党的十九大精神为指导，深入学习贯彻习近平总书记对江苏工作的重要指示精神，牢固树立安全发展理念，弘扬生命至上、安全第一的思想，强化安全红线意识，切实把安全发展作为城市现代文明的重要标志，坚持系统化思维，落实城市安全发展责任，加强城市安全运行保障，打造共建共治共享的城市安全社会治理格局，建立以安全生产为基础的综合性、全方位、系统化的城市安全发展体系，全面提高城市安全保障水平，有效防范和坚决遏制重特大安全事故发生，为高质量发展、建设“强富美高”新江苏营造良好的城市安全环境。

（二）基本原则

——坚持生命至上、安全第一。牢固树立以人民为中心的发展思想，始终坚守发展决不能以牺牲安全为代价这条不可逾越的红线，严格落实地方各级党委和政府领导责任、部门监管责任、企业主体责任，加强社会监督，强化城市安全防范措施落实，为人民群众提供更有保障、更可持续的安全感。

——坚持立足长效、依法治理。加强城市安全发展地方性法规和标准体系建设，建立健全城市安全监管体系，完善城市安全治理长效机制。规范执法行为，严格执法措施，全面提升城市安全法治化水平。

——坚持系统建设、过程管控。健全公共安全体系，加强城市规划、设计、建设、运行等各个环节的安全管理，充分运用科技和信息化手段，加快推进安全风险分级管控和隐患排查治理双重预防机制建设，强化系统性安全防范制度措施落实，严密防范各类事故发生。

——坚持统筹推动、综合施策。充分调动社会各方面的积极性，优化配置城市管理资源，加强安全生产综合治理，切实将城市安全发展建立在人民群众安全意识不断增强、从业人员安全技能素质显著提高、生产经营单位和区域安全保障水平持续改进的基础上，有效解决影响城市安全的突出矛盾和问题。

——坚持因地制宜、全面推进。结合我省各城市人口规模、发展方式、产业结构和区域布局等特点，系统评估城市安全风险，落实安全发展措施，全面提升城市安全保障水平。

（三）总体目标。 到2020年，全省城市安全发展取得明显进展，创建一批与高水平全面建成小康社会目标相适应的安全发展示范城市；在深入推进示范创建的基础上，到2035年，全省城市安全发展体系更加完善，安全文明程度显著提升，建成与基本实现社会主义现代化相适应的安全发展城市。持续推进形成系统性、现代化的城市安全保障体系，加快建成以中心城区为核心，带动周边、辐射县乡、惠及民生的安全发展型城市，为把我省建成具有较强国际竞争力的城市集群区、城乡发展一体化的示范区、率先基本实现现代化的先行区，提供坚实稳固的安全保障。

二、加强城市安全源头治理

（四）强化规划引领。 坚持安全发展理念，将安全发展要求纳入城市经济社会发展总体规划及城市规划、城市综合防灾减灾规划等专项规划，居民生活区、商业区、工业区、港区以及其他功能区的空间布局要以安全为前提。加强建设项目实施前的评估论证工作，严格安全准入，将安全生产的基本要求和保障措施落实到城市发展的各个领域、各个环节。

（五）健全安全法规和标准体系。加强相关地方性法规建设，形成完善、具有地方特色的城市安全法规体系。强化技术标准对城市运行安全的规范和引领作用，针对道路危险货物运输行业安全监督、大型客货车驾驶人职业教育机构资格、内河散装危化品运输船舶安全与污染防范、内河旅游船艇运营、工程建设安全、出租房屋消防安全、既有房屋安全管理和低空民用无人机管控等，加快相关标准制定修订。对城市高层建筑、大型综合体、综合交通枢纽、隧道桥梁、管线管廊、道路交通、铁路交通、轨道交通、燃气工程、排水防涝、垃圾填埋场、渣土受纳场、加油（气）站、电力设施、电动自行车停放充电场所以及电梯、大型游乐设施等，完善并严格执行技术标准，提高安全和应急设施要求，增强抵御事故风险、保障安全运行的能力。

（六）加强基础设施安全保障。因地制宜推进城市地下管网依据规划采取综合管廊模式进行建设。对城市交通、通信、供水、排水防涝、供热、供气、供电和污水、污泥、垃圾处理等基础设施的建设运营，加强全过程安全监管，严格落实安全防范措施。强化与市政设施配套的安全设施建设，及时进行更换和升级改造。将消防站点、消防水源、消防车通道等公共消防设施建设纳入城乡基础设施建设计划，同步组织实施，落实公共消防设施建设管理和维护使用责任机制，依据规划建设特勤消防站、普通消防站、小型和微型消防站，缩短灭火救援响应时间。加强城市交通基础设施建设，优化城市路网和交通组织，规范道路交通安全设施设置，完善行人过街安全设施，提高道路安全保障条件。加快推进城区铁路平交道口立交化改造，加快消除人员密集区域铁路平交道口，加强城区铁路沿线视频监控设施建设，实现视频监控全覆盖。完善学校安全风险防控体系，加强校园及周边安全防护设施、安全警示标识和交通设施建设。加强旅游场所服务和设施设备的安全管理。

（七）加快重点产业本质安全水平提升。制定中心城区安全生产禁止和限制类产业目录，推动城市产业结构调整，治理整顿安全生产条件落后的生产经营单位，经整改仍不具备安全生产条件的，依法实施关闭。加快推进化工、钢铁、煤电等重点行业转型升级，合理优化空间布局，提高产业聚集度。加快推进城镇人口密集区不符合安全和卫生防护距离要求的危险化学品生产、储存企业就地改造达标、搬迁进入规范化工园区或依法关闭退出。加强非煤矿山尾矿库、采空区和塌（沉）陷区治理。完善高危行业企业退城入园、搬迁改造和退出转产扶持奖励政策。严格重点行业准入管理，改造提升传统行业工艺技术和安全装备水平。加快推进"机械化换人、自动化减人"，支持重大安全生产技术改造。大力加强企业安全生产标准化建设，不断提升安全生产管理水平。

三、健全城市安全防控机制

（八）加强城市安全风险管控。对城市安全风险进行全面辨识评估，建立涵盖相关行业领域和重点场所的城市安全风险信息管理平台，绘制"红、橙、黄、蓝"四色等级安全风险空间分布图，实施城市安全风险动态监测预警和分级分类监管。编制城市安全风险白皮书，及时更新发布。研究制定重大安全风险"一票否决"的具体情形和管理办法。明确风险管控的责任部门和单位，完善重大安全风险联防联控机制。对地铁、车站、候机楼、渡口（码头）渡船、地下空间、旅游景区、商场超市、大型城市综合体等重点人员密集场所和安全风险较高的大型群众性活动开展安全风险评估，建立大客流监测预警和应急管控处置机制。强化极端气象灾害风险评估和预警，加强地震风险普查及防控，强化城市活动断层探测，积极防范自然因素引发城市安全事故。

（九）深化安全隐患排查治理。制定城市安全隐患排查治理规范，健全隐患排查治理体系。进一步完善城市重大危险源辨识、申报、登记、监管制度，构建重大危险源信息管理体系，建立动态管理数据库，加快提升在线安全监控能力。强化对各类生产经营单位和场所落实隐患排查治理制度情况的监督检查，严格实施重大事故隐患挂牌督办。督促企业建立隐患自查自改评价制度，定期分析、评估隐患治理效果，不断完善隐患治理工作机制。加强施工前作业风险评估，强化动火作业、有限空间作业、检维修作业、临时用电作业、盲板抽堵作业、高空作业、吊装作业、断路作业、动土作业、立体交叉作业以及塔吊、脚手架在使用和拆装过程中的安全管理，严禁违章违规行为，防范事故发生。严格执行房屋安全鉴定标准，加强既有房屋安全隐患排查整治，加大危房整治力度。加大城市棚户区、城中村、既有房屋装饰装修和危房改造过程中的安全监管，严格治理建筑擅自拆改和城市建成区违法建设。加强老旧建筑、户外广告、店招标牌、幕墙、道口遮阳棚和楼房外墙附着物管理，严防倒塌和坠落事故。推行高层建筑消防安全经理人或楼长制度，建立自我管理机制。加强老旧城区火灾隐患排查，督促整改私拉乱接、超负荷用电、线路短路、线路老化和影响应急通道畅通的障碍物等问题。全面整治城市住宅小区、公寓楼等公共居住区域日租房现象，从严打击以日租房之名开办“黑旅馆”等突出问题。加强电动车道路交通安全管理，开展城市隧道、桥梁、易积水路段和高铁沿线外部环境等交通安全隐患点段排查整治，保障交通安全通行条件。加强长输油气管道、城镇燃气、景区索道、渡口渡船、游船、大型游乐设施等设施设备安全隐患及景区自然灾害隐患的排查治理。明确电梯使用单位安全责任，督促使用、维保单位加强检修维护，保障电梯安全运行。加强对油、气、煤等易燃易爆场所雷电灾害隐患排查治理。加强对输水、用水线路的冰冻灾害隐患排查治理。

（十）建设科学高效应急管理体系。建立健全责任明确、反应迅速、科学处置、运转高效、覆盖全省的应急救援体系。健全省、市、县三级应急救援管理工作机制，建设联动互通的城市应急管理信息平台、应急广播平台和应急救援技术支撑平台，推动城市应急数据整合，增强实时预测预警和防灾减灾救灾能力，提高城市生产安全事故处置水平。完善事故应急预案，实现政府预案与部门预案、企业预案、社区预案有效衔接，定期开展应急演练。加强各类专业化应急救援基地和队伍建设，重点加强国家级、省级危险化学品、矿山、内河内湖、长江和海上等应急救援队伍建设，鼓励和支持有条件的社会救援力量参与应急救援。建立完善日常应急救援技术服务制度，不具备单独建立专业应急救援队伍的中小型企业要与相邻有关专业救援队伍签订救援服务协议，或者联合建立专业应急救援队伍。完善应急救援联动机制，强化应急状态下交通管制、警戒、疏散等防范措施。加强应急救援物资储备点的建设，健全应急物资储备调用机制。开发适用高层建筑等条件下的应急救援装备设施，加强安全使用培训。根据城市人口分布和规模，充分利用公园、广场、校园等宽阔地带，建立完善应急避难场所，并将应急避难场所日常管理和运行纳入公共服务体系。

四、提升城市安全监管效能

（十一）健全落实城市安全发展责任。坚持党政同责、一岗双责、齐抓共管、失职追责。各级党委和政府主要负责人是城市安全发展工作的第一责任人，对本区域城市安全发展工作负全面领导责任，及时研究推进城市安全发展重点工作。党政班子其他成员是分管领域城市安全发展的直接责任人，对分管领域内城市安全发展负直接领导责任。按照“管行业必须管安全、管业务必须管安全、管生产经营必须管安全”和“谁主管谁负责”的原则，明确和落实各相关部门城市安全监管职责。严格落实各类生产经营单位安全生产与职业健康主体责任，加强全员全过程全方位安全管理。

（十二）完善安全监管体制。在现有安全监管体制基础上，发挥各级安全生产委员会、安全生产专业委员会作用，加强负有安全生产监督管理职能部门之间的工作衔接，健全完善城市安全监管体制。明确开发区、港区、风景名胜区等各类功能区安全监督管理机构、职责和人员。完善民航、铁路、电力、公路、水路等监管体制，明确并落实行业监管和属地监管职责。理顺城市无人机、新型燃料、餐饮场所、未纳入施工许可管理的建筑施工、寄递物流等行业领域安全监管职责，落实安全监督检查责任。建立健全多部门联合监管机制和联合惩戒机制，适时组织开展联合约谈、联合检查、联合执法等行动，解决影响人民群众生产生活的城市安全问题。

（十三）**提升监管执法能力**。推动安全生产领域内综合执法，加强安全生产监管执法机构规范化、标准化、信息化建设，充分运用移动执法终端、电子案卷等手段，改善现场执法、调查取证、应急处置等监管执法条件，实施执法全过程记录。加强基层执法力量，合理调整执法队伍种类和结构，提高专业监管人员配比。统筹加强乡镇（街道）和各类功能区安全监管力量，推行派驻执法、委托执法、授权执法等方式，推动执法力量下沉。开展执法效果评估，加强社会舆论监督，提高监管执法效能。

（十四）**规范监管执法及司法行为**。明确部门执法范围，完善执法监督机制，落实执法人员岗位责任制和考核机制，严格执法程序，加强现场精准执法，对违法行为依法做出处罚决定。健全行政执法和刑事司法衔接制度，完善联席会议、信息沟通、案件移送与协查机制。公安、检察院、法院加强与负有安全生产监督管理职责部门的联系，依法开展刑事案件的侦查、起诉、审判工作，视情提出司法建议，促进执法行为规范化。严肃事故调查处理，依法依规追究责任单位和责任人的责任。

五、强化城市安全保障能力

（十五）**健全社会化服务体系**。制定完善政府购买城市安全社会化服务指导目录，将相关安全生产社会化服务项目支出纳入同级财政预算。进一步加强城市安全专业技术服务力量，引导和支持具有安全技术、管理和人才优势的高等院校、科研院所、安全专业技术机构等开展城市安全社会化服务工作。大力实施安全生产责任保险，突出事故预防功能。加快推进安全信用体系建设，强化失信惩戒和守信激励措施，将生产经营过程中极易导致生产安全事故的违法行为当事主体及当事人纳入安全生产领域“黑名单”管理，予以联合惩戒。完善城市社区安全网格化工作体系，强化末梢管理。

（十六）**鼓励安全科技创新和应用**。加大对城市安全监管信息化、风险辨识和重大安全隐患整治、安全设施和应急装备等方面的科技创新投入，积极推广先进生产工艺和安全技术，提高安全自动监测和防控能力。加强城市安全监管信息化建设，建立完善安全生产监管与市场监管、应急保障、环境保护、治安防控、消防安全、道路交通、信用管理等部门公共数据资源开放共享机制，加快实现城市安全管理的系统化、智能化。深入推进城市生命线工程建设，积极研发和推广应用先进的风险防控、灾害防治、特殊灾害事故处置、预测预警、监测监控、个体防护、工程抗震、灭火救援装备等安全技术和产品。建立完善城市安全智能监控信息中心，深入推进消防设施联网监测系统建设，完善优化城市桥梁信息管理系统、既有房屋安全管理信息系统建设，加强电气火灾监测系统、地震基本参数与烈度自动速报系统等科技成果和产品的推广应用。建立城市安全智库、知识库、案例库，健全辅助决策机制。建立核安全协调机制，升级城市放射性废物库安全保卫设施，确保核与辐射环境安全。

（十七）加快发展城市安全产业。结合安全产业省部战略合作契机，面向城市公共安全的保障需求，引导安全产业发展，创新服务业态，支撑城市安全发展。加快城市安全产品的研发和产业化。组织开展城市安全领域先进安全产品的示范应用，探索有效的经验和模式，在相关领域推广。突出高层建筑、超大综合体、城市管网、地下空间、人员密集场所等高危场所安全监管和事故防控，重点发展监测预警、智能化巡检和安防系统等安全防护防控产品。

（十八）全面提升市民安全素质和技能。建立完善城市安全公众互动交流信息平台，提供安全生产和职业健康相关法律法规、标准的查询、解读。加大全民普法力度，充分利用各类媒体资源，发布、推送城市安全相关法律法规、典型案例和法律风险提示，开展常态化安全知识宣传普及，增强人民群众安全意识和应急处置能力。推进安全生产和职业健康宣传教育、防灾减灾知识和技能、灾害应急演练进企业、进机关、进学校、进社区、进农村、进家庭、进公共场所，增强社会公众对应急预案的认知、协同能力及自救互救技能。大力推进中小学公共安全教育，增强中小学生安全意识和安全防范能力。加大安全文化宣传力度，鼓励创作和传播安全生产主题公益广告、影视剧、微视频等作品。建设具有城市特色的安全文化教育体验基地、场馆，积极推进把安全文化元素融入公园、街道、社区，营造关爱生命、关注安全的浓厚社会氛围。

六、加强统筹推动

（十九）加强组织领导。城市安全发展工作在省委、省政府领导下，省安全生产委员会统一组织，省安全生产委员会办公室负责实施，省有关部门和单位在职责范围内负责具体工作。省安全生产委员会办公室统筹省各有关部门和单位依据国家安全发展示范城市评价细则，强化指导、有序推进全省各地城市安全发展工作。各级党委和政府要切实加强领导，依据城市经济社会发展总体规划，制定本地区城市安全发展的实施方案，进一步明确具体工作时间表和重点任务清单，完善保障措施，扎实推进本地区城市安全发展工作。

（二十）强化协同联动。把城市安全发展纳入安全生产工作巡查和考核的重要内容，推动城市安全发展各项重点工作落实。充分发挥各级安全生产委员会和专业委员会的职能作用，统筹协调各有关部门和单位形成城市安全发展工作合力。鼓励引导社会化服务机构、公益组织和志愿者参与推进城市安全发展，完善信息公开、举报奖励等制度，维护人民群众对城市安全发展的知情权、参与权、监督权。

（二十一）推动示范引领。省安全生产委员会依据国家安全发展示范城市评价与管理办法制定省级实施办法，加强安全发展示范城市创建工作的指导协调，组织开展省级安全发展示范城市创建工作，推荐符合条件的副省级市、设区市积极争创国家“安全发展示范城市”。及时总结推广创建工作的经验做法，强化示范引领作用，以点带面推动全省城市安全发展工作。各设区市、县（市、区）党委和政府要按照总体部署要求，结合本地区实际，科学制定创建目标，扎实做好安全发展示范城市建设工作。

附件三

省级安全发展示范城市创建实施方案

为深入贯彻落实《中共中央办公厅 国务院办公厅印发〈关于推进城市安全发展的意见〉的通知》和《省委办公厅 省政府办公厅印发〈关于推进城市安全发展的实施意见〉的通知》，根据省委、省政府部署要求，决定在全省开展省级安全发展示范城市创建活动，现制定如下方案。

一、总体要求

坚持以习近平新时代中国特色社会主义思想为指导，深入学习贯彻习近平总书记关于安全生产重要论述和对江苏工作重要指示精神，全面贯彻党的十九大和十九届二中、三中、四中全会精神，坚决落实党中央、国务院决策部署和省委、省政府关于推进城市安全发展工作要求，牢固树立安全发展理念，坚持生命至上、安全第一，坚持立足长效、依法治理，坚持系统建设、过程管控，坚持统筹推动、综合施策，坚持因地制宜、全面推进，切实把安全发展示范城市创建活动，作为保障城市安全运行的综合性、系统性、长期性工程，作为推动产业经济转型、新旧动能转换、城市发展转轨的重要载体，作为解决影响制约城市安全发展基础性、源头性矛盾问题的重要抓手，不断完善城市安全发展体系，全面提升城市安全发展水平，全力压降较大事故，坚决遏制重特大事故，着力提高城市安全治理体系和治理能力现代化建设水平，为推动高质量发展走在前列、建设“强富美高”新江苏提供坚实的安全保障。

二、创建对象

省级安全发展示范城市创建对象为：设区市，县级城市（包括县、县级市、县改区）和具有城市综合功能的国家级开发区。申报条件、取消情形参照《国务院安全生产委员会关于印发〈国家安全发展示范城市评价与管理办法〉的通知》有关规定执行。

三、创建目标

紧紧围绕“城市安全、美好生活”主题，全面开展省级安全发展示范城市创建活动。2020 年，每个设区市原则上不少于 1 个申报参评城市，以积极创建安全发展示范城市和深入开展安全生产专项整治行动为契机，推动城市安全风险管控和隐患排查整治取得显著成效，坚决遏制重特大事故，生产安全事故起数和死亡人数实现大幅下降。到 2025 年，建成一批与高水平全面建成小康社会相适应的国家级、省级安全发展示范城市，力争全省三分之一创建对象建成省级安全发展示范城市；全省城市安全治理体系和治理能力现代化建设水平进一步提升，以安全生产为基础的综合性、全方位、系统化的城市安全发展体系初步建立。

在深入推进示范创建的基础上，到 2035 年，逐步形成系统性、现代化的城市安全保障体系，全省城市安全发展体系更加完善，安全文明程度显著提升，共建共治共享的城市安全社会治理格局总体形成，建成一批以中心城区为基础，带动周边、辐射县乡、惠及民生的安全发展型城市群。

四、创建内容

参评城市要聚焦以安全生产为基础的城市安全发展体系建设，坚持责任落实保安全、规划建设保安全、重点领域保安全、强化保障保安全、社会协同保安全，全面加强城市安全源头治理、风险防控、监督管理、保障能力、应急救援等工作，突出解决城市安全基础薄弱、安全管理水平与现代化城市发展要求不适应不协调等问题，全面提升城市安全发展水平。

（一）**加强城市安全源头治理**。科学规划城市空间布局，把城市安全相关要求纳入市县国土空间总体规划；严格项目审批，加强建设项目安全评估论证；完善相关地方性安全法规和标准体系，提升安全和应急设施标准要求；推动市政设施、城市地下综合管廊、公共消防设施、道路交通安全设施、城市防洪安全设施、人民防空安全设施等城市基础及安全设施建设；制定中心城区安全生产禁止和限制类产业目录，推进城区高危行业企业搬迁改造、转型升级，推动企业安全生产标准化提档升级、提质扩面，切实提升城市重点产业本质安全水平。

（二）**健全城市安全防控机制**。建立城市安全风险信息管理平台，绘制"红、橙、黄、蓝"四级安全风险空间分布图，编制城市安全风险白皮书，加强城市风险辨识、评估与监控；深化重点行业、重点区域、重点企业安全隐患排查治理，加大交通运输领域打非治违力度，强化动火作业、有限空间和检维修等危险作业监管，突出防范危险化学品企业、油气长输管道、尾矿库、渣土场等城市工业领域，大型群众性活动，"九小"、高层建筑、群租房、"多合一"等人员密集场所，城市管廊、公共交通、隧道桥梁等公共设施，以及洪涝、地震、地质灾害等各领域安全风险。

（三）**提升城市安全监管效能**。压紧压实城市各级党委政府"党政同责、一岗双责、齐抓共管、失职追责"安全生产领导责任和相关部门"管行业必须管安全、管业务必须管安全、管生产经营必须管安全"安全监管责任，完善上级党委政府对下级党委政府的安全生产责任考核评价体系，建立完善安全生产绩效与部门绩效等级挂钩制度；严格落实各类生产经营单位安全生产与职业健康主体责任；完善各类开发区、工业园区等功能区安全监管体制，建立健全多部门联合监管机制和联合惩戒机制；加强安全生产监管执法机构规范化、标准化、信息化、专业化建设，强化基层消防安全和安全监管力量建设，规范监管执法行为。

（四）**强化城市安全保障能力**。强化安全科技创新应用，完善城市安全智能监控信息和公共数据资源开放共享机制，深入推进消防设施联网监测系统建设；全面运行安全生产问题处置监管平台，强化重大危险源企业信息化建设和化工企业安全生产信息化平台建设；积极推进智能制造，推动城市安全产品的研发和产业化，加快实施“机械化换人、自动化减人”；建立安全智库、知识库、案例库；制定政府购买安全服务指导目录；健全社区网格化安全管理制度；强化公共卫生法治保障，完善重大疫情防控救治体系；建立城市安全公众互动交流信息平台，培育城市安全文化，加强安全宣传和知识普及，加快安全体验基地建设。

（五）完善城市安全应急救援体系。建设城市应急管理信息平台、应急广播平台和应急救援技术支撑平台，完善应急救援管理工作机制和应急预案体系，健全信息报告、统一指挥、部门协同、物资储备调用等应急工作机制；加快“智慧消防”建设，优化城市应急避难场所、人防工程和救灾、消防、疏散通道等城市安全空间建设、使用和管理；加强长三角区域应急协同体系建设，推进国家级和省级危险化学品、矿山、内河内湖、长江、海上等专业化应急救援基地和综合性消防救援队伍建设，鼓励企业和其他社会力量参与救援；组织应急救援装备设施安全使用培训，推动应急演练常态化、实战化。

五、创建步骤

（一）城市自评。参评对象认真制定本地区创建实施方案，建立健全组织领导体系和工作机制，对照省级安全发展示范城市相关评价细则开展自评，形成自评结果。评价结果符合省级安全发展示范城市要求的，参评对象可以县（市、县改区）人民政府、国家级开发区管委会名义向设区市安委会提出创建申请，并按规定提交材料。

（二）市级复核。设区市安委办对自评符合条件的县（市、县改区）和国家级开发区开展复核，并征求市安委会有关成员单位意见，综合提出复核意见，市安委会专题研究。参评对象为设区市的，全面深入开展自评，不再开展复核。

（三）创建推荐。参评对象为设区市且自评符合条件的，参评对象为县(市、县改区)和国家级开发区且通过市级复核的,由设区市安委会于每年年底前统一向省安委办推荐参评对象,并按规定提交材料。

(四) 省级评议。省安委办对设区市安委会推荐的参评对象组织开展评议,并征求省安委会有关成员单位意见,综合提出拟公示的省级安全发展示范城市名单,在政府相关网站进行公示。

(五) 命名授牌。省安委办结合公示情况,将拟命名的省级安全发展示范城市名单及有关评议情况报省安委会。省安委会审议通过后统一命名授牌,每年上半年通报创建结果。

(六) 动态管理。省级安全发展示范城市每年评价命名一次。已获得命名的城市要以命名授牌为新起点,持续加强城市安全工作,不断提升城市安全发展水平。获得命名3年后,由省安委办组织开展复评,并征求省安委会有关成员单位意见,综合提出复评意见报省安委会,审议通过后进行公布。已获得命名的城市发生涉及城市安全重特大事故、事件的,未通过省级复评的,或出现其他严重问题、不具备示范引领作用的,由省安委会撤销命名并摘牌,以适当形式及时向社会公布。

六、工作要求

(一) 强化组织领导。省委、省政府成立由常务副省长任组长,省科技厅、省工业和信息化厅、省公安厅、省自然资源厅、省住房城乡建设厅、省交通运输厅、省应急厅、省市场监管局、省人防办、省消防救援总队、省地震局、省气象局等部门任成员的省级安全发展示范城市创建工作领导小组,下设办公室(简称省创建办)。省创建办设在省安委办,承担领导小组日常工作。参评的设区市和县(市、县改区)、国家级开发区要相应成立创建工作领导小组,建立工作专班,细化目标任务,明确创建责任,积极推进本地区创建工作。各地安委办要充分发挥职能作用,做好联络、协调、指导和服务工作,加强部门协同配合,努力创出特色亮点,打造“城市安全名片”,务求取得实效。

(二) 强化整体联动。各地各部门要树立“一盘棋”思想,坚持系统化思维、一体化建设，将安全标准落实到城市规划、设计、建设、运行等各个环节，将精准管理贯穿到城市运行的每个细节。加大安全投入，用好力量资源，形成重点项目、工程建设的整体合力。坚持集约、高效、创新、协同原则，避免重复投资、重复建设，通过整合现有各部门安全信息化系统，构建全方位、立体化、多维度的城市安全体系。加强协调联动，实现跨层级、跨地域、跨系统、跨部门、跨业务的城市安全协同管理、服务、运营模式。扎实做好城市规划论证编制工作，统筹当前建设和长远发展需要，做好需求论证、规划衔接、任务对接，确保城市安全发展工作接续推进、持续跟进。

（三）强化机制保障。各级党委政府要把创建工作与城市功能完善和常态管理结合起来，建立经验共享、问题共商机制。层层落实创建责任，抓薄弱、补短板、强弱项。运用先进理念和方法建设和管理城市，利用创建机制提升城市品位和安全水平。建立考核机制，将创建任务完成情况作为领导班子和领导干部绩效考核的重要依据，列入年度安全生产考核。加强督促指导，定期通报进展情况，对做出突出贡献的给予褒扬，对不能按期完成任务的给予通报批评，对失职渎职的给予问责追责。完善信息公开、举报奖励等制度，维护广大市民知情权、参与权、监督权。

（四）强化共建共治。各地各部门要充分认清创建工作是一项系统工程、民生工程，积极动员社会和市场等多元主体共同参与，营造良好创建氛围，推动形成党委政府牵头、部门各负其责、市民广泛参与的工作格局。充分利用报刊、广播、电视、网络等新闻媒体，大力宣传创建工作的重要意义、政策方针、目标任务、典型事迹和成功经验，不断提高广大市民的认同感、支持度。切实发挥科技创新、产业发展、信用建设、宣传教育、基层治理等领域助力城市安全发展的作用，培育城市安全文化，提高市民安全意识、自救互救能力。引导培育和规范社会组织、志愿者等社会力量参与安全管理，不断增强广大市民的幸福感、获得感、安全感。

附件四

ICS 13.200

A90

DB32

江 苏 省 地 方 标 准

DB 32/T 3849—2020

《安全发展示范城市创建基本规范》

Basic Specification for the Construction of Safety Development Model City

2020-07-29 发布　　2020-08-29 实施

江苏省市场监督管理局　发布

前 言

本标准按照 GB/T 1.1 给出的规则起草。

本标准由江苏省应急管理厅提出。

本标准由江苏省安全生产标准化技术委员会归口。

本标准主要起草单位:江苏省应急管理厅、江苏省安全生产科学研究院、南京大学、东南大学、清华大学合肥公共安全研究院、南京水利科学研究院、南京林业大学。

本标准主要起草人:李兴伟、胡义铭、高岳毅、王晓明、付明、袁增伟、潘金龙、陈妍、施祖建、郁颖蕾、蒋俊、赵六安、贺钢锋、刘小勇、陈波、张文华、张斌、杨海峰、邢培育。

安全发展示范城市创建基本规范

1 范围

本标准规定了安全发展示范城市的创建内容、创建要求和工作程序。

本标准适用于江苏省内设区市、县级城市、具有城市综合功能的国家级开发区开展省级安全发展示范城市创建活动。

2 规范性引用文件

下列文件中的内容通过文中的规范性引用而构成本文件必不可少的条款。其中,注日期的引用文件,仅该日期对应的版本适用于本文件;不注日期的引用文件,其最新版本(包括所有的修改单)适用于本文件。

GB 21734 地震应急避难场所场址及配套设施

GB 50016 建筑设计防火规范

GB 50057 建筑物防雷设计规范

GB 50084 自动喷水灭火设计规范

GB 50116 火灾自动报警系统设计规范

GB 50201 防洪标准

GB 50223 建筑工程抗震设防分类标准

GB 50650 石油化工装置防雷设计规范

GB 50688 城市道路交通设施设计规范

GB/T 50805 城市防洪工程设计规范

GB 50838 城市综合管廊工程技术规范

GB 50974 消防给水及消火栓系统技术规范

GB 51038 城市道路交通标志和标线设置规范

GB 51079 城市防洪规划规范

GB 51251 建筑防烟排烟系统技术标准

CJJ 51 城镇燃气设施运行、维护和抢修安全技术规程

CJJ 207 城镇供水管网运行、维护及安全技术规程

GA/T 1215 中小学与幼儿园校园周边道路交通设施设置规范

JTG B01 公路工程技术标准

建标 152 城市消防站建设标准

3 术语和定义

下列术语和定义适用于本文件。

3.1 安全发展 safety development

将安全理念内化为思想，外化为行动，不断地、反复地进行平衡，满足人、机、物、环等诸要素各自的“安全可靠”与相互和谐统一，把发展过程安全风险降低到相对法律、法规、社会价值取向和“对象”需求的可容许程度的发展模式。

3.2 安全发展示范城市 safety development model city

聚焦以安全生产为基础的城市安全发展体系建设，从源头治理、风险防控、监督管理、保障能力、应急救援等方面积极推动完善城市安全各项工作，在城市安全治理体系和治理能力现代化方面发挥示范引领作用的城市。

3.3 “九小”场所 nine types of small places

小学校或幼儿园、小医院、小商店、小餐饮场所、小旅馆、小歌舞娱乐场所、小网吧、小美容洗浴场所、小生产加工企业的总称。

3.4 危大工程 partial projects with great risk

房屋建筑和市政基础设施工程施工过程中，容易导致人员群死群伤或者造成重大经济损失的危险性较大的分部分项工程。

4 创建内容与技术要求

4.1 城市安全规划

4.1.1 国土空间总体规划(城市总体规划)中应设置综合防灾、公共安全章节或提出相关要求。

4.1.2 综合防灾减灾、安全生产、消防、道路交通安全管理、地质

灾害防治、防震减灾、抗震防灾、防洪、排水防涝、人防工程、城市地下管线、城市综合管廊、职业病防治等方面应制定专项规划和年度实施计划。

4.1.3 本规范 4.1.1 和 4.1.2 中涉及的总体规划和专项规划应按照法律法规要求进行专家论证评审、中期评估和终期评估。

4.1.4 城市产业发展规划宜明确城市禁止和限制类产业。

4.1.5 高危行业企业的新建、改造、转产、搬迁或退出应符合国土空间总体规划和产业发展规划的要求。

4.2 城市基础及安全设施建设

4.2.1 市政供水管网的更新改造应按照 CJJ 207 的有关规定执行。

4.2.2 市政燃气管网的维护应按照 CJJ 51 的有关规定执行。

4.2.3 市政供电、供水管网应安装安全监测监控设备，重要燃气管网和场站监测监控设备安装率应达到 100%。

4.2.4 市政消火栓的设计、施工和维护管理应按照 GB 50974 的有关规定执行。

4.2.5 城市堤防、河道等防洪工程建设应符合 GB 50201、GB 51079 和 GB/T 50805 的有关规定；管网、泵站等设施建设应按城市排水防涝规划要求实施，城市易淹易涝片区应按整改方案和计划完成防涝改造。

4.2.6 城市地下综合管廊建设应按照 GB 50838 的有关规定执行。

4.2.7 应建立城市地下管线综合管理信息系统。

4.2.8 应建立城市电梯应急处置平台。

4.2.9 消防站的布局、建设规模和装备配备应按照建标 152 的有关规定执行。

4.2.10 道路交通安全设施的设置应按照 GB 50688、JTG B01、GB 51038 和 GA/T 1215 的有关规定执行。

4.2.11 城市公交车驾驶区域应安装安全防护隔离设施，长途客运车辆、旅游客车、危险物品运输车辆应安装防碰撞、智能视频监控报警装置和卫星定位装置。

4.2.12 铁路平交道口、汽车客运站应设置监控、报警等安全设施。对交通流量大、事故多发、违法频率较高等重要路段应实施路网运行监测与交通执法监控系统,对事故多发、易发路段应进行实时监控。

4.2.13 新(改)建学校、医院等人员密集场所的建设工程,应按照 GB 50223 的有关规定进行抗震设防设计和施工。

4.2.14 人员密集场所既有建筑、安全出口、疏散通道、消防车通道、火灾自动报警系统、视频监控系统和其他消防设施设置等应符合 GB 50016、GB 50116、GB 50084 和 GB 51251 的有关规定。

4.2.15 易燃易爆场所应按 GB 50057 和 GB 50650 的有关规定安装雷电防护装置。

4.2.16 应建立城市水文监测预警系统。

4.2.17 建设项目安全设施必须与主体工程同时设计、同时施工、同时投入生产和使用,安全设施投资应当纳入建设项目概算。

4.3 城市安全管理

4.3.1 应制定实施城市各类场所、设施的安全管理办法,包括但不限于如下方面:

a) 城市高层建筑、大型商业综合体;

b) 铁路、综合交通枢纽、轨道交通;

c) 管线管廊、燃气工程;

d) 尾矿库、垃圾填埋场(渣土受纳场);

e) 电梯、游乐设施。

4.3.2 应开展城市整体性安全风险辨识和评估,建立风险清单并明确风险管控责任单位,建立重大风险联防联控机制。

4.3.3 应开展专项风险评估,包括但不限于以下内容:

a) 建设项目按规定应开展安全评价、地震安全性评价、地质灾害危险性评估;

b）城市轨道交通工程可研、试运营前、验收阶段开展安全评价，运营前和日常运营期间开展安全评估、消防设施评估、车站紧急疏散能力评估；

c）大型群众性活动、人员密集场所按规定开展风险评估，建立大客流监测预警和应急管控措施。

4.3.4　应开展城市重要区域或设施的监测、检测和探测，包括但不限于以下内容：

a）城市活动断层探测；

b）水文监测；

c）渣土受纳场堆积体进行稳定性验算及监测；

d）特种设备检测；

e）桥梁、隧道技术状况检测。

4.3.5　应开展城市安全风险隐患排查治理，包括但不限于以下内容：

a）洪水、内涝、城市易涝点；

b）老旧房屋；

c）户外广告牌、灯箱；

d）铁路平交道口、铁路沿线安全环境；

e）“九小”场所；

f）各类游乐场所和游乐设施；

g）地下管线；

h）主要道路易塌陷区域；

i）危大工程施工；

j）工业企业。

4.3.6　城市应在安全生产、消防、住建、交通运输和特种设备等领域建立失信联合惩戒制度。

4.3.7　应建立并实施城市安全网格化管理。

4.3.8　应将城市安全专业技术服务纳入政府购买安全生产服务指导目录，应对技术服务机构定期开展专项检查并通报。

4.3.9 应制定高危行业改造、转产、搬迁或退出等计划的配套奖励政策和工作方案。

4.3.10 城市安全相关的各类信息化系统应正常运行，相关部门或单位应及时、有效处置风险监控系统的报警信息。

4.3.11 应制定安全生产标准化、消防安全重点单位“户籍化”等工作计划，并按期推进。

4.4 城市应急管理

4.4.1 应建立应急信息报告制度，建立统一的指挥和多部门协同响应处置机制。

4.4.2 应建设城市应急管理综合应用平台，平台应包含监管监察、监测预警、应急指挥、辅助决策、政务管理等功能，并实现数据共享。

4.4.3 应按照 GB 21734 的有关规定建设应急避难场所，并向社会公开全市应急避难场所分布图(表)。

4.4.4 应建立城市应急救援预案体系，实现各级各类预案有效衔接。城市应定期开展应急演练和评估，并及时修订应急救援预案。

4.4.5 应编制城市专业应急救援队伍建设规划，建立消防救援队伍社会保障机制。根据规划建设城市综合性消防救援队伍、支队战勤保障大队、重点领域专业应急救援队伍。

4.4.6 应组织城市各类应急救援队伍开展培训和联合应急演练。

4.4.7 应制定支持引导大型企业、工业园区和其他社会力量参与应急工作的机制，明确社会力量参与救援工作的重点范围和主要任务。

4.4.8 企业或单位应按照《生产安全事故应急条例》(国务院令第 708 号)的要求建立应急救援队伍，高危企业应按照《关于规范和加强企业专职消防队伍建设的指导意见》的要求建立专职消防队，小型微型企业或单位应该指定兼职应急救援人员，或与邻近的应急救援队伍签订应急救援协议。

4.4.9　学校应定期开展应急避险演练活动，企业和单位应定期开展应急演练。

4.4.10　应编制城市应急物资储备规划和需求计划，建立应急物资储备信息管理系统，建立应急物资储备调用机制。

4.4.11　应定期开展城市应急能力评估。

4.5　城市安全文化

4.5.1　应制定城市安全文化提升计划和实施方案，方案包括但不限于以下内容：

a）安全宣传教育进企业、进学校、进机关、进社区、进家庭、进公共场所活动；

b）大型公共场所、政府网站、新媒体平台的安全公益宣传；

c）社区安全文化创建活动。

4.5.2　应建设具备城市特色的安全文化教育体验基地或场馆，包含地震、消防、交通、居家安全等安全教育功能。

4.5.3　应建立城市安全公众参与机制，包括但不限于以下内容：

a）建立城市安全公众互动信息平台，提供城市安全相关法律法规和标准规范查询、解读；

b）建立城市安全问题公众参与、快速应答、处置、奖励机制；

c）设置城市安全问题举报平台。

5　工作程序

5.1　安全发展示范城市创建工作应按城市自评、市级复核推荐、省级评议、命名授牌及复评的程序进行，流程详见附录A。

5.2　城市自评

5.2.1　创建主体应组织专家学者、科研单位、社会团体或中介机构对城市安全状况开展自评，并编制《城市安全状况自评报告》。

5.2.2　创建主体为县级城市或国家级开发区的，自评合格后应向市级负有组织创建职责的部门提出申请并提交材料，材料包括但不限于以下内容：

a）城市创建工作情况；

b）城市安全状况自评报告；

c）自评过程中发现本地区城市安全有关问题的整改情况或整改计划。

5.2.3 创建主体为设区市的，由市级负有组织创建职责的部门根据本规范 5.3.3 进行公示。

5.3 市级复核推荐

5.3.1 由市级负有组织创建职责的部门组织有关单位人员和专家成立市级复核工作组，开展安全发展示范城市创建复核和推荐上报工作。

5.3.2 创建主体应对复核工作组反馈的材料评审和现场评审中发现的问题，开展整改或制定整改计划。

5.3.3 市级复核合格后形成的推荐省级评议名单，应在相关政府网站和主流媒体上进行为期 10 个工作日的社会公示，并公开诉求渠道。

5.4 省级评议

5.4.1 由省级负有组织创建职责的部门组织有关单位人员及相关专家组成评议工作组，开展安全发展示范城市综合评议工作。

5.4.2 省级评议后形成的省级安全发展示范城市名单，应在相关政府网站和主流媒体上进行为期 10 个工作日的社会公示，并公开诉求渠道。

5.5 命名授牌

对已通过评议的创建主体，授予“省级安全发展示范城市”称号，颁发牌匾。

5.6 复评

5.6.1 “省级安全发展示范城市”授牌后，每 3 年进行一次复评。

5.6.2 由省级负有组织创建职责的部门组织开展复评，经征求相关单位意见，审议后公布结果。

附　录

安全发展示范城市创建工作流程图

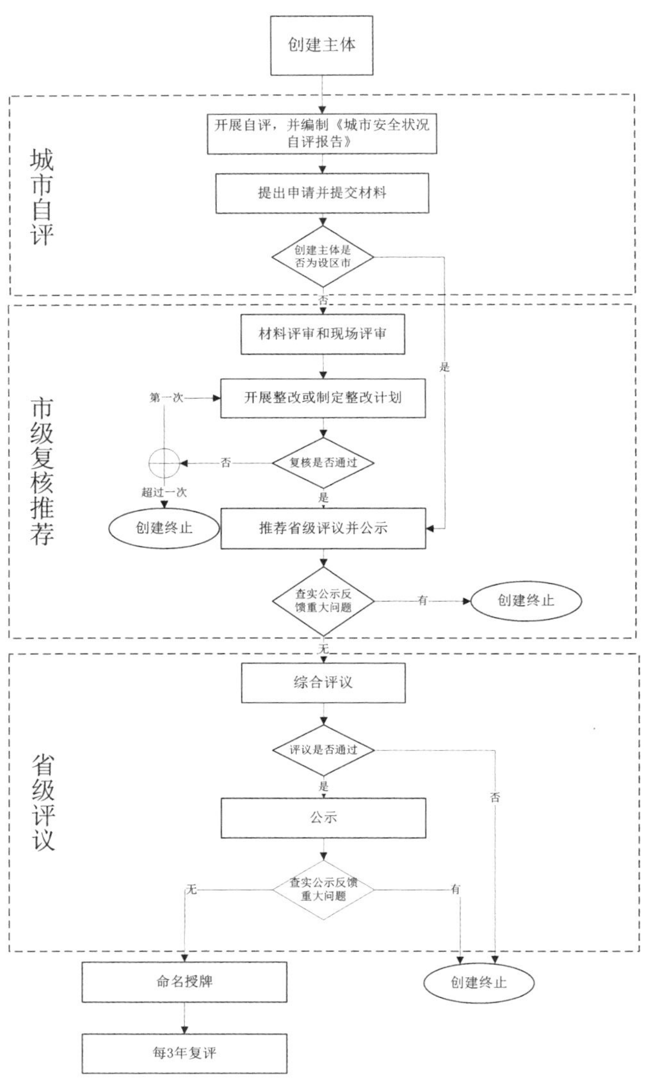

附件五

《省级安全发展示范城市评价细则(2020 版)》细则三版

细则一

省级安全发展示范城市评价细则(2020 设区市版)

一级项	二级项	三级项	评价内容	标准分值	考评方式	评分标准
一、城市安全源头治理 18分	1. 城市安全规划(5分)	(1) 城市国土空间总体规划及防灾减灾等专项规划	制定城市国土空间总体规划(城市总体规划); 制定综合防灾减灾规划、安全生产规划、防震减灾规划、地质灾害防治规划、防洪规划、职业病防治规划、消防规划、道路交通安全管理规划、排水防涝规划、人防工程规划、城市地下管线规划、综合管廊规划等专项规划和年度实施计划; 对总体规划和专项规划进行专家论证评审,并按规定开展相关评估	2	查阅政府、相关部门总体规划、专项规划的相关资料	每发现下列任何一处情况扣0.5分: (1) 城市国土空间总体规划(城市总体规划)未体现综合防灾、公共安全要求的; (2) 未制定综合防灾减灾规划、安全生产规划、防震减灾规划、地质灾害防治规划、防洪规划、职业病防治规划、消防规划、道路交通安全管理规划、排水防涝规划、人防工程规划、城市地下管线规划、综合管廊规划等专项规划和年度实施计划的; (3) 未对总体规划和专项规划进行专家论证评审的; (4) 未按规定开展相关评估的。 注:上述规划时效性须满足要求,否则视为未制定

续表

一级项	二级项	三级项	评价内容	标准分值	考评方式	评分标准
一、城市安全源头治理 18分	1. 城市安全规划（5分）	（2）建设项目安全评估论证	建设项目按规定开展安全预评价、地震安全性评价、地质灾害危险性评估	2	查阅政府、相关部门、建设单位资料；随机抽查不少于5处按规定应当开展安全评价、地震安全性评价、地质灾害危险性评估的项目	每发现下列任何一处情况扣0.5分： （1）建设项目未按规定开展安全预评价、地震安全性评价、地质灾害危险性评估的； （2）未采纳评价（评估）报告建议且无合理说明的
		（3）城市各类设施安全管理办法	制修订城市高层建筑、大型商业综合体、综合交通枢纽、隧道桥梁、管线管廊、道路交通、轨道交通、城市燃气、城市照明、城市供排水、人防工程、垃圾填埋场（渣土受纳场）、加油（气）站、电力设施、电梯、低空慢速小目标飞行器（物）和游乐设施等城市各类设施安全管理办法； 制定既有房屋装饰装修、城市棚户区、城中村和危房改造监督管理办法	1	查阅政府、相关部门资料	每发现下列任何一项扣0.2分： （1）未制修订城市高层建筑、大型商业综合体、综合交通枢纽、隧道桥梁、管线管廊、道路交通、轨道交通、城市燃气、城市照明、城市供排水、人防工程、垃圾填埋场（渣土受纳场）、加油（气）站、电力设施、电梯、低空慢速小目标飞行器（物）和游乐设施等（区域内包含的）城市各类设施安全管理办法的； （2）未制定既有房屋装饰装修、城市棚户区、城中村和危房改造监督管理办法的
	2. 城市基础及安全设施建设（9分）	（4）市政安全设施	区域内市政消火栓完好率100%； 市政供水、燃气老旧管网改造率>80%	2	查看区域内市政消火栓的相关资料。实地抽查10个市政消火栓。 查看市政供水、燃气老旧管网改造的相关资料	（1）（本项最多扣1分）市政消火栓未按规定设置或未保持完好的，每发现一处扣0.2分。 （2）市政供水、燃气老旧管网改造率≤80%的，扣1分

续表

一级项	二级项	三级项	评价内容	标准分值	考评方式	评分标准
一、城市安全源头治理 18分	2. 城市基础及安全设施建设(9分)	(5) 消防站	城市消防站的布局符合标准要求,在接到出动指令后5分钟内消防队到达辖区边缘; 城市消防站建设规模符合标准要求; 城市消防通信设施完好率≥95%; 城市消防站及特勤站中的消防车、防护装备、抢险救援器材和灭火器材的配备达标率100%; 社区“四有”(有消防工作站、消防宣传橱窗、公共消防器材点、志愿消防队伍)达标率100%	2	查阅政府、相关部门资料。 实地查看不少于1个一级普通消防站、1个特勤消防站,抽查不少于2个社区消防情况,现场复核	(1)(本项最多扣0.4分)城市消防站的布局不符合标准要求,在接到出动指令后5分钟内消防队无法到达辖区边缘的,每发现一座扣0.2分。 (2)(本项最多扣0.4分)城市消防站建设规模不符合标准要求的,每发现一座扣0.2分。 (3) 城市消防通信设施完好率低于95%的,扣0.4分。 (4)(本项最多扣0.4分)城市消防站及特勤站中的消防车、防护装备、抢险救援器材和灭火器材的配备不符合标准要求的,每发现一项扣0.1分。 (5) 社区“四有”达标率低于100%,扣0.4分
		(6) 道路交通安全设施	双向六车道及以上道路按规定设置分隔设施; 城市桥梁、地下道路按规定设置限高、限重、限行等标识; 中小学校、幼儿园周边不少于150米范围内交通安全设施齐全	2	查阅政府、相关部门、单位资料。 随机抽查建成区内不少于5处双向六车道及以上道路、5处城市桥梁和地下道路、5所中小学校、幼儿园,现场复核设施设置情况	(1)(本项最多扣0.5分)双向六车道及以上道路未按规定设置分隔设施,每发现一处,扣0.2分。 (2)(本项最多扣0.5分)城市桥梁、地下道路未按规定设置限高、限重、限行等标识,每发现一处,扣0.2分。 (3)(本项最多扣1分)中小学校、幼儿园周边不少于150米范围内交通安全设施未按规定设置的,每发现一处,扣0.2分

续表

一级项	二级项	三级项	评价内容	标准分值	考评方式	评分标准
一、城市安全源头治理 18分	2. 城市基础及安全设施建设（9分）	（7）城市防洪排涝安全设施	城市堤防、河道等防洪工程按规划标准建设； 管网、泵站等设施按城市排水防涝规划要求建设； 城市易淹易涝片区按整改方案和计划完成防涝改造	2	查看政府防洪规划、排水防涝规划和城市易淹易涝片区整改方案和计划。 随机抽查建成区内不少于2处防洪工程和防涝改造，现场复核	（1）城市防洪工程未按规划标准建设，扣0.5分。 （2）管网、泵站等设施未按城市排水防涝规划要求建设，扣0.5分。 （3）（本项最多扣1分）易淹易涝片区未按整改方案和计划整改的，每发现一处扣0.5分
		（8）地下综合管廊	城市新区新建道路综合管廊建设率＞30%； 城市道路综合管廊综合配建率＞2%； 地下综合管廊的管线入廊率达100%	1	查阅政府、相关部门、单位资料	（1）城市新区新建道路综合管廊建设率＜15%的，扣0.4分；15%≤城市新区新建道路综合管廊建设率≤30%的，扣0.2分。 （2）城市道路综合管廊综合配建率＜1%，扣0.4分；1%≤城市道路综合管廊综合配建率＜2%，扣0.2分。 （3）地下综合管廊的管线入廊率未达到100%，扣0.2分
	3. 城市产业安全改造与升级（4分）	（9）城市禁止类产业目录	制定城市安全生产禁止和限制类产业目录	1	查阅政府、相关部门、单位资料	未制定城市安全生产禁止和限制类产业目录的，扣1分
		（10）高危行业搬迁改造与升级	制定高危行业企业退出、改造或转产等奖励政策、工作方案和计划，并按计划逐步落实推进；新建危险化学品生产企业进园入区率100%	3	查阅政府、相关部门、企业资料，现场复核	未制定高危行业企业退出、改造或转产等奖励政策、工作方案和计划的；未按规定完成相关企业搬迁改造计划的；新建危险化学品生产企业进园入区率未达到100%的，每发现一处扣1分

续表

一级项	二级项	三级项	评价内容	标准分值	考评方式	评分标准
二、城市安全风险防控 32 分	4. 城市工业企业(8 分)	(11) 危险化学品企业运行安全风险	危险化学品重大危险源的企业视频和安全监控系统安装率及危险化学品监测预警系统建设完成率 100%; 涉及重点监管危险化工工艺和重大危险源的危险化学品生产装置和储存设施安全仪表系统装备率 100%; 油气长输管道定检率、安全距离达标率、途经人员密集场所高后果区域安装监测监控率 100%; 危化品安全风险分布档案建成率 100%,形成危化品安全风险"一张图一张表"; 人口密集区危险化学品和化工企业生产、仓储场所安全搬迁工程完成率 100%; 化工生产企业建成集重大危险源监控信息、可燃有毒气体检测报警信息、企业安全风险分区信息、生产人员在岗在位信息以及企业生产全流程管理信息等于一体的信息管理系统	3	查阅政府、相关部门资料;查看危化品安全风险分布档案;查看各级重大危险源监测预警系统。 随机抽查不少于 5 家规模以上危化品企业;随机抽查不少于 5 处油气长输管道	(1)(本项最多扣 0.5 分)有危险化学品重大危险源的企业,未建设完成视频和安全监控系统及危险化学品监测预警系统的,每发现一处扣 0.1 分。 (2)(本项最多扣 0.5 分)涉及重点监管危险化工工艺和重大危险源的危险化学品生产装置和储存设施未按规定安装安全仪表系统或安全仪表系统未投入使用的,每发现一处扣 0.1 分。 (3)(本项最多扣 0.5 分)油气长输管道不在定期检验有效期内的,两侧安全距离不符合要求的,途经人员密集场所高后果区域未安装全天候视频监控的,每发现一处扣 0.1 分。 (4)(本项最多扣 0.5 分)危化品安全风险分布档案建成率未达到 100%的,未形成"一张图一张表"的,每发现一处扣 0.1 分。 (5)(本项最多扣 0.5 分)人口密集区危化品和化工企业生产、仓储场所安全搬迁工程完成率未达到 100%的,每发现一处扣 0.1 分。 (6)(本项最多扣 0.5 分)构成危险化学品重大危险源的化工生产企业未建成集重大危险源监控信息、可燃有毒气体检测报警信息、企业安全风险分区信息、生产人员在岗在位信息以及企业生产全流程管理信息等于一体的信息管理系统的,每发现一家企业扣 0.1 分

续表

一级项	二级项	三级项	评价内容	标准分值	考评方式	评分标准
二、城市安全风险防控 32分	4. 城市工业企业（8分）	（12）尾矿库、渣土受纳场运行安全风险	定期开展尾矿库安全现状评价； 三等及以上尾矿库在线监测系统正常运行率100%，风险监控系统报警信息处置率100%； 对渣土受纳场堆积体进行稳定性验算及监测； 废弃尾矿库100%实施闭库或有效治理	1	抽查不少于3个渣土受纳场（填埋场）和3个废弃尾矿库，查阅相关资料并现场复核	（1）未定期开展尾矿库安全现状评价的，扣0.2分。 （2）（本项最多扣0.3分）三等及以上尾矿库在线监测系统未正常运行的、报警信息未及时处置的，每发现一处扣0.1分。 （3）（本项最多扣0.3分）未按规定对渣土受纳场堆积体进行稳定性验算的，未按规定对渣土受纳场堆积体表面水平位移和沉降、堆积体内水位进行监测的，每发现一处扣0.1分。 （4）废弃尾矿库未达到100%实施闭库或有效治理的，扣0.2分
		（13）建设施工作业安全风险	建设工程现场视频及大型起重机械安全监控系统安装率100%； 危大工程专项施工方案按规定审查并施工； 建筑施工企业主要负责人、项目负责人、专职安全管理人员和特种作业人员持证上岗率达100%； 逐步推进所有在建施工项目安全生产标准化考评率全覆盖	2	查阅政府、相关部门资料。 随机抽查不少于5处建设项目施工现场，查阅相关资料	（1）（本项最多扣0.4分）建设施工现场未安装视频监控系统的，每发现一处扣0.1分。 （2）（本项最多扣0.4分）建设工程施工现场塔吊等起重机械未按规定安装安全监控系统的，施工现场大型起重机械未按规定安装安全监控管理系统的，每发现一处扣0.1分。 （3）（本项最多扣0.4分）建设工程项目的危险性较大的分部分项工程未按规定审查或未按方案施工的，每发现一处扣0.1分。 （4）（本项最多扣0.4分）建筑施工企业主要负责人、项目负责人、专职安全管理人员和特种作业人员持证上岗率未达到100%的，每发现一处扣0.1分。 （5）（本项最多扣0.4分）在建施工项目未开展安全生产标准化自评考评的，每发现一处扣0.1分

续表

一级项	二级项	三级项	评价内容	标准分值	考评方式	评分标准
二、城市安全风险防控 32 分	4. 城市工业企业(8 分)	(14)高危行业企业安全风险防控体系	建立高危行业企业风险预警控制机制； 高危行业企业建立安全生产监控系统； 工业企业较大以上安全风险管控清单报告率 100%	2	查阅政府、相关部门和企业资料。 随机抽查不少于 10 家高危行业企业，查阅相关资料并现场复核	(1)未建立高危行业企业风险预警控制机制的，扣 1 分。 (2)(本项最多扣 0.5 分)高危行业企业未建立安全生产监控系统的，每发现一处扣 0.1 分。 (3)(本项最多扣 0.5 分)工业企业较大以上安全风险管控清单报告率未达到 100% 的，每发现一处扣 0.1 分
	5. 人员密集区域(10 分)	(15)人员密集场所安全风险	人员密集场所按规定开展风险评估； 人员密集场所设置视频监控系统； 人员密集场所建立大客流监测预警和应急管控制度； 人员密集场所特种设备注册登记和定检率 100%； 人员密集场所既有建筑、安全出口、疏散通道、消防车通道等符合标准要求； 人员密集场所火灾自动报警系统等消防设施符合标准要求	3	随机抽查不少于 10 处人员密集场所，查阅相关资料并现场复核	(1)(本项最多扣 0.5 分)人员密集场所未按规定开展风险评估的，每发现一处扣 0.1 分。 (2)(本项最多扣 0.5 分)人员密集场所未按规定安装视频监控系统的，未按规定建立大客流监测预警和应急管控制度的，每发现一处扣 0.1 分。 (3)(本项最多扣 0.5 分)人员密集场所特种设备未按规定注册登记、监督检验或定期检验的，每发现一处扣 0.1 分。 (4)(本项最多扣 0.5 分)人员密集场所消防车通道不符合要求的，每发现一处扣 0.1 分。 (5)(本项最多扣 1 分)人员密集场所的既有建筑、安全出口、疏散通道、消防设施(火灾自动报警系统、自动灭火系统、防排烟系统、防火卷帘、防火门)不符合要求的，火灾自动报警系统等消防设施不符合要求的，每发现一处扣 0.1 分
		(16)大型群众性活动安全风险	大型群众性活动按规定开展风险评估； 建立大客流监测预警和应急管控措施	2	随机抽查不少于 5 个大型群众性活动相关资料	(1)(本项最多扣 1 分)大型群众性活动未按规定开展风险评估的，每发现一处扣 0.5 分。 (2)(本项最多扣 1 分)未在大型群众性活动中使用大客流监测预警技术手段的，未针对大客流采取区域护栏隔离、人员调度、限流等应急管控措施的，每发现一处扣 0.5 分

续表

一级项	二级项	三级项	评价内容	标准分值	考评方式	评分标准
二、城市安全风险防控 32分	5. 人员密集区域(10分)	(17)高层建筑、“九小”场所、居住场所安全风险	高层建筑按规定设置消防安全经理人、楼长、消防安全警示、标识公告牌； 高层建筑特种设备注册登记和定检率100%； 消防安全重点单位“户籍化”工作验收达标率100%； “九小”场所开展事故隐患排查并按计划完成整改；按规定配置消防设施； 餐饮场所按规定安装可燃气体浓度报警装置； 各类游乐场所和游乐设施开展事故隐患排查，按计划完成整改； 开展群租房安全专项整治并基本建立长效机制，群租房发现登记率达100%，租住人员信息登记率在95%以上，重大安全隐患整改率达到100%； 全面清查“三合一”场所并开展综合整治工作	5	查看政府、相关部门资料； 随机抽查高层建筑不少于5栋、社区不少于2个、“九小”场所每类不少于2个、游乐场所不少于2处，查阅相关资料并现场复核	(1)(本项最多扣0.5分)高层公共建筑未明确消防安全经理人的，高层住宅建筑未明确楼长的，高层建筑未设置消防安全警示标识的，每发现一处扣0.1分。 (2)(本项最多扣0.5分)高层公共建筑、高层住宅建筑特种设备未按规定注册登记、监督检验或定期检验的，每发现一处扣0.1分。 (3)(本项最多扣0.5分)消防安全重点单位“户籍化”工作未验收达标的，每发现一处扣0.1分。 (4)(本项最多扣1分)上一年度未开展“九小”场所隐患排查的扣1分；未按照整改计划完成整改的，每发现一处扣0.2分；未按规定配置消防设施的，每发现一处扣0.2分。 (5)(本项最多扣0.5分)餐饮场所未按规定安装可燃气体浓度报警装置的，每发现一处扣0.1分。 (6)(本项最多扣1分)上一年度未开展各类游乐场所和游乐设施隐患排查的，扣1分；未按照整改计划完成整改的，每发现一处扣0.2分。 (7)(本项最多扣0.5分)未开展群租房安全专项整治行动或未建立长效机制的，抽查群租房发现未登记或者租住人员信息未登记的，抽查群租房存在重大安全隐患未整改的，每发现一处扣0.1分。 (8)(本项最多扣0.5分)“三合一”场所存在安全隐患的，每发现一处扣0.1分

续表

一级项	二级项	三级项	评价内容	标准分值	考评方式	评分标准
二、城市安全风险防控 32分	6. 公共设施(9分)	(18)城市生命线安全风险	供电、供水管网安装安全监测监控设备； 重要燃气管网和场站监测监控设备安装率100%； 建立地下管线综合管理信息系统，并及时维护更新； 开展地下管线、窨井盖隐患排查，按计划完成整改； 建立城市电梯应急处置平台并有效运行； 开展地下工程影响区域、老旧管网集中区域、地下人防工程影响区域主要道路塌陷隐患排查，按计划完成整改	3	查阅政府、相关部门、单位资料；查阅地下管线隐患排查资料。 实地查看供电、供水管网、燃气监控设备，城市电梯应急处置平台；抽查不少于2处地下管线、窨井设施，查阅相关现场整治台账资料并现场复核	(1)(本项最多扣0.5分)供电管网未安装电压、频率监测监控设备的，供水管网未安装压力、流量监测监控设备的，每发现一处扣0.1分。 (2)(本项最多扣0.5分)重要燃气管网和场站未安装视频监控，燃气泄漏报警、压力、流量监控设备的，每发现一处扣0.1分。 (3)(本项最多扣0.5分)未建立地下管线综合管理信息系统的，扣0.5分；数据未及时更新的扣0.2分。 (4)(本项最多扣0.5分)上一年度未开展地下管线、窨井盖隐患排查的，扣0.5分；未按照计划完成整改的，每发现一处扣0.1分。 (5)未建立或未有效运行城市电梯应急处置平台的，扣0.4分。 (6)(本项最多扣0.6分)未开展地下工程影响区域、老旧管网集中区域、地下人防工程影响区域主要道路塌陷隐患排查的，扣0.6分；未按照计划完成整改的，每发现一处扣0.1分

续表

一级项	二级项	三级项	评价内容	标准分值	考评方式	评分标准
二、城市安全风险防控 32分	6. 公共设施（9分）	(19)城市交通安全风险	制定城市公共交通应急预案，定期开展应急演练； 建立公交驾驶员生理、心理健康监测机制，定期开展评估； 新增公交车驾驶区域安装安全防护隔离设施； “两客一危”道路运输企业安全生产标准化二级达标率100%； “两客一危”安装防碰撞、智能视频监控报警装置和卫星定位装置； 按照规定对城市轨道交通工程可研、试运营前、验收阶段进行安全评价，进行运营前和日常运营期间安全评估、消防设施评估、车站紧急疏散能力评估； 城市内河渡口渡船安全达标率100%； 长江江苏段、沿海及内湖、内河沿岸建立危险货物码头安全风险监控体系； 铁路平交道口按规定设置安全设施和进行管理； 建立铁路沿线安全环境整治机制；定期组织开展铁路沿线外部环境问题整治专项行动； 按计划治理完成铁路外部环境安全管控通报问题； 汽车客运站按规定设置安全设施和进行管理； 对交通流量大、事故多发、违法频率较高等重要路段实施路网运行监测与交通执法监控系统，对事故多发、易发路段进行实时监控，开展“三超一疲”“百吨王”“大吨小标”等交通违法违规突出问题整治	4	查阅政府、相关部门、单位资料；实地查看城市公共交通风险监控平台；抽查公交车、长途客运车辆、旅游客车、危险物品运输车各不少于2辆，查阅车辆相关资料并现场复核；抽查轨道交通项目，查阅相关资料；抽查不少于2个渡口、2个铁路平交道口、2个汽车客运站，查阅相关资料并现场复核	(1) 未制定城市公共交通应急预案，并定期开展应急演练的，扣0.3分。 (2) 未建立公交驾驶员生理、心理健康监测机制，定期开展评估的，扣0.3分。 (3) (本项最多扣0.2分)新增公交车驾驶区域未安装安全防护隔离设施的，每发现一辆扣0.1分。 (4) “两客一危”道路运输企业安全生产标准化二级达标率未达到100%的，扣0.4分； (5) (本项最多扣0.4分)“两客一危”未安装防碰撞、智能视频监控报警装置和卫星定位装置的，每发现一辆扣0.1分。 (6) (本项最多扣0.4分)未按规定在城市轨道交通工程可行性研究、试运营前、验收阶段进行安全评价的，每发现一项扣0.1分。 (7) (本项最多扣0.4分)未按规定开展初期运营前安全评估和车站紧急疏散能力评估的，未按规定开展正式运营前和运营期间安全评估的，未按规定开展城市轨道交通消防设施评估的，每发现一项扣0.1分。 (8) (本项最多扣0.2分)城市内河渡口渡船不符合要求的，每发现一处扣0.1分。 (9) (本项最多扣0.2分)长江江苏段、沿海及内湖、内河沿岸未建立危险货物码头安全风险监控系统的，每发现一处扣0.1分。 (10) (本项最多扣0.2分)铁路平交道口的安全设施及人员设置管理不符合要求的，每发现一处扣0.1分。 (11) 未建立高速铁路沿线安全环境整治“双段长”等机制的，扣0.2分。 (12) 未定期组织开展铁路外部环境问题整治专项行动的，扣0.2分。 (13) (本项最多扣0.2分)未按计划完成铁路外部环境安全管控通报问题治理的，每发现一个扣0.1分。 (14) (本项最多扣0.2分)汽车客运站未按规定设置安全设施和进行管理的，每发现一个扣0.1分。 (15) (本项最多扣0.2分)对交通流量大、事故多发、违法频率较高等重要路段未实施路网运行监测与交通执法监控系统，对事故多发、易发路段未进行实时安全监控的，未开展“三超一疲”“百吨王”“大吨小标”等交通违法违规突出问题整治的，每发现一处扣0.1分

续表

一级项	二级项	三级项	评价内容	标准分值	考评方式	评分标准
二、城市安全风险防控 32分	6. 公共设施(9分)	(20)桥梁隧道、老旧房屋建筑安全风险	定期开展桥梁、隧道技术状况检测评估； 桥梁、隧道安全设施隐患按计划完成整改； 开展城市危险房屋和老旧房屋、户外广告牌、灯箱、店招标牌、玻璃幕墙、道口遮阳棚、楼房外墙附着物检查，隐患整改率100%	2	查阅政府、相关部门、单位资料。 随机抽查不少于3个桥梁、3个隧道、3处老旧房屋、2个街道、2个社区，查阅相关资料并现场复核	(1)(本项最多扣0.5分)未定期开展桥梁、隧道技术状况检测评估工作的，每发现一处扣0.1分。 (2)(本项最多扣0.5分)桥梁、隧道安全设施隐患未按计划和整改方案完成整改的，每发现一处扣0.1分。 (3)(本项最多扣0.5分)未开展城市危险房屋和老旧房屋隐患排查的，每发现一处扣0.2分；未按整改方案和计划完成隐患整改的，每发现一处扣0.1分。 (4)(本项最多扣0.5分)未开展户外广告牌、灯箱、店招标牌、玻璃幕墙、道口遮阳棚和楼房外墙附着物排查的，扣0.5分；未按整改方案和计划完成隐患整改的，每发现一处扣0.1分
	7. 自然灾害(5分)	(21)气象、洪涝灾害	水文监测预警系统正常运行； 气象灾害预警信息公众覆盖率>90%； 编制洪水风险图； 开展城市洪水、内涝风险和隐患排查，按计划完成整改； 易燃易爆场所安装雷电防护装置并定期检测	3	查阅政府、相关部门、单位资料。 查阅城市洪水、内涝风险和隐患排查报告等相关资料。 随机抽取不少于2个城市洪水、内涝风险点，查阅相关资料并现场复核； 随机抽取不少于2个易燃易爆场所，查阅相关资料并现场复核	(1)(本项最多扣0.4分)水文站的水文监测预警系统未正常运行的，每发现一处扣0.2分。 (2)气象灾害预警信息公众覆盖率未超过90%的，扣0.6分。 (3)未编制洪水风险图的，扣0.5分。 (4)(本项最多扣0.5分)未开展城市洪水、内涝风险和隐患排查的，扣0.5分；未按整改方案和计划完成隐患整改的，每发现一处扣0.1分。 (5)(本项最多扣1分)易燃易爆场所未按规定安装雷电防护装置的，或未定期检测的，每发现一处扣0.5分

续表

一级项	二级项	三级项	评价内容	标准分值	考评方式	评分标准
二、城市安全风险防控 32分	7. 自然灾害(5分)	(22)地震、地质灾害	开展城市活动断层探测； 开展老旧房屋抗震风险排查、鉴定、制定加固计划并实施； 按抗震设防要求设计和施工学校、医院等建设工程； 编制年度地质灾害防治方案，并按照计划实施； 在地质灾害隐患点设置警示标志和采取自动监测技术	2	查阅政府、相关部门、单位资料。 随机抽查不少于3所老旧房屋，查看其是否进行抗震风险排查、鉴定和加固； 随机抽取不少于2所学校和2所医院，查看其是否按照抗震设防要求进行设计和施工； 随机抽取不少于2个地质灾害隐患点进行实地调查	(1) 未开展城市活动断层探测的，扣0.2分。 (2)(本项最多扣0.3分)未开展老旧房屋抗震风险排查、鉴定，或未制定加固计划并实施的，每发现一处扣0.1分。 (3)(本项最多扣0.3分)新建、改建学校、医院等人员密集场所的建设工程，未按照规定进行抗震设防设计和施工的，每发现一处扣0.1分。 (4)(本项最多扣0.2分)其他新建、改建、扩建工程未达到抗震设防要求的，每发现一处扣0.1分。 (5)(本项最多扣0.5分)未编制上一年度地质灾害防治方案的，扣0.5分；未按照防治方案对地质灾害隐患点进行搬迁重建、工程治理的，每发现一处扣0.1分。 (6)(本项最多扣0.3分)地质灾害隐患点未设置地质灾害警示标志，或未向受威胁的群众发放地质灾害防灾工作明白卡、地质灾害防灾避险明白卡和地质灾害危险点防御预案表的，每发现一处扣0.1分。 (7)(本项最多扣0.2分)未对全市受威胁人数超过100人的地质灾害隐患点采取自动监测技术的，每发现一处扣0.1分

续表

一级项	二级项	三级项	评价内容	标准分值	考评方式	评分标准
三、城市安全监督管理 16分	8. 城市安全责任体系(4分)	(23) 城市各级党委和政府的城市安全领导责任	各级党委、政府及时研究部署城市安全工作,将城市安全重大工作、重大问题提请党委常委会研究;领导班子分工体现安全生产“一岗双责”	2	查看政府和相关部门资料	每发现下列任何一处情况扣1分: (1) 各级党委、政府未定期召开专题会议,及时研究部署城市安全工作,或城市安全重大工作、重大问题未提请党委常委会研究的; (2) 领导班子分工未体现安全生产“一岗双责”的
		(24) 各级各部门城市安全监管责任	按照“三个必须”和“谁主管谁负责”原则,明确各有关部门安全生产职责并落实到部门工作职责规定中; 各功能区明确负责安全生产监督管理的机构和人员	2	查看政府和相关部门资料,抽查不少于3处功能区安全生产监督管理的机构和人员设置情况	每发现下列任何一处情况扣0.5分: (1) 各级政府未按照“三个必须”和“谁主管谁负责”原则,明确安全生产和各类行业安全监管责任分工的; (2) 政府相关部门“三定”规定中,未明确安全生产职责的; (3) 各功能区未按规定设置负责安全生产监督管理的机构和人员的
	9. 城市安全风险评估与管控(5分)	(25) 城市安全风险辨识评估	开展城市安全风险辨识与评估工作; 编制城市风险评估报告并及时更新; 建立城市安全风险管理信息平台并绘制四色等级安全风险分布图; 对城市功能区进行安全风险评估	3	查阅城市安全风险评估和功能区评估资料,实地查看城市安全风险信息管理平台	(1) 未开展城市安全风险辨识与评估工作或辨识与评估工作缺少城市工业企业、城市公共设施、人员密集区域、自然灾害风险等内容的,扣1分。 (2) 未编制城市风险评估报告并及时更新的,扣0.5分。 (3) 未建立城市安全风险管理信息平台或未绘制四色等级安全风险分布图的,扣0.5分。 (4) (本项最多扣1分)城市功能区未开展安全风险评估的,每发现一个扣0.5分

续表

一级项	二级项	三级项	评价内容	标准分值	考评方式	评分标准
三、城市安全监督管理 16分	9. 城市安全风险评估与管控（5分）	（26）城市安全风险管控	建立重大风险联防联控机制，明确风险清单对应的风险管控责任部门； 企业安全生产标准化达标	2	查看政府和相关部门资料； 查看企业安全标准化达标情况材料	（1）未建立重大风险联防联控机制，扣0.5分。 （2）未明确风险清单对应的风险管控责任部门的，扣0.5分。 （3）90%≤企业安全生产标准化达标率<100%的，扣0.2分；80%≤企业安全生产标准化达标率<90%的，扣0.4分；70%≤企业安全生产标准化达标率<80%的，扣0.6分；企业安全生产标准化达标率<70%的，扣1分。 注：计算安全生产标准化达标率的企业为建成区内的危险化学品生产、仓储经营、装卸、储存企业，煤矿、非煤矿山、交通运输、建筑施工企业，规模以上冶金、有色、建材、机械、轻工、纺织、烟草等企业
	10. 城市安全监管执法（7分）	（27）城市安全监管执法规范化、标准化、信息化	负有安全监管职责的部门按规定配备安全监管人员和装备； 信息化执法率>90%； 执法检查处罚率>5%	3	查看政府和相关部门资料； 抽查不少于5个负有安全监管职责部门的安全生产监管信息系统和年度执法检查记录	（1）负有安全监管职责的部门未按规定配备安全监管人员和装备的，扣1分。 （2）（本项最多扣1分）负有安全监管职责的部门信息化执法率不足90%的，每发现一处扣0.2分。 （3）相关部门（住房城乡建设、交通运输、应急、市场监管）上年度执法检查记录中，行政处罚次数占开展监督检查总次数比例不足5%的，扣1分。 注：执法信息化率指使用信息化执法装备（移动执法快检设备、移动执法终端、执法记录仪）执法的次数占总执法次数的比例

续表

一级项	二级项	三级项	评价内容	标准分值	考评方式	评分标准
三、城市安全监督管理 16 分	10. 城市安全监管执法(7 分)	(28)城市安全公众参与机制	建立城市安全问题公众参与、快速应答、处置、奖励机制; 设置城市安全举报平台; 城市安全问题举报投诉办结率 100%	1	查看政府和相关部门资料; 查看城市安全举报平台	(1)未利用互联网、手机 App、微信公众号等建立城市安全问题公众参与、快速应答、处置、奖励机制的,扣 0.3 分。 (2)未设置城市安全举报平台的,扣 0.3 分。 (3)(本项最多扣 0.4 分)城市安全问题举报投诉未办结的,每发现一处扣 0.1 分
		(29)典型事故教训吸取	针对典型事故暴露的问题,按照有关要求开展隐患排查活动; 事故调查报告向社会公开,落实整改防范措施	3	查看政府和相关部门资料; 检查事故调查报告向社会公开和落实事故整改防范措施情况	(1)(本项最多扣 1 分)近三年典型事故发生后未按照各级有关要求开展隐患排查活动的,每发现一处扣 0.2 分。 (2)(本项最多扣 1 分)未公开近三年生产安全事故调查报告的,每发现一起扣 0.2 分。 (3)(本项最多扣 1 分)未落实近三年生产安全事故调查报告整改防范措施的,每发现一起扣 0.2 分
四、城市安全保障能力 16 分	11. 城市安全科技创新应用(4 分)	(30)资金投入保障	各级政府要加大城市安全发展科技创新和应用领域的财政投入	1	查阅政府、相关部门资料	未在城市安全发展科技创新和应用领域进行财政投入的,扣 1 分
		(31)安全科技成果、技术和产品的推广使用	在城市安全相关领域推进科技创新; 推广一批具有基础性、紧迫性的先进安全技术和产品	2	查阅城市安全相关领域获得省部级科技创新成果奖励的资料; 查阅政府推广相关资料	(1)城市安全相关领域未获得省部级科技创新成果奖励的,扣 1 分;仅获得 1 项省部级科技创新成果奖励的,扣 0.5 分;获得 2 项及以上省部级科技创新成果奖励的,不扣分。 (2)未在矿山、尾矿库、交通运输、危险化学品、建筑施工、重大基础设施、城市公共安全、气象、水利、地震、地质、消防等行业领域推广应用具有基础性、紧迫性的先进安全技术和产品的,扣 1 分。 注:部级科技创新成果包括但不限于中国安全生产协会安全科技进步奖、中国职业安全健康协会科学技术奖、华夏建设科学技术奖和中国地震局防震减灾科技成果奖;入选交通运输重大科技创新成果库、安全生产重特大事故防治关键技术科技项目等

续表

一级项	二级项	三级项	评价内容	标准分值	考评方式	评分标准
四、城市安全保障能力 16分		(32) 淘汰落后生产工艺、技术和装备	企业淘汰落后生产工艺、技术和装备	1	实地抽查不少于5家企业	企业存在使用淘汰落后生产工艺和技术参考目录中的工艺、技术和装备的，每发现一处扣0.2分
	12. 社会化服务体系(3分)	(33) 城市安全专业技术服务	制定政府购买安全生产服务指导目录； 定期对技术服务机构进行专项检查，并对问题进行通报整改	1	查阅政府、相关部门资料	(1) 未制定政府购买安全生产服务指导目录的，扣0.5分。 (2) 未定期对技术服务机构进行专项检查，未对问题进行通报整改的，扣0.5分
		(34) 城市安全领域失信惩戒	建立安全生产、消防、住建、交通运输、特种设备、人民防空等领域失信联合惩戒制度； 建立城市安全领域失信联合惩戒对象管理台账	1	查阅政府、相关部门资料	(1) (本项最多扣0.5分)未建立安全生产、消防、住建、交通运输、特种设备、人民防空等领域失信联合惩戒制度的，每缺少一个领域扣0.1分。 (2) (本项最多扣0.5分)未建立失信联合惩戒对象管理台账的，每发现一个领域扣0.1分
		(35) 城市社区安全网格化	社区网格化覆盖率100%； 网格员发现的事故隐患处理率100%	1	查阅政府、相关部门资料。现场查阅不少于5个安全网格记录	(1) 社区网格化覆盖率未达到100%的，扣0.5分。 (2) (本项最多扣0.3分)网格员未按规定到岗的，每发现1人扣0.1分。 (3) (本项最多扣0.2分)未及时处理隐患及相关问题的，每发现一处扣0.1分
	13. 城市安全文化(9分)	(36) 城市安全文化创建活动	汽车站、火车站、大型广场等公共场所开展安全公益宣传； 广播电视及网站、新媒体平台开展安全公益宣传； 社区开展安全文化创建活动	3	现场查看城市安全文化创建情况。选择汽车站、火车站、大型广场等不少于10处公共场所。查看广播电视及网站、新媒体平台开展安全公益宣传的节目清单。查看不少于10个社区安全文化创建资料	(1) (本项最多扣1分)汽车站、火车站、大型广场等公共场所未开展安全公益宣传的，每发现一处扣0.2分。 (2) 上一年度广播电视及网站、新媒体平台开展安全公益宣传的条数少于100条(次)，扣1分。 (3) (本项最多扣1分)城市社区未开展安全文化创建的，相关节庆、联欢等活动未体现安全宣传内容的，未将相关安全元素和安全标识等融入社区的，每发现一个扣0.5分

续表

一级项	二级项	三级项	评价内容	标准分值	考评方式	评分标准
四、城市安全保障能力 16分	13. 城市安全文化(9分)	(37)城市安全文化教育体验基地或场馆	建设不少于1处具有城市特色的安全文化教育体验基地或场馆	1	查阅建设资料并现场查看城市安全文化教育体验基地、场馆建设情况	未建设具有城市特色的安全文化教育体验基地或场馆的,扣1分;基地或场馆处于建设阶段或功能(地震、消防、交通、居家安全等安全教育内容)运营情况等不健全不完善的,扣0.5分
		(38)城市安全知识宣传教育	推进安全、应急、防灾减灾、职业健康、爱路护路、人民防空宣传教育“进企业、进机关、进学校、进社区、进家庭、进公共场所”; 中小学安全教育覆盖率100%,开展应急避险、人员疏散掩蔽演练活动	2	抽查“六进”工作情况。 查阅不少于2所中小学安全课程开设情况,抽查学校应急避险、人员疏散掩蔽演练方案和记录	(1)未推进安全、应急、防灾减灾、职业健康、爱路护路、人民防空宣传教育“进企业、进机关、进学校、进社区、进家庭、进公共场所”的,扣1分。 (2)(本项最多扣1分)中小学未开展消防、交通等生活安全以及自然灾害应急避险安全教育和提示的,未定期开展消防逃生、地震等灾害应急避险演练和交通安全体验活动的,每发现一处扣0.2分
		(39)市民安全意识和满意度	市民具有较高的安全获得感、满意度,安全知识知晓率高,安全意识强	3	问卷调查	随机选取市民填写调查问卷,了解安全知识的知晓率、市民安全意识、市民安全获得感、满意度等内容,最高得3分
五、城市安全应急救援 14分	14. 城市应急救援体系(6分)	(40)城市应急管理综合应用平台	建设包含五大业务域(监管监察、监测预警、应急指挥、辅助决策、政务管理)的应急管理综合应用平台; 平台与省级应急管理综合应用平台实现互联互通; 平台实现相关部门之间数据共享	2	查阅政府、相关部门建设、验收和管理文件; 现场检查应用平台运行情况	(1)未建设包含五大业务域(监管监察、监测预警、应急指挥、辅助决策、政务管理)的应急管理综合应用平台的,扣2分。 (2)应急管理综合应用平台未与省级应急管理综合应用平台实现互联互通的,扣1分。 (3)应急管理综合应用平台各模块(含危险化学品安全生产风险监测预警模块)未投入使用的,扣0.5分。 (4)(本项最多扣0.5分)应急管理综合信息平台未实现与市场监管、环境保护、治安防控、消防、道路交通、信用管理等多部门(机构)之间数据共享的,每少一个扣0.1分

续表

一级项	二级项	三级项	评价内容	标准分值	考评方式	评分标准
五、城市安全应急救援 14分	14. 城市应急救援体系（6分）	（41）应急信息报告制度和多部门协同响应	建立应急信息报告制度，在规定时限报送事故信息； 建立统一指挥和多部门协同响应处置机制	1	查阅政府、相关部门文件	未建立应急信息报告制度，未在规定时限报送事故信息的，未建立统一指挥和多部门协同响应处置机制的，发现存在上述任何一处情况，扣1分
		（42）应急预案体系	制定完善应急救援预案； 实现各级政府预案、部门预案、企业预案有效衔接； 定期开展应急演练并持续改进； 开展城市应急准备能力评估	1	查阅政府预案，以及相关部门、街镇预案	每发现下列任何一处情况扣0.2分： （1）应急救援预案（市级政府及有关部门火灾、道路交通、危险化学品、燃气事故应急预案；地震、防汛防台、突发地质灾害应急预案、气象灾害应急预案；大面积停电、人员密集场所突发事件应急预案）未制定或未按期修订的； （2）各级政府预案、部门预案、企业预案未有效衔接的； （3）未按规定定期开展应急演练，演练后未进行评估和持续改进的； （4）未开展城市应急准备能力评估的
		（43）城市应急物资储备调用	编制应急物资储备规划和需求计划； 建立应急物资储备信息管理系统； 应急储备物资齐全； 建立应急物资装备调拨协调机制	1	查阅政府文件、管理系统建设资料、应急储备物资台账，应急物资装备调拨管理文件等资料	（1）未编制应急物资储备规划和需求计划的，未明确应急物资储备规模标准的，扣0.3分。 （2）未建立应急物资储备信息管理系统的，扣0.2分。 （3）（本项最多扣0.3分）应急物资库在储备物资登记造册和建立台账，种类、数量和方式等方面有缺陷的，每发现一处，扣0.1分。 （4）未建立应急物资装备调拨协调机制的，扣0.2分

续表

一级项	二级项	三级项	评价内容	标准分值	考评方式	评分标准
五、城市安全应急救援 14分	14. 城市应急救援体系（6分）	(44)城市应急避难场所	制作辖区应急避难场所分布图(表)，向社会公开； 应急避难场所设置显著标志，基本设施齐全； 人均避难场所面积大于1.5平方米； 新竣工人防工程标识覆盖率100%	1	查阅政府文件、应急避难场所分布图（表）、相关台账； 随机现场抽查不少于5个应急避难场所和人防工程	(1) 未结合行政区划地图制作辖区应急避难场所分布图(表)，或未向社会公开的，扣0.2分。 (2)(本项最多扣0.2分)应急避难场所未设置显著标志，或基本设施不齐全的，每发现一处扣0.1分。 (3) 按照避难人数为70%的常住人口计算全市应急避难场所人均面积，1平方米≤人均面积<1.5平方米的，扣0.1分；0.5平方米≤人均面积<1平方米的，扣0.3分；人均面积<0.5平方米的，扣0.5分。 (4) 新竣工人防工程标识覆盖率未达到100%的，扣0.1分。 注：应急避难场所应包括应急避难休息区、应急医疗救护区、应急物资分发区、应急管理区、应急厕所、应急垃圾收集区、应急供电区、应急供水区等各功能区
	15. 城市应急救援队伍（8分）	(45)城市消防救援队伍	出台消防救援队伍社会保障机制意见； 按规划建设支队战勤保障大队； 综合性消防救援队伍的执勤人数符合标准要求	4	查阅政府、相关部门文件，现场核查	(1) 未出台消防救援队伍社会保障机制意见的，扣1分。 (2) 未按规划建设支队战勤保障大队的，扣1分。 (3) 综合性消防救援队伍的执勤人数不符合标准要求的，扣2分
		(46)城市专业化应急救援队伍	编制专业应急救援队伍建设规划； 按规定建成重点领域专业应急救援队伍； 组织专业应急救援队伍开展培训和联合演练	2	查阅政府、相关部门文件，现场核查	(1) 未编制专业应急救援队伍建设规划的，扣0.5分。 (2) 未按规定成立重点领域专业应急救援队伍的，扣0.5分。 (3) 未组织专业应急救援队伍开展培训和联合演练的，扣1分

续表

一级项	二级项	三级项	评价内容	标准分值	考评方式	评分标准
五、城市安全应急救援 14分	15. 城市应急救援队伍（8分）	(47) 社会救援力量	将社会力量参与救援纳入政府购买服务范围； 制定支持引导社会力量参与应急工作的相关规定，明确社会力量参与救援工作的重点范围和主要任务	1	查阅政府、相关部门文件	(1) 未将社会力量参与救援纳入政府购买服务范围的，扣 0.5 分。 (2) 未出台支持引导大型企业、工业园区和其他社会力量参与应急工作的相关文件，明确社会力量参与救援工作的重点范围和主要任务的，扣 0.5 分
		(48) 企业应急救援	危险物品生产、经营、储存、运输单位，矿山、金属冶炼、城市轨道交通运营、建筑施工单位，以及旅游景区等人员密集场所经营单位，依法建立应急救援队伍； 小型微型企业指定兼职应急救援人员，或与邻近的应急救援队伍签订应急救援协议； 符合条件的高危企业依法建立专职消防队、配备应急救援装备	1	查阅政府、相关部门文件； 抽查不少于 5 家危险物品的生产、经营等单位； 抽查不少于 5 家符合条件的高危企业	(1)（本项最多扣 0.5 分）危险物品生产、经营、储存、运输单位，矿山、金属冶炼、城市轨道交通运营、建筑施工单位，以及旅游景区等人员密集场所经营单位，未按规定建立应急救援队伍的，每发现一家扣 0.1 分。 (2)（本项最多扣 0.3 分）小型微型企业未指定兼职应急救援人员，或未与邻近的应急救援队伍签订应急救援协议的，每发现一家扣 0.1 分。 (3)（本项最多扣 0.2 分）符合条件的高危企业未按规定建立专职消防队的，或应急救援装备配备不符合规定的，每发现一家扣 0.1 分

续表

一级项	二级项	三级项	评价内容	标准分值	考评方式	评分标准
六、城市安全状况 4分	16. 城市安全事故指标(4分)	(49) 亿元国内生产总值生产安全事故死亡人数;道路交通事故万车死亡人数;火灾十万人口死亡率	近三年内,亿元国内生产总值生产安全事故死亡人数前三年平均值逐年下降; 近三年内,道路交通事故万车死亡人数前三年平均值逐年下降; 近三年内,火灾十万人口死亡率前三年平均值逐年下降; 近三年内,每百万人口因灾死亡率前三年平均值逐年下降	4	查阅政府、相关部门资料	(1) 近三年内,亿元国内生产总值生产安全事故死亡人数前三年平均值未逐年下降的,扣 1 分; (2) 近三年内,道路交通事故万车死亡人数前三年平均值未逐年下降的,扣 1 分; (3) 近三年内,火灾十万人口死亡率前三年平均值未逐年下降的,扣 1 分; (4) 近三年内,每百万人口因灾死亡率前三年平均值未逐年下降的,扣 1 分。 注:"前三年平均值"指的是计算年及前两个自然年的平均值
鼓励项(最高 5 分)		(1) 城市安全科技项目获得国家科学技术奖(国家最高科学技术奖、国家自然科学奖、国家技术发明奖、国家科学技术进步奖、国际科学技术合作奖),3 分/项; (2) 城市安全科技项目获得省级科学技术奖,1 分/项; (3) 国家安全产业示范园区、全国综合减灾示范社区创建取得显著成绩,2 分; (4) 国家重点研发计划(城市安全相关项目)应用示范城市,0.5 分/项; (5) 在城市安全管理体制、法制、制度、手段、方式创新等方面取得显著成绩和良好效果,2 分				
省级安全发展示范城市评价否决项		(1) 在参评年及前五个自然年内发生特别重大事故灾难,或参评年及前三个自然年内发生重大事故灾难的; (2) 在参评年及前一个自然年内,发生重特大环境污染和生态破坏事件、药品安全事件和食品安全事故,或者因工作不力导致重特大自然灾害事件损失扩大、造成恶劣影响的; (3) 在参评年及前一个自然年内,因城市安全有关工作不力被国务院安委会、安委办或省安委会约谈、通报的; (4) 已获得命名城市,被撤销命名未满 2 年的; (5) 国务院安委会、安委办,或省安委会、安委办挂牌督办的重大安全隐患未按规定整改到位的; (6) 存在弄虚作假、出具虚假失实文件等行为,严重干扰误导复核和评议工作的				

说明:

一、本细则由一级项、二级项、三级项构成,其中一级项 6 个、二级项 16 个、三级项 49 个。

二、本细则总分包括标准分(100 分)和鼓励分(5 分),其中:城市安全源头治理(18 分)、城市安全风险防控(32 分)、城市安全监督管理(16 分)、城市安全保障能力(16 分)、城市安全应急救援(14 分)、城市安全状况(4 分)。

三、本细则评审存在空项的,按以下公式换算实得分:实得分=评审得分÷(100－不参与考评内容分数之和)×100＋鼓励分。最后得分采用四舍五入,取小数点后一位数。

四、实得分高于 90 分的城市,视为评价合格。

细则二

省级安全发展示范城市评价细则(2020县级城市版)

一级项	二级项	三级项	评价内容	标准分值	考评方式	评分标准
一、城市安全源头治理 18分	1. 城市安全规划(5分)	(1)市县国土空间总体规划及防灾减灾等专项规划	制定市县国土空间总体规划(城市总体规划); 制定综合防灾减灾规划、安全生产规划、防震减灾规划、地质灾害防治规划、防洪规划、职业病防治规划、消防规划、道路交通安全管理规划、排水防涝规划、人防工程规划、城市地下管线规划、综合管廊规划等专项规划和年度实施计划; 对总体规划和专项规划进行专家论证评审,并按规定开展相关评估	2	查阅政府、相关部门总体规划、专项规划的相关资料	每发现下列任何一处情况扣0.5分: (1)市县国土空间总体规划(城市总体规划)未体现综合防灾、公共安全要求的; (2)未制定综合防灾减灾规划、安全生产规划、防震减灾规划、地质灾害防治规划、防洪规划、职业病防治规划、消防规划、道路交通安全管理规划、排水防涝规划、人防工程规划、城市地下管线规划、综合管廊规划等专项规划和年度实施计划; (3)未对总体规划和专项规划进行专家论证评审; (4)未按规定开展相关评估。 注:(1)上述规划时效性须满足要求,否则视为未制定; (2)该项评价可查阅上级设区市的总体规划和专项规划
		(2)建设项目安全评估论证	建设项目按规定开展安全预评价、地震安全性评价、地质灾害危险性评估	2	查阅政府、相关部门、建设单位资料;随机抽查不少于5处按规定应当开展安全评价、地震安全性评价、地质灾害评估的项目	每发现下列任何一处情况扣0.5分: (1)建设项目未按规定开展安全预评价、地震安全性评价、地质灾害危险性评估的; (2)未采纳评价(评估)报告建议且无合理说明的

续表

一级项	二级项	三级项	评价内容	标准分值	考评方式	评分标准
一、城市安全源头治理 18分	1. 城市安全规划(5分)	(3) 城市各类设施安全管理办法	制修订城市高层建筑、大型商业综合体、综合交通枢纽、隧道桥梁、管线管廊、道路交通、轨道交通、城市燃气、城市照明、城市供排水、人防工程、垃圾填埋场(渣土受纳场)、加油(气)站、电力设施、电梯、低空慢速小目标飞行器(物)和游乐设施等城市各类设施安全管理办法; 制定既有房屋装饰装修、城市棚户区、城中村和危房改造监督管理办法	1	查阅政府、相关部门资料	每发现下列任何一项扣0.2分: (1) 未制修订城市高层建筑、大型商业综合体、综合交通枢纽、隧道桥梁、管线管廊、道路交通、轨道交通、城市燃气、城市照明、城市供排水、人防工程、垃圾填埋场(渣土受纳场)、加油(气)站、电力设施、电梯、低空慢速小目标飞行器(物)和游乐设施等(区域内包含的)城市各类设施安全管理办法(含行政规范性文件)的; (2) 未制定既有房屋装饰装修、城市棚户区、城中村、和危房改造监督管理办法的。 注:该项评价可查阅所属设区市制修订的相关管理办法
	2. 城市基础及安全设施建设(9分)	(4) 市政安全设施	区域内市政消火栓完好率100%; 市政供水、燃气老旧管网改造率>80%	2	查看区域内市政消火栓的相关资料。 实地抽查10个市政消火栓。 查看市政供水、燃气老旧管网改造的相关资料	(1)(本项最多扣1分)市政消火栓未按规定设置或未保持完好的,每发现一处扣0.2分。 (2) 市政供水、燃气老旧管网改造率≤80%的,扣1分

续表

一级项	二级项	三级项	评价内容	标准分值	考评方式	评分标准
一、城市安全源头治理 18分	2. 城市基础及安全设施建设(9分)	(5) 消防站	城市消防站的布局符合标准要求,在接到出动指令后在5分钟内消防队到达辖区边缘;城市消防站建设规模符合标准要求;城市消防通信设施完好率≥95%;城市消防站及特勤站中的消防车、防护装备、抢险救援器材和灭火器材的配备达标率100%;社区"四有"(有消防工作站、消防宣传橱窗、公共消防器材点、志愿消防队伍)达标率100%	2	查阅政府、相关部门资料。实地查看不少于1个一级普通消防站、1个特勤消防站,抽查不少于2个社区消防情况,现场复核	(1)(本项最多扣0.4分)城市消防站的布局不符合标准要求,在接到出动指令5分钟内消防队无法到达辖区边缘的,每发现一座扣0.2分。 (2)(本项最多扣0.4分)城市消防站建设规模不符合标准要求的,每发现一座扣0.2分。 (3)城市消防通信设施完好率低于95%的,扣0.4分。 (4)(本项最多扣0.4分)城市消防站及特勤站中的消防车、防护装备、抢险救援器材和灭火器材的配备不符合标准要求的,每发现一项扣0.1分。 (5)社区"四有"达标率低于100%,扣0.4分
		(6) 道路交通安全设施	双向六车道及以上道路按规定设置分隔设施;城市桥梁、地下道路按规定设置限高、限重、限行等标识;中小学校、幼儿园周边不少于150米范围内交通安全设施齐全	2	查阅政府、相关部门、单位资料。随机抽查建成区内不少于5处双向六车道及以上道路、5处城市桥梁和地下道路、5所中小学校、幼儿园,现场复核设施设置情况	(1)(本项最多扣0.5分)双向六车道及以上道路未按规定设置分隔设施,每发现一处,扣0.1分。 (2)(本项最多扣0.5分)城市桥梁、地下道路未按规定设置限高、限重、限行等标识,每发现一处,扣0.1分。 (3)(本项最多扣1分)中小学校、幼儿园周边不少于150米范围内交通安全设施未按规定设置的,每发现一处,扣0.2分

续表

一级项	二级项	三级项	评价内容	标准分值	考评方式	评分标准
一、城市安全源头治理 18分	2. 城市基础及安全设施建设(9分)	(7) 城市防洪排涝安全设施	城市堤防、河道等防洪工程按规划标准建设；管网、泵站等设施按城市排水防涝规划要求建设；城市易淹易涝片区按整改方案和计划完成防涝改造	2	查看政府防洪规划、排水防涝规划和城市易淹易涝片区整改方案和计划。随机抽查建成区内不少于2处防洪工程和防涝改造,现场复核	(1) 城市防洪工程未按规划标准建设,扣0.5分。 (2) 管网、泵站等设施未按城市排水防涝规划要求建设,扣0.5分。 (3)(本项最多扣1分)易淹易涝片区未按整改方案和计划整改,每发现一处扣0.5分
		(8) 地下综合管廊	城市新区、各类园区、成片开发区域的新建主干道必须同步建设地下综合管廊。 地下综合管廊的管线入廊率达100%	1	查阅政府、相关部门、单位资料	(1) 城市新区、各类园区、成片开发区域的新建主干道未同步建设地下综合管廊的,每发现一处,扣0.2分。 (2) 地下综合管廊的管线入廊率未达到100%,扣0.2分
	3. 城市产业安全改造与升级(4分)	(9) 城市禁止类产业目录	执行城市安全生产禁止和限制类产业目录	1	查阅政府、相关部门、单位资料	未执行城市安全生产禁止和限制类产业目录的,扣1分。 注:该项评价可查阅所属设区市制定的城市安全生产禁止和限制类产业目录
		(10) 高危行业搬迁改造与升级	制定高危行业企业退出、改造或转产等奖励政策、工作方案和计划并按计划逐步落实推进； 新建危险化学品生产企业进园入区率100%； 按期完成“四个一批”等专项行动	3	查阅政府、相关部门、企业资料,现场复核	未制定高危行业企业退出、改造或转产等奖励政策、工作方案和计划的；未按规定完成相关企业搬迁改造计划的；新建危险化学品生产企业进园入区率未达到100%的,每发现一处扣1分

续表

一级项	二级项	三级项	评价内容	标准分值	考评方式	评分标准
二、城市安全风险防控 32分	4. 城市工业企业（9分）	（11）危险化学品企业运行安全风险	危险化学品重大危险源的企业视频和安全监控系统安装率及危险化学品监测预警系统建设完成率100%； 涉及重点监管危险化工工艺和重大危险源的危险化学品生产装置和储存设施安全仪表系统装备率100%； 油气长输管道定检率、安全距离达标率、途经人员密集场所高后果区域安装监测监控率100%； 危化品安全风险分布档案建成率100%，形成危化品安全风险“一张图一张表”； 人口密集区危险化学品和化工企业生产、仓储场所安全搬迁工程完成率100%； 化工生产企业建成集重大危险源监控信息、可燃有毒气体检测报警信息、企业安全风险分区信息、生产人员在岗在位信息以及企业生产全流程管理信息等于一体的信息管理系统	3	查阅政府、相关部门资料； 查看危化品安全风险分布档案； 查看各级重大危险源监测预警系统； 随机抽查不少于5家规模以上危化品企业； 随机抽查不少于5处油气长输管道	(1)（本项最多扣0.5分）有危险化学品重大危险源的企业，未建设完成视频和安全监控系统及危险化学品监测预警系统的，每发现一处扣0.1分。 (2)（本项最多扣0.5分）涉及重点监管危险化工工艺和重大危险源的危险化学品生产装置和储存设施未按规定安装安全仪表系统或安全仪表系统未投入使用的，每发现一处扣0.1分。 (3)（本项最多扣0.5分）油气长输管道不在定期检验有效期内的，两侧安全距离不符合要求的，途经人员密集场所高后果区域未安装全天候视频监控的，每发现一处扣0.1分。 (4)（本项最多扣0.5分）危化品安全风险分布档案建成率未达到100%的，未形成“一张图一张表”的，每发现一处扣0.1分。 (5)（本项最多扣0.5分）人口密集区危化品和化工企业生产、仓储场所安全搬迁工程完成率未达到100%的，每发现一处扣0.1分。 (6)（本项最多扣0.5分）构成危险化学品重大危险源的化工生产企业未建成集重大危险源监控信息、可燃有毒气体检测报警信息、企业安全风险分区信息、生产人员在岗在位信息以及企业生产全流程管理信息等于一体的信息管理系统的，每发现一家企业扣0.1分

续表

一级项	二级项	三级项	评价内容	标准分值	考评方式	评分标准
二、城市安全风险防控 32分	4. 城市工业企业(9分)	(12)渣土受纳场运行安全风险	对渣土受纳场堆积体进行稳定性验算及监测; 废弃尾矿库100%实施闭库或有效治理	1	抽查不少于3个渣土受纳场(填埋场)和3个废弃尾矿库,查阅相关资料并现场复核	(1)(本项最多扣0.6分)未对渣土受纳场堆积体进行稳定性验算的,未对渣土受纳场堆积体表面水平位移和沉降、堆积体内水位进行监测的,每发现一处扣0.2分。 (2)废弃尾矿库未达到100%实施闭库或有效治理的,扣0.4分
		(13)建设施工作业安全风险	建设工程现场视频及大型起重机械安全监控系统安装率100%; 危大工程专项施工方案按规定审查并施工; 建筑施工企业主要负责人、项目负责人、专职安全管理人员和特种作业人员持证上岗率达100%; 逐步推进所有在建施工项目安全生产标准化考评率全覆盖	2	查阅政府、相关部门资料。 随机抽查不少于5处建设项目施工现场,查阅相关资料	(1)(本项最多扣0.4分)建设施工现场未安装视频监控系统的,每发现一处扣0.1分。 (2)(本项最多扣0.4分)建设工程施工现场塔吊等起重机械未按规定安装安全监控系统的,施工现场大型起重机械未按规定安装安全监控管理系统的,每发现一处扣0.1分。 (3)(本项最多扣0.4分)建设工程项目的危险性较大的分部分项工程未按规定审查或未按方案施工的,每发现一处扣0.1分。 (4)(本项最多扣0.4分)建筑施工企业主要负责人、项目负责人、专职安全管理人员和特种作业人员持证上岗率未达到100%的,每发现一处扣0.1分。 (5)(本项最多扣0.4分)在建施工项目未开展安全生产标准化自评考评的,每发现一处扣0.1分

续表

一级项	二级项	三级项	评价内容	标准分值	考评方式	评分标准
二、城市安全风险防控 32分	4. 城市工业企业(9分)	(14)高危行业企业安全风险防控体系	建立高危行业企业风险预警控制机制； 高危行业企业建立安全生产监控系统； 工业企业较大以上安全风险管控清单报告率100%	3	查阅政府、相关部门和企业资料。 随机抽查不少于5家高危行业企业，查阅相关资料并现场复核	(1)未建立高危行业企业风险预警控制机制的，扣1分。 (2)(本项最多扣1分)高危行业企业未建立安全生产监控系统的，每发现一处扣0.2分。 (3)(本项最多扣1分)工业企业较大以上安全风险管控清单报告率未达到100%的，每发现一处扣0.2分
	5. 人员密集区域(9分)	(15)人员密集场所安全风险	人员密集场所按规定开展风险评估；设置视频监控系统；建立大客流监测预警和应急管控制度； 人员密集场所特种设备注册登记和定检率100%； 人员密集场所既有建筑、安全出口、疏散通道、消防车通道等符合标准要求；火灾自动报警系统等消防设施符合标准要求	3	随机抽查不少于10处人员密集场所，查阅相关资料并现场复核	(1)(本项最多扣0.5分)人员密集场所未按规定开展风险评估的，每发现一处扣0.1分。 (2)(本项最多扣0.5分)人员密集场所未按规定安装视频监控系统的，未按规定建立大客流监测预警和应急管控制度的，每发现一处扣0.1分。 (3)(本项最多扣0.5分)人员密集场所特种设备未按规定注册登记、监督检验或定期检验的，每发现一处扣0.1分。 (4)(本项最多扣0.5分)人员密集场所消防车通道不符合要求的，每发现一处扣0.1分。 (5)(本项最多扣1分)人员密集场所的既有建筑、安全出口、疏散通道、消防设施(火灾自动报警系统、自动灭火系统、防排烟系统、防火卷帘、防火门)不符合要求的，每发现一处扣0.1分

续表

一级项	二级项	三级项	评价内容	标准分值	考评方式	评分标准
二、城市安全风险防控 32分	5. 人员密集区域(9分)	(16)大型群众性活动安全风险	大型群众性活动按规定开展风险评估;建立大客流监测预警和应急管控措施	1	随机抽查不少于5个大型群众性活动相关资料	(1)(本项最多扣0.5分)大型群众性活动未按规定开展风险评估的,每发现一处扣0.1分。 (2)(本项最多扣0.5分)未在大型群众性活动中使用大客流监测预警技术手段的,未针对大客流采取区域护栏隔离、人员调度、限流等应急管控措施的,每发现一处扣0.1分
		(17)高层建筑、“九小”场所、居住场所安全风险	高层建筑按规定设置消防安全经理人、楼长、消防安全警示、标识公告牌;高层建筑特种设备注册登记和定检率100%; 消防安全重点单位“户籍化”工作验收达标率100%; “九小”场所开展事故隐患排查,按计划完成整改;按规定配置消防设施; 餐饮场所按规定安装可燃气体浓度报警装置; 各类游乐场所和游乐设施开展事故隐患排查,按计划完成整改; 开展群租房安全专项整治并基本建立长效机制,群租房发现登记率达100%,租住人员信息登记率在95%以上,重大安全隐患整改率达到100%; 全面清查“三合一”场所并开展综合整治工作	5	查看政府、相关部门资料;随机抽查高层建筑不少于5栋、社区不少于2个、“九小”场所每类不少于2个、游乐场所不少于2处,查阅相关资料并现场复核	(1)(本项最多扣0.5分)高层公共建筑未明确消防安全经理人的,高层住宅建筑未明确楼长的,高层建筑未设置消防安全警示标识的,每发现一处扣0.1分。 (2)(本项最多扣0.5分)高层公共建筑、高层住宅建筑特种设备未按规定注册登记、监督检验或定期检验的,每发现一处扣0.1分,0.5分扣完为止。 (3)(本项最多扣0.5分)消防安全重点单位“户籍化”工作未验收达标的,每发现一处扣0.1分。 (4)(本项最多扣1分)上一年度未开展“九小”场所隐患排查的或未开展建筑内部及周边道路消防车通道隐患排查整治的,扣1分;未按照整改计划完成整改的,每发现一处扣0.2分;“九小”场所未按规定配置消防设施的,每发现一处扣0.2分。 (5)(本项最多扣0.5分)餐饮场所未按规定安装可燃气体浓度报警装置的,每发现一处扣0.1分。 (6)(本项最多扣1分)上一年度未开展各类游乐场所和游乐设施隐患排查的,扣1分;未按照整改计划完成整改的,每发现一处扣0.2分。 (7)(本项最多扣0.5分)未开展群租房安全专项整治行动或未建立长效机制的,抽查群租房发现未登记或者租住人员信息未登记的,抽查群租房存在重大安全隐患未整改的,每发现一处扣0.1分。 (8)(本项最多扣0.5分)“三合一”场所存在安全隐患的,每发现一处扣0.1分

续表

一级项	二级项	三级项	评价内容	标准分值	考评方式	评分标准
二、城市安全风险防控 32分	6. 公共设施(9分)	(18)城市生命线安全风险	供电、供水管网安装安全监测监控设备； 重要燃气管网和场站监测监控设备安装率100%； 建立地下管线综合管理信息系统，并及时更新维护； 开展地下管线、窨井盖隐患排查，按计划完成整改； 建立城市电梯应急处置平台并有效运行； 开展地下工程影响区域、老旧管网集中区域、地下人防工程影响区域主要道路塌陷隐患排查，按计划完成整改	3	查阅政府、相关部门、单位资料；查阅地下管线隐患排查资料。 实地查看供电、供水管网、燃气监控设备；城市电梯应急处置平台；抽查不少于2处地下管线、窨井设施，查阅相关现场整治台账资料并现场复核	(1)(本项最多扣0.5分)供电管网未安装电压、频率监测监控设备的，供水管网未安装压力、流量监测监控设备的，每发现一处扣0.1分。 (2)(本项最多扣0.5分)重要燃气管网和场站未安装视频监控、燃气泄漏报警、压力、流量监控设备的，每发现一处扣0.1分。 (3)未建立地下管线综合管理信息系统的，扣0.5分，数据未及时更新的扣0.2分。 (4)(本项最多扣0.5分)上一年度未开展地下管线、窨井盖隐患排查的，扣0.5分；未按照计划完成整改的，每发现一处扣0.1分。 (5)未建立或未有效运行城市电梯应急处置平台的，扣0.4分。 (6)(本项最多扣0.6分)未开展地下工程影响区域、老旧管网集中区域、地下人防工程影响区域主要道路塌陷隐患排查的，扣0.6分；未按照计划完成整改的，每发现一处扣0.1分。 注：评价县级城市电梯应急处置平台时，可查阅设区市电梯应急处置平台

续表

一级项	二级项	三级项	评价内容	标准分值	考评方式	评分标准
二、城市安全风险防控 32分	6. 公共设施(9分)	(19)城市交通安全风险	制定城市公共交通应急预案，定期开展应急演练；建立公交驾驶员生理、心理健康监测机制，定期开展评估；新增公交车驾驶区域安装安全防护隔离设施； “两客一危”道路运输企业安全生产标准化二级达标率100%以上；“两客一危”安装防碰撞、智能视频监控报警装置和卫星定位装置； 按照规定对城市轨道交通工程可研、试运营前、验收阶段进行安全评价，进行运营前和日常运营期间安全评估、消防设施评估、车站紧急疏散能力评估； 城市内河渡口渡船安全达标率100%； 长江江苏段、沿海及内湖、内河沿岸建立危险货物码头安全风险监控体系； 铁路平交道口按规定设置安全设施和进行管理；建立铁路沿线安全环境整治机制；定期组织开展铁路沿线外部环境问题整治专项行动； 汽车客运站按规定设置安全设施和进行管理； 对交通流量大、事故多发、违法频率较高等重要路段实施路网运行监测与交通执法监控系统，对事故多发、易发路段进行实时监控，开展“三超一疲”“百吨王”“大吨小标”等交通违法违规突出问题整治	4	查阅政府、相关部门、单位资料。实地查看城市公共交通风险监控平台；抽查公交车、长途客车、旅游客车、危险物品运输车各不少于2辆，查阅车辆相关资料并现场复核；抽查轨道交通项目，查阅相关资料；抽查不少于2个渡口、2个铁路平交道口、2个汽车客运站，查阅相关资料并现场复核	(1) 未制定城市公共交通应急预案，未定期开展应急演练的，扣0.3分。 (2) 未建立公交驾驶员生理、心理健康监测机制，未定期开展评估的，扣0.4分。 (3) (本项最多扣0.2分)新增公交车驾驶区域未安装安全防护隔离设施的，每发现一辆扣0.1分。 (4) “两客一危”道路运输企业安全生产标准化二级达标率未达到100%的，扣0.4分。 (5) (本项最多扣0.4分)“两客一危”未安装防碰撞、智能视频监控报警装置和卫星定位装置的，每发现一辆扣0.1分。 (6) (本项最多扣0.4分)未按规定在城市轨道交通工程可行性研究、试运营前、验收阶段进行安全评价的，每发现一项扣0.1分。 (7) (本项最多扣0.4分)未按规定开展初期运营前安全评估和车站紧急疏散能力评估的，未按规定开展正式运营前和运营期间安全评估的，未按规定开展城市轨道交通消防设施评估的，每发现一项扣0.1分。 (8) (本项最多扣0.2分)城市内河渡口渡船不符合要求的，每发现一处扣0.1分。 (9) (本项最多扣0.2分)长江江苏段、沿海及内湖、内河沿岸未建立危险货物码头安全风险监控系统的，每发现一处扣0.1分。 (10) (本项最多扣0.2分)铁路平交道口的安全设施及人员设置管理不符合要求的，每发现一处扣0.1分。 (11) 未定期组织开展铁路外部环境问题整治专项行动的，扣0.2分 (12) (本项最多扣0.3分)汽车客运站未按规定设置安全设施和进行管理的，每发现一个扣0.1分。 (13) (本项最多扣0.4分)对交通流量大、事故多发、违法频率较高等重要路段未实施路网运行监测与交通执法监控系统，对事故多发、易发路段未进行实时安全监控的，未开展“三超一疲”“百吨王”“大吨小标”等交通违法违规突出问题整治的，每发现一处扣0.1分

续表

一级项	二级项	三级项	评价内容	标准分值	考评方式	评分标准
二、城市安全风险防控 32分	6. 公共设施(9分)	(20)桥梁隧道、老旧房屋建筑安全风险	定期开展桥梁、隧道技术状况检测评估； 桥梁、隧道安全设施隐患按计划完成整改； 开展城市危险房屋和老旧房屋、户外广告牌、灯箱、店招标牌、玻璃幕墙、道口遮阳棚和楼房外墙附着物检查，隐患整改率100%	2	查阅政府、相关部门、单位资料。随机抽查不少于3个桥梁、3个隧道、3处老旧房屋、2个街道、2个社区，查阅相关资料并现场复核	(1)(本项最多扣0.5分)未定期开展桥梁、隧道技术状况检测评估工作的，每发现一处扣0.1分。 (2)(本项最多扣0.5分)桥梁、隧道安全设施隐患未按计划和整改方案完成整改的，每发现一处扣0.1分。 (3)(本项最多扣0.5分)未开展城市危险房屋和老旧房屋隐患排查的，每发现一处扣0.2分；未按整改方案和计划完成隐患整改的，每发现一处扣0.1分。 (4)(本项最多扣0.5分)未开展户外广告牌、灯箱、店招标牌、玻璃幕墙、道口遮阳棚和楼房外墙附着物排查的，扣0.5分；未按整改方案和计划完成隐患整改的，每发现一处扣0.1分
	7. 自然灾害(5分	(21)气象、洪涝灾害	水文监测预警系统正常运行； 气象灾害预警信息公众覆盖率>90%； 编制洪水风险图； 开展城市洪水、内涝风险和隐患排查，按计划完成整改； 易燃易爆场所安装雷电防护装置并定期检测	3	查阅政府、相关部门、单位资料。查阅城市洪水、内涝风险和隐患排查报告等相关资料。随机抽取不少于2个城市洪水、内涝风险点，查阅相关资料并现场复核；随机抽取不少于2个易燃易爆场所，查阅相关资料并现场复核	(1)(本项最多扣0.4分)水文站的水文监测预警系统未正常运行的，每发现一处扣0.2分。 (2)气象灾害预警信息公众覆盖率未超过90%的，扣0.6分。 (3)未编制洪水风险图的，扣0.5分(可查阅上一级相关部门编制的洪水风险图)。 (4)(本项最多扣0.5分)未开展城市洪水、内涝风险和隐患排查的，扣0.5分；未按整改方案和计划完成隐患整改的，每发现一处扣0.1分。 (5)(本项最多扣1分)易燃易爆场所未按规定安装雷电防护装置的，或未定期检测的，每发现一处扣0.5分

续表

一级项	二级项	三级项	评价内容	标准分值	考评方式	评分标准
二、城市安全风险防控 32分	7. 自然灾害(5分)	(22)地震、地质灾害	开展老旧房屋抗震风险排查、鉴定、制定加固计划并实施； 按抗震设防要求设计和施工学校、医院等建设工程； 编制年度地质灾害防治方案，并按照计划实施； 在地质灾害隐患点设置警示标志和采取自动监测技术	2	查阅政府、相关部门、单位资料。 随机抽查不少于2所老旧房屋，查看其是否进行抗震风险排查、鉴定和加固； 随机抽取不少于2所学校和2所医院，查看其是否按照抗震设防要求进行设计和施工； 随机抽取不少于2个地质灾害隐患点进行实地调查	(1)(本项最多扣0.4分)未开展老旧房屋抗震风险排查、鉴定，或未制定加固计划并实施的，每发现一处扣0.2分。 (2)(本项最多扣0.3分)新建、改建学校、医院等人员密集场所的建设工程，未按规定进行抗震设防设计和施工的，每发现一处扣0.1分。 (3)(本项最多扣0.3分)其他新建、改建、扩建工程未达到抗震设防要求的，每发现一处扣0.1分。 (4)(本项最多扣0.5分)未编制上一年度地质灾害防治方案的，扣0.5分；未按照防治方案对地质灾害隐患点进行搬迁重建、工程治理的，每发现一处扣0.1分。 (5)(本项最多扣0.3分)地质灾害隐患点未设置地质灾害警示标志，或未向受威胁的群众发放地质灾害防灾工作明白卡、地质灾害防灾避险明白卡和地质灾害危险点防御预案表的，每发现一处扣0.1分。 (6)(本项最多扣0.2分)未对全市受威胁人数超过100人的地质灾害隐患点采取自动监测技术的，每发现一处扣0.1分

续表

一级项	二级项	三级项	评价内容	标准分值	考评方式	评分标准
三、城市安全监督管理 11分	8. 城市安全责任体系(2分)	(23)城市各级党委和政府的城市安全领导责任	各级党委、政府及时研究部署城市安全工作，将城市安全重大工作、重大问题提请党委常委会研究； 领导班子分工体现安全生产“一岗双责”	1	查看政府和相关部门资料	每发现下列任何一处情况扣0.5分： (1) 各级党委、政府未定期召开专题会议，及时研究部署城市安全工作，或城市安全重大工作、重大问题未提请党委常委会研究的； (2) 领导班子分工未体现安全生产“一岗双责”的
		(24)各级各部门城市安全监管责任	按照“三个必须”和“谁主管谁负责”原则，明确各有关部门安全生产职责并落实到部门工作职责规定中； 各功能区明确负责安全生产监督管理的机构和人员	1	查看政府和相关部门资料，抽查不少于2处功能区安全生产监督管理的机构和人员设置情况	每发现下列任何一处情况扣0.5分： (1) 各级政府未按照“三个必须”和“谁主管谁负责”原则，明确安全生产和各类行业安全监管责任分工的； (2) 政府相关部门“三定”规定中，未明确安全生产职责的； (3) 各功能区未按规定设置负责安全生产监督管理的机构和人员的
	9. 城市安全风险评估与管控(5分)	(25)城市安全风险辨识评估	开展城市安全风险辨识与评估工作； 编制城市风险评估报告并及时更新； 建立城市安全风险管理信息平台并绘制四色等级安全风险分布图； 对城市功能区进行安全风险评估	3	查阅城市安全风险评估和功能区评估资料，实地查看城市安全风险信息管理平台	(1) 未开展城市安全风险辨识与评估工作或辨识与评估工作缺少城市工业企业、城市公共设施、人员密集区域、自然灾害风险等内容的，扣1分。 (2) 未编制城市风险评估报告并及时更新的，扣0.5分。 (3) 未建立城市安全风险管理信息平台或未绘制四色等级安全风险分布图的，扣1分。 (4)（本项最多扣1分）城市各功能区未开展安全风险评估的，扣0.5分

续表

一级项	二级项	三级项	评价内容	标准分值	考评方式	评分标准
三、城市安全监督管理 11分	9. 城市安全风险评估与管控(5分)	(26)城市安全风险管控	建立重大风险联防联控机制,明确风险清单对应的风险管控责任部门; 建立重大危险源生产安全预警机制,明确重大事故减灾措施; 企业安全生产标准化达标	2	查看政府和相关部门资料; 查看重大危险源信息管理系统; 查看企业安全标准化达标情况材料	(1)未建立重大风险联防联控机制,或未明确风险清单对应的风险管控责任部门的,扣0.5分。 (2)未建立重大危险源生产安全预警机制或未明确重大事故减灾措施的,扣0.5分。 (3)90%≤企业安全生产标准化达标率<100%的,扣0.2分;80%≤企业安全生产标准化达标率<90%的,扣0.4分;70%≤企业安全生产标准化达标率<80%的,扣0.6分;企业安全生产标准化达标率<70%的,扣1分。 注:计算安全生产标准化达标率的企业为建成区内的危险化学品生产、仓储经营、装卸、储存企业,煤矿、非煤矿山、交通运输、建筑施工企业,规模以上冶金、有色、建材、机械、轻工、纺织、烟草等企业
	10. 城市安全监管执法(4分)	(27)城市安全监管执法规范化、标准化、信息化	负有安全监管职责的部门按规定配备安全监管人员和装备; 信息化执法率>90%; 执法检查处罚率>5%	1	查看政府和相关部门资料; 抽查不少于5个负有安全监管职责部门安全生产监管信息系统和年度执法检查记录	(1)负有安全监管职责的部门未按规定配备安全监管人员和装备的,扣0.4分。 (2)(本项最多扣0.4分)负有安全监管职责的部门信息化执法率不足90%的,每发现一处扣0.2分。 (3)相关部门(住房城乡建设、交通运输、应急、市场监管)上年度执法检查记录中,行政处罚次数占开展监督检查总次数比例不足5%的,扣0.2分。 注:执法信息化率指使用信息化执法装备(移动执法快检设备、移动执法终端、执法记录仪)执法的次数占总执法次数的比例

续表

一级项	二级项	三级项	评价内容	标准分值	考评方式	评分标准
三、城市安全监督管理 11分	10. 城市安全监管执法（4分）	（28）城市安全公众参与机制	建立城市安全问题公众参与、快速应答、处置、奖励机制； 设置城市安全举报平台； 城市安全问题举报投诉办结率100%	1	查看政府和相关部门资料； 查看城市安全举报平台	(1) 未利用互联网、手机App、微信公众号等建立城市安全问题公众参与、快速应答、处置、奖励机制的，扣0.3分。 (2) 未设置城市安全举报平台的，扣0.3分。 (3)（本项最多扣0.4分）城市安全问题举报投诉未办结的，每发现一处扣0.1分
		（29）典型事故教训吸取	针对典型事故暴露的问题，按照有关要求开展隐患排查活动； 事故调查报告向社会公开，落实整改防范措施	2	查看政府和相关部门资料； 检查事故调查报告向社会公开和落实事故整改防范措施情况	(1)（本项最多扣1分）近三年典型事故发生后未按照各级有关要求开展隐患排查活动的，每发现一处扣0.2分 (2)（本项最多扣0.5分）未公开近三年生产安全事故调查报告的，每发现一起扣0.2分。 (3)（本项最多扣0.5分）未落实近三年生产安全事故调查报告整改防范措施的，每发现一起扣0.2分
四、城市安全保障能力 16分	11. 城市安全科技创新应用（4分）	（30）资金投入保障	设立安全生产专项资金，并专款专用	1	查阅政府、相关部门资料	未设立安全生产专项资金用于安全生产综合监管、宣传教育、应急管理、表彰奖励、公共安全隐患整改，以及购买专业技术服务等方面的，扣1分

续表

一级项	二级项	三级项	评价内容	标准分值	考评方式	评分标准
四、城市安全保障能力 16分	11. 城市安全科技创新应用(4分)	(31)安全科技成果、技术和产品的推广使用	在城市安全相关领域推进科技创新； 推广一批具有基础性、紧迫性的先进安全技术和产品	1	查阅城市安全相关领域获得省部级科技创新成果奖励的资料； 查阅政府推广相关资料	(1)未在城市安全相关领域推进科技创新的，扣0.5分； (2)未在矿山、尾矿库、交通运输、危险化学品、建筑施工、重大基础设施、城市公共安全、气象、水利、地震、地质、消防等行业领域推广应用具有基础性、紧迫性的先进安全技术和产品的，扣0.5分。 注：部级科技创新成果包括但不限于中国安全生产协会安全科技进步奖、中国职业安全健康协会科学技术奖、华夏建设科学技术奖和中国地震局防震减灾科技成果奖；入选交通运输重大科技创新成果库、安全生产重特大事故防治关键技术科技项目等
		(32)淘汰落后生产工艺、技术和装备	企业淘汰落后生产工艺、技术和装备	2	实地抽查不少于5家企业	(本项最多扣2分)企业存在使用淘汰落后生产工艺和技术参考目录中的工艺、技术和装备的，每发现一处扣0.4分
	12. 社会化服务体系(3分)	(33)城市安全专业技术服务	定期对技术服务机构进行专项检查，并对问题进行通报整改	1	查阅政府、相关部门资料	未定期对技术服务机构进行专项检查，未对问题进行通报整改的，扣1分
		(34)城市安全领域失信惩戒	建立安全生产、消防、住建、交通运输、特种设备、人民防空等领域失信联合惩戒制度； 建立城市安全领域失信联合惩戒对象管理台账	1	查阅政府、相关部门资料	(1)(本项最多扣0.5分)未建立安全生产、消防、住建、交通运输、特种设备、人民防空等领域失信联合惩戒制度的，每缺少一个领域扣0.1分。 (2)(本项最多扣0.5分)未建立失信联合惩戒对象管理台账的，每发现一个领域扣0.1分

续表

一级项	二级项	三级项	评价内容	标准分值	考评方式	评分标准
四、城市安全保障能力 16分	12. 社会化服务体系(3分)	(35)城市社区安全网格化	社区网格化覆盖率100%; 网格员发现的事故隐患处理率100%	1	查阅政府、相关部门资料。现场查阅不少于5个安全网格记录	(1)社区网格化覆盖率未达到100%的,扣0.5分。 (2)(本项最多扣0.3分)网格员未按规定到岗的,每发现1人扣0.1分。 (3)(本项最多扣0.2分)未及时处理隐患及相关问题的,每发现一处扣0.1分
	13. 城市安全文化(9分)	(36)城市安全文化创建活动	汽车站、火车站、大型广场等公共场所开展安全公益宣传; 县级广播电视及县级网站、新媒体平台开展安全公益宣传; 社区开展安全文化创建活动	3	现场查看城市安全文化创建情况。选择汽车站、火车站、大型广场等不少于10处公共场所。查看广播电视及网站、新媒体平台开展安全公益宣传的节目清单。查看不少于10个社区安全文化创建资料	(1)(本项最多扣1分)汽车站、火车站、大型广场等公共场所未开展安全公益宣传的,每发现一处扣0.2分。 (2)上一年度县级广播电视及县级网站、新媒体平台开展安全公益宣传少于50条(次),扣1分。 (3)(本项最多扣1分)城市社区未开展安全文化创建的,相关节庆、联欢等活动未体现安全宣传内容的,未将相关安全元素和安全标识等融入社区的,每发现一个扣0.5分
		(37)城市安全文化教育体验基地或场馆	建设不少于1处具有城市特色的安全文化教育体验基地或场馆	1	查阅建设资料并现场查看城市安全文化教育体验基地、场馆建设情况	未建设具有城市特色的安全文化教育体验基地或场馆的,扣1分;基地或场馆处于建设阶段或功能(地震、消防、交通、居家安全等安全教育内容)运营情况等不健全不完善的,扣0.5分

续表

一级项	二级项	三级项	评价内容	标准分值	考评方式	评分标准
四、城市安全保障能力 16分	13. 城市安全文化(9分)	(38)城市安全知识宣传教育	推进安全、应急、防灾减灾、职业健康、爱路护路、人民防空宣传教育“进企业、进机关、进学校、进社区、进家庭、进公共场所”； 中小学安全教育覆盖率100%，开展应急避险、人员疏散掩蔽演练活动	2	抽查“六进”工作情况。查阅不少于2所中小学安全课程开设情况，抽查学校应急避险、人员疏散掩蔽演练方案和记录	(1)未推进安全、应急、防灾减灾、职业健康、爱路护路、人民防空宣传教育“进企业、进机关、进学校、进社区、进家庭、进公共场所”的，扣1分。 (2)(本项最多扣1分)中小学未开展消防、交通等生活安全以及自然灾害应急避险安全教育和提示的，未定期开展消防逃生、地震等灾害应急避险演练和交通安全体验活动的，每发现一处扣0.2分
		(39)市民安全意识和满意度	市民具有较高的安全获得感、满意度，安全知识知晓率高，安全意识强	3	问卷调查	随机选取市民填写调查问卷，了解安全知识的知晓率、市民安全意识、市民安全获得感、满意度等内容，最高得3分
五、城市安全应急救援 14分	14. 城市应急救援体系(6分)	(40)城市应急管理综合应用平台	建设包含五大业务域(监管监察、监测预警、应急指挥、辅助决策、政务管理)的应急管理综合应用平台； 平台实现与市级应急管理综合应用平台互联互通，实现相关部门之间数据共享	2	查阅政府、相关部门建设、验收和管理文件； 现场检查应用平台运行情况	(1)未建设包含五大业务域(监管监察、监测预警、应急指挥、辅助决策、政务管理)的应急管理综合应用平台的，扣2分。 (2)平台未实现与市级应急管理综合应用平台实现互联互通的，扣1分。 (3)应急管理综合应用平台各模块(含危险化学品安全生产风险监测预警模块)未投入使用的，扣0.5分。 (4)(本项最多扣0.5分)应急管理综合信息平台未实现与市场监管、环境保护、治安防控、消防、道路交通、信用管理等多部门(机构)之间数据共享的，每少一个扣0.1分

续表

一级项	二级项	三级项	评价内容	标准分值	考评方式	评分标准
五、城市安全应急救援 14分	14. 城市应急救援体系（6分）	（41）应急信息报告制度和多部门协同响应	建立应急信息报告制度，在规定时限报送事故信息； 建立统一指挥和多部门协同响应处置机制	1	查阅政府、相关部门文件	未建立应急信息报告制度，未在规定时限报送事故信息的，未建立统一指挥和多部门协同响应处置机制的，发现存在上述任何一处情况，扣1分
		（42）应急预案体系	制定完善应急救援预案； 实现各级政府预案、部门预案、企业预案的有效衔接； 定期开展应急演练并持续改进； 开展城市应急准备能力评估	1	查阅政府预案，以及相关部门、街镇预案清单	每发现下列任何一处情况扣0.2分： （1）应急救援预案（县级政府及有关部门火灾、道路交通、危险化学品、燃气事故应急预案；地震、防汛防台、突发地质灾害应急预案、气象灾害应急预案；大面积停电、人员密集场所突发事件应急预案）未制定或未按期修订的； （2）各级政府预案、部门预案、企业预案未有效衔接的； （3）未按规定开展应急演练，演练后未进行评估和持续改进的； （4）未开展城市（园区）应急准备能力评估的
		（43）城市应急物资储备调用	编制应急物资储备规划和需求计划； 建立应急物资储备信息管理系统； 应急储备物资齐全； 建立应急物资装备调拨协调机制	1	查阅政府文件、管理系统建设资料、应急储备物资台账，应急物资装备调拨管理文件等资料	（1）未编制应急物资储备规划和需求计划的，未明确应急物资储备规模标准的，扣0.3分。 （2）未建立应急物资储备信息管理系统的，扣0.2分。 （3）（本项最多扣0.3分）应急物资库在储备物资登记造册和建立台账，种类、数量和方式等方面有缺陷的，每发现一处，扣0.1分。 （4）未建立应急物资装备调拨协调机制的，扣0.2分

续表

一级项	二级项	三级项	评价内容	标准分值	考评方式	评分标准
五、城市安全应急救援 14分	14. 城市应急救援体系(6分)	(44)城市应急避难场所	制作辖区应急避难场所分布图(表),向社会公开; 应急避难场所设置显著标志,基本设施齐全; 人均避难场所面积大于1.5平方米; 新竣工人防工程标识覆盖率100%	1	查阅政府文件、应急避难场所分布图(表)、相关台账;随机现场抽查不少于5个应急避难场所和人防工程	(1)未结合行政区划地图制作辖区应急避难场所分布图(表),或未向社会公开的,扣0.2分。 (2)(本项最多扣0.2分)应急避难场所未设置显著标志,或基本设施不齐全的,每发现一处扣0.1分。 (3)按照避难人数为70%的常住人口计算全市(区、县)应急避难场所人均面积,1平方米≤人均面积<1.5平方米的,扣0.1分;0.5平方米≤人均面积<1平方米的,扣0.3分;人均面积<0.5平方米的,扣0.5分。 (4)新竣工人防工程标识覆盖率未达到100%的,扣0.1分。 注:应急避难场所应包括应急避难休息区、应急医疗救护区、应急物资分发区、应急管理区、应急厕所、应急垃圾收集区、应急供电区、应急供水区等各功能区
	15. 城市应急救援队伍(8分)	(45)城市消防救援队伍	出台或执行消防救援队伍社会保障机制意见; 综合性消防救援队伍的执勤人数符合标准要求	4	查阅政府、相关部门文件,现场核查	(1)未出台或未执行消防救援队伍社会保障机制意见的,扣2分。 注:该项评价可查阅所属设区市出台相关意见的情况。 (2)综合性消防救援队伍的执勤人数不符合标准要求的,扣2分
		(46)城市专业化应急救援队伍	编制专业应急救援队伍建设规划; 按规定建成重点领域专业应急救援队伍; 组织专业应急救援队伍开展培训和联合演练	2	查阅政府、相关部门文件,现场核查	(1)未编制专业应急救援队伍建设规划的,扣0.5分。 (2)未按照规定成立重点领域专业应急救援队伍的,扣0.5分。 (3)未组织专业应急救援队伍开展培训和联合演练的,扣1分

续表

一级项	二级项	三级项	评价内容	标准分值	考评方式	评分标准
五、城市安全应急救援 14分	15. 城市应急救援队伍（8分）	（47）社会救援力量	将社会力量参与救援纳入政府购买服务范围； 制定支持引导社会力量参与应急工作的相关规定，明确社会力量参与救援工作的重点范围和主要任务	1	查阅政府、相关部门文件	（1）未将社会力量参与救援纳入政府购买服务范围的，扣0.5分。 （2）未出台支持引导大型企业、工业园区和其他社会力量参与应急工作的相关文件，明确社会力量参与救援工作的重点范围和主要任务的，扣0.5分
		（48）企业应急救援	危险物品生产、经营、储存、运输单位，矿山、金属冶炼、城市轨道交通运营、建筑施工单位，以及旅游景区等人员密集场所经营单位，依法建立应急救援队伍； 小型微型企业指定兼职应急救援人员，或与邻近的应急救援队伍签订应急救援协议； 符合条件的高危企业依法建立专职消防队、配备应急救援装备	1	查阅政府、相关部门文件；抽查不少于5家危险物品的生产、经营等单位；抽查不少于5家符合条件的高危企业	（1）（本项最多扣0.5分）危险物品生产、经营、储存、运输单位，矿山、金属冶炼、城市轨道交通运营、建筑施工单位，以及旅游景区等人员密集场所经营单位，未按规定建立应急救援队伍的，每发现一家扣0.1分。 （2）（本项最多扣0.3分）小型微型企业未指定兼职应急救援人员，或未与邻近的应急救援队伍签订应急救援协议的，每发现一家扣0.1分。 （3）（本项最多扣0.2分）符合条件的高危企业未按规定建立专职消防队的，或应急救援装备配备不符合规定的，每发现一家扣0.1分
六、城市安全状况 9分	16. 城市安全事故指标（9分）	（49）亿元国内生产总值生产安全事故死亡人数；道路交通事故万车死亡人数；火灾十万人口死亡率	近三年内，亿元国内生产总值生产安全事故死亡人数前三年平均值逐年下降； 近三年内，道路交通事故万车死亡人数前三年平均值逐年下降； 近三年内，火灾十万人口死亡率前三年平均值逐年下降	9	查阅政府、相关部门资料	（1）近三年内，亿元国内生产总值生产安全事故死亡人数前三年平均值未逐年下降的，扣3分。 （2）近三年内，道路交通事故万车死亡人数前三年平均值未逐年下降的，扣3分。 （3）近三年内，火灾十万人口死亡率前三年平均值未逐年下降的，扣3分。 注："前三年平均值"指的是计算年及前两个自然年的平均值

续表

一级项	二级项	三级项	评价内容	标准分值	考评方式	评分标准
鼓励项(最高 5 分)			(1) 城市安全科技项目获得国家科学技术奖(国家最高科学技术奖、国家自然科学奖、国家技术发明奖、国家科学技术进步奖、国际科学技术合作奖),3 分/项; (2) 城市安全科技项目获得省级科学技术奖,1 分/项; (3) 国家安全产业示范园区、全国综合减灾示范社区创建取得显著成绩,2 分; (4) 国家重点研发计划(城市安全相关项目)应用示范城市,0.5 分/项; (5) 在城市安全管理体制、法制、制度、手段、方式创新等方面取得显著成绩和良好效果,2 分			
省级安全发展示范城市评价否决项			(1) 在参评年及前五个自然年内,发生特别重大事故灾难,或在参评年及前三个自然年内发生重大事故灾难的; (2) 在参评年及前一个自然年内,发生重特大环境污染和生态破坏事件、药品安全事件和食品安全事故,或者因工作不力导致重特大自然灾害事件损失扩大、造成恶劣影响的; (3) 在参评年及前一个自然年内,因城市安全有关工作不力被国务院安委会、安委办或省安委会约谈、通报的; (4) 已获得命名城市撤销命名未满 2 年的; (5) 国务院安委会、安委办,或省安委会、安委办挂牌督办的重大安全隐患未按规定整改到位的; (6) 存在弄虚作假、出具虚假事实文件等行为,严重干扰误导复核和评议工作的			

说明:

一、本细则由一级项、二级项、三级项构成,其中一级项 6 个、二级项 16 个、三级项 49 个。

二、本细则总分包括标准分(100 分)和鼓励分(5 分),其中:城市安全源头治理(18 分)、城市安全风险防控(32 分)、城市安全监督管理(11 分)、城市安全保障能力(16 分)、城市安全应急救援(14 分)、城市安全状况(9 分)。

三、本细则评审存在空项的,按以下公式换算实得分:实得分=评审得分÷(100－不参与考评内容分数之和)×100＋鼓励分。最后得分采用四舍五入,取小数点后一位数。

四、实得分高于 90 分的城市,视为评价合格。

细则三

省级安全发展示范城市评价细则(2020 国家级开发区版)

一级项	二级项	三级项	评价内容	标准分值	考评方式	评分标准
一、城市安全源头治理 18分	1. 安全规划(5分)	(1)开发区总体规划及防灾减灾等专项规划	制定开发区总体规划;制定综合防灾减灾规划、安全生产规划、防震减灾规划、地质灾害防治规划、防洪规划、职业病防治规划、消防规划、道路交通安全管理规划、排水防涝规划、人防工程规划、城市地下管线规划、综合管廊规划等专项规划和年度实施计划;对总体规划和专项进行专家论证评审,并按规定开展相关评估	2	查阅政府、相关部门总体规划、专项规划的相关资料	每发现下列任何一处情况扣0.5分: (1)未制定开发区总体规划; (2)未体现综合防灾、公共安全要求的; (3)未制定综合防灾减灾规划、安全生产规划、防震减灾规划、地质灾害防治规划、防洪规划、职业病防治规划、消防规划、道路交通安全管理规划、排水防涝规划、人防工程规划、城市地下管线规划、综合管廊规划等专项规划和年度实施计划; (4)未对总体规划和专项规划进行专家论证评审; (5)未按规定开展相关评估。 注:(1)上述规划时效性须满足要求,否则视为未制定。 (2)该项评价可查阅上级设区市或所在县(区、市)的总体规划和专项规划
		(2)建设项目安全评估论证	建设项目按规定开展安全评价、地震安全性评价、地质灾害危险性评估	2	查阅政府、相关部门、建设单位资料;随机抽查不少于5处按规定应当开展安全评价、地震安全性评价、地质灾害危险性评估的项目	每发现下列任何一处情况扣0.5分: (1)建设项目未按规定开展安全评价、地震安全性评价、地质灾害危险性评估的; (2)未采纳评价(评估)报告建议且无合理说明的。 注:开发区建设项目地震安全性评价可按规定使用区域性地震安全性评价结果

续表

一级项	二级项	三级项	评价内容	标准分值	考评方式	评分标准
一、城市安全源头治理 18分	1. 安全规划(5分)	(3) 开发区各类设施安全管理手段	开发区高层建筑、大型商业综合体、综合交通枢纽、隧道桥梁、管线管廊、道路交通、轨道交通、城市燃气、城市照明、城市供排水、人防工程、垃圾填埋场(渣土受纳场)、加油(气)站、电力设施、电梯、低空慢速小目标飞行器(物)和游乐设施等城市各类设施安全管理明确、有效; 开发区既有房屋装饰装修、棚户区、城中村和危房改造监督管理明确、有效	1	查阅政府、相关部门资料	开发区城市高层建筑、大型商业综合体、综合交通枢纽、隧道桥梁、管线管廊、道路交通、轨道交通、城市燃气、城市照明、城市供排水、人防工程、垃圾填埋场(渣土受纳场)、加油(气)站、电力设施、电梯、低空慢速小目标飞行器(物)和游乐设施等(区域内包含的)城市各类设施无明确安全管理办法(含行政规范性文件)的,既有房屋装饰装修、棚户区、城中村和危房改造无相关监督管理办法的,每缺一项扣0.2分。 注:该项评价可查阅所属设区市制修订的相关管理办法
	2. 基础及安全设施建设(9分)	(4) 市政安全设施	开发区市政消火栓完好率100%; 市政供水、燃气老旧管网改造率>80%	2	查看开发区市政消火栓的相关资料。实地抽查10个市政消火栓。 查看市政供水、燃气老旧管网改造的相关资料	(1)(本项最多扣1分)市政消火栓未按规定设置或未保持完好的,每发现一处扣0.2分。 (2)市政供水、燃气老旧管网改造率≤80%的,扣1分

续表

一级项	二级项	三级项	评价内容	标准分值	考评方式	评分标准
一、城市安全源头治理 18分	2. 基础及安全设施建设（9分）	(5) 消防站	消防站的布局符合标准要求，在接到出动指令后规定时间内消防队到达辖区边缘； 消防站建设规模符合标准要求； 消防通信设施完好率≥95%； 消防站及特勤站中的消防车、防护装备、抢险救援器材和灭火器材的配备达标率100%； 社区"四有"（有消防工作站、消防宣传橱窗、公共消防器材点、志愿消防队伍）达标率100%	2	查阅政府、相关部门资料。实地查看不少于2个消防站或特勤站，抽查不少于2个社区消防情况，现场复核	(1)（本项最多扣0.4分）消防站的布局不符合标准要求，或在接到出动指令后规定时间内消防队未到达辖区边缘的，每发现一座扣0.2分。 (2)（本项最多扣0.4分）消防站建设规模不符合标准要求的，每发现一座扣0.2分。 (3) 消防通信设施完好率低于95%的，扣0.4分。 (4)（本项最多扣0.4分）消防站及特勤站中的消防车、防护装备、抢险救援器材和灭火器材的配备不符合标准要求的，每发现一项扣0.1分。 (5) 社区"四有"达标率低于100%的，扣0.4分
		(6) 道路交通安全设施	双向六车道及以上道路按规定设置分隔设施； 市政桥梁、地下道路按规定设置限高、限重、限行等标识； 中小学校、幼儿园周边不少于150米范围内交通安全设施齐全	2	查阅政府、相关部门、单位资料。随机抽查建成区内不少于2处双向六车道及以上道路、2处城市桥梁和地下道路、2所中小学校、幼儿园，现场复核设施设置情况	(1)（本项最多扣0..5分）双向六车道及以上道路未按规定设置分隔设施，每发现一处，扣0.1分。 (2)（本项最多扣0.5分）市政桥梁、地下道路未按规定设置限高、限重、限行等标识，每发现一处，扣0.1分。 (3)（本项最多扣1分）中小学校、幼儿园周边不少于150米范围内交通安全设施未按规定设置的，每发现一处，扣0.2分

续表

一级项	二级项	三级项	评价内容	标准分值	考评方式	评分标准
一、城市安全源头治理 18分	2. 基础及安全设施建设(9分)	(7) 防洪排涝安全设施	开发区堤防、河道等防洪工程按规划标准建设;管网、泵站等设施按城市排水防涝规划要求建设,易淹易涝片区按整改方案和计划完成防涝改造	2	查看政府防洪规划、排水防涝规划和城市易淹易涝片区整改方案和计划。随机抽查建成区内不少于2处防洪工程和防涝改造,现场复核	(1) 开发区防洪工程未按规划标准建设,扣0.5分。 (2) 管网、泵站等设施未按城市排水防涝规划要求建设,扣0.5分。 (3) (本项最多扣1分)易淹易涝片区未按整改方案和计划整改,每发现一处扣0.5分
		(8) 地下综合管廊	开发区新建主干道必须同步建设地下综合管廊。 地下综合管廊的管线入廊率达到100%	1	查阅政府、相关部门、单位资料	(1) 开发区新建主干道未同步建设地下综合管廊的,每发现一处,扣0.2分。 (2) 地下综合管廊的管线入廊率未达到100%,扣0.2分
	3. 产业安全改造与升级(4分)	(9) 开发区产业规划和布局	制定开发区产业规划,新建项目符合规划要求,优化各功能分区布局,严控高风险功能区规模	1	查阅政府、相关部门、单位资料	未制定开发区产业规划的,扣1分;规划未体现防控安全风险、优化功能区布局的,扣0.5分;规划有效期内新建项目不符合规划要求的,每发现一处扣0.5分
		(10) 开发区项目准入机制	严格开发区项目安全条件审查,严禁承接其他地区关闭退出的落后产能,建立并完善开发区内企业退出机制,对不符合安全生产要求的企业,要及时淘汰退出开发区,新建危险化学品生产企业进园入区率100%	3	查阅政府、相关部门、企业资料,现场复核	未严格执行项目安全条件审查的;未建立并完善开发区内企业退出机制的;未及时淘汰退出不符合安全生产要求的企业的;新建危险化学品生产企业进园入区率未达到100%的,每发现一处扣1分

续表

一级项	二级项	三级项	评价内容	标准分值	考评方式	评分标准
二、城市安全风险防控 32分	4. 工业企业(9分)	(11) 危险化学品企业运行安全风险	危险化学品重大危险源的企业视频和安全监控系统安装率及危险化学品监测预警系统建设完成率100%； 涉及重点监管危险化工工艺和重大危险源的危险化学品生产装置和储存设施安全仪表系统装备率100%； 油气长输管道定检率、安全距离达标率、途经人员密集场所高后果区域安装监测监控率100%； 危化品安全风险分布档案建成率100%，形成危化品安全风险"一张图一张表"； 人口密集区危险化学品和化工企业生产、仓储场所安全搬迁工程完成率100%； 化工生产企业建成集重大危险源监控信息、可燃有毒气体检测报警信息、企业安全风险分区信息、生产人员在岗在位信息以及企业生产全流程管理信息等于一体的信息管理系统	3	查阅政府、相关部门资料；查看危化品安全风险分布档案；查看各级重大危险源监测预警系统 随机抽查不少于5家规模以上危化品企业；随机抽查不少于5处油气长输管道	(1)(本项最多扣0.5分)有危险化学品重大危险源的企业，未建设完成视频和安全监控系统及危险化学品监测预警系统的，每发现一处扣0.1分。 (2)(本项最多扣0.5分)涉及重点监管危险化工工艺和重大危险源的危险化学品生产装置和储存设施未按规定安装安全仪表系统或安全仪表系统未投入使用的，每发现一处扣0.1分。 (3)(本项最多扣0.5分)油气长输管道不在定期检验有效期内的，两侧安全距离不符合要求的，途经人员密集场所高后果区域未安装全天候视频监控的，每发现一处扣0.1分。 (4)(本项最多0.5分)危化品安全风险分布档案建成率未达到100%的，未形成"一张图一张表"的，每发现一处扣0.1分。 (5)(本项最多扣0.5分)人口密集区危化品和化工企业生产、仓储场所安全搬迁工程完成率未达到100%的，每发现一处扣0.1分。 (6)(本项最多扣0.5分)构成危险化学品重大危险源的化工生产企业未建成集重大危险源监控信息、可燃有毒气体检测报警信息、企业安全风险分区信息、生产人员在岗在位信息以及企业生产全流程管理信息等于一体的信息管理系统的，每发现一家企业扣0.1分

续表

一级项	二级项	三级项	评价内容	标准分值	考评方式	评分标准
二、城市安全风险防控 32 分	4. 工业企业(9 分)	(12) 建设施工作业安全风险	建设工程现场视频及大型起重机械安全监控系统安装率 100%； 危大工程专项施工方案按规定审查并施工； 建筑施工企业主要负责人、项目负责人、专职安全管理人员和特种作业人员持证上岗率达 100%； 逐步推进所有在建施工项目安全生产标准化考评率全覆盖	2	查阅政府、相关部门资料。 随机抽查不少于 5 处建设项目施工现场，查阅相关资料	(1) (本项最多扣 0.4 分)建设施工现场未安装视频监控系统的,每发现一处扣 0.1 分。 (2) (本项最多扣 0.4 分)建设工程施工现场塔吊等起重机械未按规定安装安全监控系统的,施工现场大型起重机械未按规定安装安全监控管理系统的,每发现一处扣 0.1 分。 (3) (本项最多扣 0.4 分)建设工程项目的危险性较大分部分项工程未按规定审查或未按方案施工的,每发现一处扣 0.1 分。 (4) (本项最多扣 0.4 分)建筑施工企业主要负责人、项目负责人、专职安全管理人员和特种作业人员持证上岗率未达到 100%的,每发现一处扣 0.1 分。 (5) (本项最多扣 0.4 分)在建施工项目未开展安全生产标准化自评考评的,每发现一处扣 0.1 分
		(13) 高风险功能区封闭化管理	采取局部门禁系统、视频监控系统等手段,逐步推进园区内高风险功能区封闭化管理	1	查阅政府、相关部门和企业资料,并现场复核	(1) 未建立高风险功能区封闭化管理机制的,扣 0.5 分。 (2) 未对高风险功能区设立门禁及视频监控等封闭化管理系统的,扣 0.5 分
		(14) 高危行业企业安全风险防控体系	高危行业企业建立风险预警控制机制； 高危行业企业建立安全生产监控系统； 工业企业较大以上安全风险管控清单报告率 100%	3	查阅政府、相关部门和企业资料。 随机抽查不少于 5 家高危行业企业,查阅相关资料并现场复核	(1) 高危行业企业未建立风险预警控制机制的,扣 1 分。 (2) (本项最多扣 1 分)高危行业企业未建立安全生产监控系统的,每发现一处扣 0.2 分。 (3) (本项最多扣 1 分)工业企业较大以上安全风险管控清单报告率未达到 100%的,每发现一处扣 0.2 分

续表

一级项	二级项	三级项	评价内容	标准分值	考评方式	评分标准
二、城市安全风险防控 32分	5. 人员密集区域（9分）	（15）人员密集场所安全风险	人员密集场所按规定开展风险评估； 人员密集场所设置视频监控系统； 人员密集场所建立大客流监测预警和应急管控制度； 人员密集场所特种设备注册登记和定检率100%； 人员密集场所既有建筑、安全出口、疏散通道等符合标准要求； 人员密集场所火灾自动报警系统等消防设施符合标准要求	3	随机抽查不少于10处人员密集场所，查阅相关资料并现场复核	(1)（本项最多扣0.5分）人员密集场所未按规定开展风险评估的，每发现一处扣0.1分。 (2)（本项最多扣0.5分）人员密集场所未安装视频监控系统的，未按规定建立大客流监测预警和应急管控制度的，每发现一处扣0.1分。 (3)（本项最多扣0.5分）人员密集场所特种设备未按规定注册登记、监督检验或定期检验的，每发现一处扣0.1分。 (4)（本项最多扣0.5分）人员密集场所消防车通道不符合要求的，每发现一处扣0.1分。 (5)（本项最多扣1分）人员密集场所的既有建筑、安全出口、疏散通道、消防设施（火灾自动报警系统、自动灭火系统、防排烟系统、防火卷帘、防火门）不符合要求的，每发现一处扣0.1分
		（16）大型群众性活动安全风险	大型群众性活动按规定开展风险评估； 建立大客流监测预警和应急管控措施	1	随机抽查不少于5个大型群众性活动相关资料	(1)（本项最多扣0.5分）大型群众性活动未按规定开展风险评估的，每发现一处扣0.1分。 (2)（本项最多扣0.5分）未在大型群众性活动中使用大客流监测预警技术手段的，未针对大客流采取区域护栏隔离、人员调度、限流等应急管控措施的，每发现一处扣0.1分

续表

一级项	二级项	三级项	评价内容	标准分值	考评方式	评分标准
二、城市安全风险防控 32分	5. 人员密集区域(9分)	(17)高层建筑、“九小”场所、居住场所安全风险	高层建筑按规定设置消防安全经理人、楼长、消防安全警示、标识公告牌;高层建筑特种设备注册登记和定检率100%; 消防安全重点单位“户籍化”工作验收达标率100%; “九小”场所开展事故隐患排查并按计划完成整改;按规定配置消防设施; 餐饮场所按规定安装可燃气体浓度报警装置; 各类游乐场所和游乐设施开展事故隐患排查,按计划完成整改; 开展群租房安全专项整治并基本建立长效机制,群租房发现登记率达100%,租住人员信息登记率在95%以上,重大安全隐患整改率达到100%; 全面清查“三合一”场所并开展综合整治工作	5	查看政府、相关部门资料;随机抽查高层建筑不少于5栋、社区不少于2个、“九小”场所每类不少于2个、游乐场所不少于2处,查阅相关资料并现场复核	(1)(本项最多扣0.5分)高层公共建筑未明确消防安全经理人的,高层住宅建筑未明确楼长的,高层建筑未设置消防安全警示标识的,每发现一处扣0.1分。 (2)(本项最多扣0.5分)高层公共建筑、高层住宅建筑特种设备未按规定注册登记、监督检验或定期检验的,每发现一处扣0.1分。 (3)(本项最多扣0.5分)消防安全重点单位“户籍化”工作未验收达标的,每发现一处扣0.1分。 (4)(本项最多扣1分)上一年度未开展“九小”场所隐患排查的,扣1分;未按照整改计划完成整改的,每发现一处扣0.2分;未按规定配置消防设施的,每发现一处扣0.2分。 (5)(本项最多扣0.5分)餐饮场所未按规定安装可燃气体浓度报警装置的,每发现一处扣0.1分。 (6)(本项最多扣1分)上一年度未开展各类游乐场所和游乐设施隐患排查的,扣1分;未按照整改计划完成整改的,每发现一处扣0.2分。 (7)(本项最多扣0.5分)未开展群租房安全专项整治行动或未建立长效机制的,抽查群租房发现未登记或者租住人员信息未登记的,抽查群租房存在重大安全隐患未整改的,每发现一处扣0.1分。 (8)(本项最多扣0.5分)“三合一”场所存在安全隐患的,每发现一处扣0.1分

续表

一级项	二级项	三级项	评价内容	标准分值	考评方式	评分标准
二、城市安全风险防控 32分	6. 公共设施(9分)	(18)城市生命线安全风险	供电、供水管网安装安全监测监控设备； 重要燃气管网和场站监测监控设备安装率100%； 建立地下管线综合管理信息系统，并及时维护更新； 开展地下管线、窨井盖隐患排查，按计划完成整改； 建立电梯应急处置平台并有效运行； 开展地下工程影响区域、老旧管网集中区域、地下人防工程影响区域主要道路塌陷隐患排查，按计划完成整改	3	查阅政府、相关部门、单位资料；查阅地下管线隐患排查资料。 实地查看供电、供水管网、燃气监控设备；城市电梯应急处置平台；抽查不少于2处地下管线、窨井设施，查阅相关现场整治台账资料并现场复核	(1)(本项最多扣0.5分)供电管网未安装电压、频率监测监控设备的，供水管网未安装压力、流量监测监控设备的，每发现一处扣0.1分。 (2)(本项最多扣0.5分)重要燃气管网和场站未安装视频监控、燃气泄漏报警、压力、流量监控设备的，每发现一处扣0.1分。 (3)未建立地下管线综合管理信息系统的，扣0.5分，数据未及时更新的扣0.2分。 (4)(本项最多扣0.5分)上一年度未开展地下管线、窨井盖隐患排查的，扣0.5分；未按照计划完成整改的，每发现一处扣0.1分。 (5)未建立或未有效运行城市电梯应急处置平台的，扣0.4分。 (6)(本项最多扣0.6分)未开展地下工程影响区域、老旧管网集中区域、地下人防工程影响区域主要道路塌陷隐患排查的，扣0.6分；未按照计划完成整改的，每发现一处扣0.1分。 注:评价开发区地下管线综合管理信息系统和主要道路塌陷隐患排查时，可查阅上级设区市或所在县(区、市)信息系统和台账。 评价开发区电梯应急处置平台时，可查阅设区市电梯应急处置平台

续表

一级项	二级项	三级项	评价内容	标准分值	考评方式	评分标准
二、城市安全风险防控 32分	6. 公共设施(9分)	(19)交通安全风险	制定公共交通应急预案,定期开展应急演练;建立公交驾驶员生理、心理健康监测机制,定期开展评估;新增公交车驾驶区域安装安全防护隔离设施; "两客一危"道路运输企业安全生产标准化二级达标率100%;"两客一危"安装防碰撞、智能视频监控报警装置和卫星定位装置; 按照规定对城市轨道交通工程可研、试运营前、验收阶段进行安全评价,进行运营前和日常运营期间安全评估、消防设施评估、车站紧急疏散能力评估; 城市内河渡口渡船安全达标率100%; 长江江苏段、沿海及内湖、内河沿岸建立危险货物码头安全风险监控体系; 铁路平交道口按规定设置安全设施和进行管理;建立铁路沿线安全环境整治机制,定期组织开展铁路沿线外部环境问题整治专项行动; 汽车客运站按规定设置安全设施和进行管理; 对交通流量大、事故多发、违法频率较高等重要路段实施路网运行监测与交通执法监控系统,对事故多发、易发路段进行实时监控,开展"三超一疲""百吨王""大吨小标"等交通违法违规突出问题整治	4	查阅政府、相关部门、单位资料。实地查看城市公共交通风险监控平台;抽查公交车、长途客车、旅游客车、危险物品运输车各不少于2辆,查阅车辆相关资料;抽查轨道交通项目,查阅相关资料并现场复核;现场抽查渡口、铁路平交道口、汽车客运站,查阅相关资料并现场复核	(1) 未制定公共交通应急预案,未定期开展应急演练的,扣0.3分。 (2) 未建立公交驾驶员生理、心理健康监测机制,未定期开展评估的,扣0.4分。 (3)(本项最多扣0.2分)新增公交车驾驶区域未安装安全防护隔离设施的,每发现一辆扣0.1分。 (4)"两客一危"道路运输企业安全生产标准化二级达标率未达到100%的,扣0.4分。 (5)(本项最多扣0.4分)"两客一危"未安装防碰撞、智能视频监控报警装置和卫星定位装置的,每发现一辆扣0.1分。 (6)(本项最多扣0.4分)未按规定在城市轨道交通工程可行性研究、试运营前、验收阶段进行安全评价的,每发现一项扣0.1分。 (7)(本项最多扣0.4分)未按规定开展初期运营前安全评估和车站紧急疏散能力评估的,未按规定开展正式运营前和运营期间安全评估的,未按规定开展城市轨道交通消防设施评估的,每发现一项扣0.1分。 (8)(本项最多扣0.2分)城市内河渡口渡船不符合要求的,每发现一处扣0.1分。 (9)(本项最多扣0.2分)长江江苏段、沿海及内湖、内河沿岸未建立危险货物码头安全风险监控系统的,每发现一处扣0.1分。 (10)(本项最多扣0.2分)铁路平交道口的安全设施及人员设置管理不符合要求的,每发现一处扣0.1分。 (11) 未定期组织开展铁路外部环境问题整治专项行动的,扣0.2分。 (12)(本项最多扣0.3分)汽车客运站未按规定设置安全设施和进行管理的,每发现一个扣0.1分。 (13)(本项最多扣0.4分)对交通流量大、事故多发、违法频率较高等重要路段未实施路网运行监测与交通执法监控系统,对事故多发、易发路段未进行实时安全监控的,未开展"三超一疲""百吨王""大吨小标"等交通违法违规突出问题整治的,每发现一处扣0.1分

续表

一级项	二级项	三级项	评价内容	标准分值	考评方式	评分标准
二、城市安全风险防控 32分	6. 公共设施(9分)	(20)桥梁隧道、老旧房屋建筑安全风险	定期开展桥梁、隧道技术状况检测评估； 桥梁、隧道安全设施隐患按计划完成整改； 开展老旧房屋、户外广告牌、灯箱、店招标牌、玻璃幕墙、道口遮阳棚和楼房外墙附着物检查，隐患整改率100%	2	查阅政府、相关部门、单位资料。随机抽查不少于3个桥梁、3个隧道、3处老旧房屋、2个街道、2个社区，查阅相关资料并现场复核	(1)(本项最多扣0.5分)未定期开展桥梁、隧道技术状况检测评估工作的，每发现一处扣0.1分。 (2)(本项最多扣0.5分)桥梁、隧道安全设施隐患未按计划和整改方案完成整改的，每发现一处扣0.1分。 (3)(本项最多扣0.5分)未开展城市老旧房屋隐患排查的，扣0.5分；未按整改方案和计划完成隐患整改的，每发现一处扣0.2分。 (4)(本项最多扣0.5分)未开展户外广告牌、灯箱、店招标牌、玻璃幕墙、道口遮阳棚和楼房外墙附着物排查的，扣0.5分；未按整改方案和计划完成隐患整改的，每发现一处扣0.1分
	7. 自然灾害(5分)	(21)气象、洪涝灾害	水文监测预警系统正常运行； 气象灾害预警信息公众覆盖率>90%； 编制洪水风险图； 开展城市洪水、内涝风险和隐患排查，按计划完成整改； 易燃易爆场所安装雷电防护装置并定期检测	3	查阅政府、相关部门、单位资料。查阅城市洪水、内涝风险和隐患排查报告等相关资料。随机抽取不少于2个城市洪水、内涝风险点，查阅相关资料并现场复核；随机抽取不少于2个易燃易爆场所，查阅相关资料并现场复核	(1)(本项最多扣0.4分)水文站的水文监测预警系统未正常运行的，每发现一处扣0.2分。 (2)气象灾害预警信息公众覆盖率未超过90%的，扣0.6分。 (3)未编制洪水风险图的，扣0.5分(可查阅上一级相关部门编制的洪水风险图)。 (4)(本项最多扣0.5分)未开展城市洪水、内涝风险和隐患排查的，扣0.5分；未按整改方案和计划完成隐患整改的，每发现一处扣0.1分。 (5)(本项最多扣1分)易燃易爆场所未按规定安装雷电防护装置的，或未定期检测的，每发现一处扣0.5分

续表

一级项	二级项	三级项	评价内容	标准分值	考评方式	评分标准
二、城市安全风险防控 32分	7. 自然灾害(5分)	(22)地震、地质灾害	开展老旧房屋抗震风险排查、鉴定、制定加固计划并实施； 按抗震设防要求设计和施工学校、医院等建设工程； 编制年度地质灾害防治方案，并按照计划实施； 在地质灾害隐患点设置警示标志	2	查阅政府、相关部门、单位资料。 随机抽查不少于2所老旧房屋，查看其是否进行抗震风险排查、鉴定和加固； 随机抽取不少于2所学校和2所医院，查看其是否按照抗震设防要求进行设计和施工； 随机抽取不少于2个地质灾害隐患点进行实地调查	(本项最多扣0.4分)未开展老旧房屋抗震风险排查、鉴定；未制定加固计划并实施的，每发现一处扣0.2分。 (本项最多扣0.4分)新建、改建学校、医院等人员密集场所的建设工程，未按规定进行抗震设防设计和施工的，每发现一处扣0.1分。 (本项最多扣0.3分)其他新建、改建、扩建工程未达到抗震设防要求的，每发现一处扣0.1分。 (本项最多扣0.5分)未编制上一年度地质灾害防治方案的，扣0.5分；未按照防治方案对地质灾害隐患点进行搬迁重建、工程治理的，每发现一处扣0.1分。 (5)(本项最多扣0.4分)地质灾害隐患点未设置地质灾害警示标志，或未向受威胁的群众发放地质灾害防灾工作明白卡、地质灾害防灾避险明白卡和地质灾害危险点防御预案表的，每发现一处扣0.1分

续表

一级项	二级项	三级项	评价内容	标准分值	考评方式	评分标准
三、城市安全监督管理 11分	8. 安全责任体系（2分）	（23）开发区各级党委和政府城市安全领导责任	及时研究部署城市安全工作，将城市安全重大工作、重大问题提请党委（党工委）常委会研究； 领导班子分工体现安全生产“一岗双责”	1	查看政府和相关部门资料	每发现下列任何一处情况扣0.5分： （1）未定期召开专题会议，及时研究部署城市安全工作，或城市安全重大工作、重大问题未提请党委（党工委）常委会研究的； （2）领导班子分工未体现安全生产“一岗双责”的
		（24）开发区安全监管责任	按照“三个必须”和“谁主管谁负责”原则，明确各有关部门安全生产职责并落实到部门工作职责规定中； 加强安全生产监管执法力量建设，开发区及辖区内各功能区、乡镇、街道明确负责安全生产监督管理的机构和人员	1	查看政府和相关部门资料，抽查安全生产监督管理的机构和人员设置情况	每发现下列任何一处情况扣0.5分： （1）开发区管委会未按照“三个必须”和“谁主管谁负责”原则，明确安全生产和各类行业安全监管责任分工的； （2）开发区“三定”规定中，未明确安全生产职责的； （3）开发区未按规定设置安全生产监管机构，配备安全生产监管执法人员，监管执法人员少于9人的； （4）重点生产性园区（集中区）未单独设立监管机构和人员的
	9. 安全风险评估与管控（5分）	（25）安全风险辨识评估	开展开发区安全风险辨识与评估工作； 编制开发区风险评估报告并及时更新； 建立安全风险管理信息平台并绘制四色等级安全风险分布图； 开发区功能区按规定开展安全风险评估	3	查阅开发区安全风险评估和功能区评估资料，实地查看安全风险信息管理平台	（1）未开展安全风险辨识与评估工作或辨识与评估工作缺少工业企业、公共设施、人员密集区域、自然灾害风险等内容的，扣0.5分。 （2）未编制开发区风险评估报告或设区市风险评估报告未覆盖开发区区域的，扣0.5分。 （3）未建立安全风险管理信息平台或未绘制四色等级安全风险分布图的，扣1分。 （4）（本项最多扣1分）开发区功能区未开展安全风险评估的，每发现一个扣0.5分

续表

一级项	二级项	三级项	评价内容	标准分值	考评方式	评分标准
三、城市安全监督管理 11分	9. 安全风险评估与管控(5分)	(26)安全风险管控	建立重大风险联防联控机制,明确风险清单对应的风险管控责任部门; 企业安全生产标准化达标	2	查看政府和相关部门资料; 查看重大危险源信息管理系统; 查看企业安全标准化达标情况材料	(1) 未建立重大风险联防联控机制的,扣0.5分; (2) 未明确风险清单对应的风险管控责任部门的,扣0.5分。 (3) 90%≤企业安全生产标准化达标率<100%的,扣0.2分;80%≤企业安全生产标准化达标率<90%的,扣0.4分;70%≤企业安全生产标准化达标率<80%的,扣0.6分;企业安全生产标准化达标率<70%的,扣1分。 注:计算安全生产标准化达标率的企业为建成区内的危险化学品生产、仓储经营、装卸、储存企业,煤矿、非煤矿山、交通运输、建筑施工企业,规模以上冶金、有色、建材、机械、轻工、纺织、烟草等企业
	10. 安全监管执法(4分)	(27)安全监管执法规范化、标准化、信息化	负有安全监管职责的部门按规定配备安全监管人员和装备; 信息化执法率>90%; 执法检查处罚率>5%	1	查看政府和相关部门资料;抽查不少于5个负有安全监管职责部门安全生产监管信息系统和年度执法检查记录	(1) 负有安全监管职责的部门未按规定配备安全监管人员和装备的,扣0.4分。 (2)(本项最多扣0.4分)负有安全监管职责的部门信息化执法率不足90%的,每发现一处扣0.2分。 (3) 上年度交通、住建、应急、市场监管等方面安全执法检查记录中,行政处罚次数占开展监督检查总次数比例不足5%的,扣0.2分。 注:执法信息化率指使用信息化执法装备(移动执法快检设备、移动执法终端、执法记录仪)执法的次数占总执法次数的比例

续表

一级项	二级项	三级项	评价内容	标准分值	考评方式	评分标准
三、城市安全监督管理 11分	10. 安全监管执法(4分)	(28)安全公众参与机制	建立安全问题公众参与、快速应答、举报、处置、奖励机制,举报投诉办结率100%	1	查看政府和相关部门资料; 查看城市安全举报平台	(1)未利用互联网、手机App、微信公众号等建立城市安全问题公众参与、快速应答、举报、处置、奖励机制的,扣0.6分。 (2)(本项最多扣0.4分)安全问题举报投诉未办结的,每发现一处扣0.1分
		(29)典型事故教训吸取	针对典型事故暴露的问题,按照有关要求开展隐患排查活动; 事故调查报告向社会公开,落实整改防范措施	2	查看政府和相关部门资料; 检查事故调查报告向社会公开和落实事故整改防范措施情况	(1)(本项最多扣1分)近三年典型事故发生后未按照各级有关要求开展隐患排查活动的,每发现一处扣0.2分。 (2)(本项最多扣0.5分)未公开近三年生产安全事故调查报告的,每发现一起扣0.2分。 (3)(本项最多扣0.5分)未落实近三年生产安全事故调查报告整改防范措施的,每发现一起扣0.2分
四、城市安全保障能力 16分	11. 安全科技创新应用(4分)	(30)资金投入保障	设立安全生产专项资金,并专款专用	1	查阅政府、相关部门资料	未设立安全生产专项资金用于安全生产综合监管、宣传教育、应急管理、表彰奖励、公共安全隐患整改,以及购买专业技术服务等方面的,扣1分
		(31)安全科技成果、技术和产品的推广使用	在城市安全相关领域推进科技创新; 推广一批具有基础性、紧迫性的先进安全技术和产品	1	查阅城市安全相关领域获得省部级科技创新成果奖励的资料; 查阅政府推广相关资料	(1)未在城市安全相关领域推进科技创新的,扣0.5分。 (2)未在交通运输、危险化学品、建筑施工、重大基础设施、城市公共安全、气象、水利、地震、地质、消防等行业领域推广应用具有基础性、紧迫性的先进安全技术和产品的,扣0.5分

续表

一级项	二级项	三级项	评价内容	标准分值	考评方式	评分标准
四、城市安全保障能力 16分	11. 安全科技创新应用（4分）	(32)淘汰落后生产工艺、技术和装备	企业淘汰落后生产工艺、技术和装备	2	实地抽查不少于5家企业	企业存在使用淘汰落后生产工艺和技术参考目录中的工艺、技术和装备的，每发现一处扣0.4分
	12. 社会化服务体系(3分)	(33)安全专业技术服务	定期对技术服务机构进行专项检查，并对问题进行通报整改	1	查阅政府、相关部门资料	未定期对技术服务机构进行专项检查，未对问题进行通报整改，扣1分
		(34)安全领域失信惩戒	落实安全生产、消防、住建、交通运输、特种设备等领域失信联合惩戒制度	1	查阅政府、相关部门资料	未落实安全生产、消防、住建、交通运输、特种设备等领域失信联合惩戒制度的，每缺少一个领域扣0.2分
		(35)安全工作网格化	安全工作网格化覆盖率100%；网格员发现的事故隐患处理率100%	1	查阅政府、相关部门资料。现场查阅不少于5个安全网格记录	(1) 安全工作网格化覆盖率未达到100%的，扣0.5分。 (2)(本项最多扣0.3分)网格员未按规定到岗的，每发现1人扣0.1分。 (3)(本项最多扣0.2分)未及时处理隐患及相关问题的，每发现一处扣0.1分

续表

一级项	二级项	三级项	评价内容	标准分值	考评方式	评分标准
四、城市安全保障能力 16分	13. 安全文化（9分）	（36）安全文化创建活动	汽车站、火车站、大型广场等公共场所开展安全公益宣传； 开发区在网站、新媒体平台开展安全公益宣传； 社区开展安全文化创建活动	3	现场查看安全文化创建情况。选择汽车站、火车站、大型广场等不少于5处公共场所。 查看广播电视及网站、新媒体平台开展安全公益宣传的节目清单。 查看城市安全公众互动信息平台运行情况。 查看不少于5个社区安全文化创建资料	(1)（本项最多扣1分）汽车站、火车站、大型广场等公共场所未开展安全公益宣传的，每发现一处扣0.2分。 (2) 上一年度开发区在网站、新媒体平台开展安全公益宣传少于50条(次)，扣1分。 (3)（本项最多扣1分）社区未开展安全文化创建的，相关节庆、联欢等活动未体现安全宣传内容的，未将相关安全元素和安全标识等融入社区的，每发现一个扣0.5分
		（37）安全文化教育体验场所	有安全文化教育体验场馆、基地、企业等场所	1	查阅安全文化教育体验场所情况	无安全文化教育体验场所的，扣1分
		（38）安全知识宣传教育	推进安全生产、防灾减灾、宣传教育“进企业、进机关、进学校、进社区、进家庭、进公共场所”； 中小学安全教育覆盖率100%，开展应急避险、人员疏散掩蔽演练活动	2	抽查“六进”工作情况。 抽查不少于2所中小学安全课程开设情况， 抽查学校应急避险、人员疏散掩蔽演练方案和记录	(1) 未推进安全生产、防灾减灾、宣传教育“进企业、进机关、进学校、进社区、进家庭、进公共场所”的，扣1分。 (2)（本项最多扣1分）中小学未开展消防、交通等生活安全以及自然灾害应急避险安全教育和提示的，未定期开展消防逃生、地震等灾害应急避险演练和交通安全体验活动的，每发现一处扣0.2分

续表

一级项	二级项	三级项	评价内容	标准分值	考评方式	评分标准
	13. 安全文化（9分）	（39）市民安全意识和满意度	市民具有较高的安全获得感、满意度，安全知识知晓率高，安全意识强	3	问卷调查	随机选取市民填写调查问卷，了解安全知识的知晓率、市民安全意识、市民安全获得感、满意度等内容，最高得3分
五、城市安全应急救援 14分	14. 应急救援体系（6分）	（40）应急信息化及智慧园区建设	提升开发区应急管理信息化建设水平，实现对开发区内企业、重点场所、重大危险源、基础设施安全风险监控预警，将应急管理信息化纳入智慧园区建设	2	查阅政府、相关部门建设、验收和管理文件； 现场检查应用平台运行情况	(1) 未综合利用电子标签、大数据、人工智能等技术，建立开发区集约化可视化应急管理信息共享平台，定期进行安全风险分析监控预警的，扣1分。 (2) 未将应急管理信息化纳入开发区智慧园区建设的，扣1分
		（41）应急信息报告制度和多部门协同响应	建立应急信息报告制度，在规定时限报送事故信息； 建立统一指挥和多部门协同响应处置机制	1	查阅政府、相关部门文件	未建立应急信息报告制度，未在规定时限报送事故信息的，未建立统一指挥和多部门协同响应处置机制的，发现存在上述任何一处情况，扣1分
		（42）应急预案体系	制定完善应急救援预案； 实现各级政府预案、部门预案、企业预案的有效衔接； 定期开展应急演练并持续改进； 开展开发区应急准备能力评估	1	查阅政府预案，以及相关部门、街镇预案	每发现下列任何一处情况扣0.2分： (1) 开发区总体应急预案及火灾、道路交通、危险化学品、燃气、地震、防汛防台、突发地质灾害、气象灾害、大面积停电、人员密集场所突发事件等专项应急预案未制定或未按期修订的； (2) 各级政府预案、部门预案、企业预案未有效衔接的； (3) 未按规定开展应急演练，演练后未进行评估和持续改进的； (4) 未开展开发区应急准备能力评估的

续表

一级项	二级项	三级项	评价内容	标准分值	考评方式	评分标准
五、城市安全应急救援 14分	14. 应急救援体系(6分)	(43)应急物资储备调用	编制应急物资储备规划和需求计划; 建立应急物资储备信息管理系统; 应急储备物资齐全; 建立应急物资装备调拨协调机制	1	查阅政府文件、管理系统建设资料,应急物资装备调拨管理文件等资料	(1) 未编制应急物资储备规划和需求计划的,未明确应急物资储备规模标准的,扣0.4分。 (2) 未建立应急物资储备信息管理系统的,扣0.3分。 (3) 未建立应急物资装备调拨协调机制的,扣0.3分
		(44)应急避难场所	制作辖区应急避难场所分布图(表),向社会公开; 应急避难场所设置显著标志,基本设施齐全;人均避难场所面积大于1.5平方米; 新竣工人防工程标识覆盖率100%	1	查阅政府文件、应急避难场所分布图(表)、相关台账;随机现场抽查不少于5个应急避难场所和人防工程	(1) 未结合行政区划地图制作辖区应急避难场所分布图(表),或未向社会公开的,扣0.2分。 (2)(本项最多扣0.2分)应急避难场所未设置显著标志,或基本设施不齐全的,每发现一处扣0.1分。 (3) 按照避难人数为70%的常住人口计算辖区内应急避难场所人均面积,1平方米≤人均面积<1.5平方米的,扣0.1分;0.5平方米≤人均面积<1平方米的,扣0.3分;人均面积<0.5平方米的,扣0.5分。 (4) 新竣工人防工程标识覆盖率未达到100%的,扣0.1分。 注:应急避难场所应包括应急避难休息区、应急医疗救护区、应急物资分发区、应急管理区、应急厕所、应急垃圾收集区、应急供电区、应急供水区等各功能区

续表

一级项	二级项	三级项	评价内容	标准分值	考评方式	评分标准
五、城市安全应急救援 14分	15. 应急救援队伍(8分)	(45)消防救援队伍	出台或执行当地消防救援队伍社会保障机制意见； 综合性消防救援队伍的执勤人数符合标准要求	4	查阅政府、相关部门文件,现场核查	(1) 未出台或未执行当地消防救援队伍社会保障机制意见的,扣2分(该项评价可查阅所属设区市出台相关意见的情况)。 (2) 综合性消防救援队伍的执勤人数不符合标准要求的,扣2分
		(46)专业化应急救援队伍	编制专业应急救援队伍建设规划； 按规定建成重点领域专业应急救援队伍； 组织专业应急救援队伍开展培训和联合演练	2	查阅政府、相关部门文件,现场核查	(1) 未编制专业应急救援队伍建设规划的,扣0.5分。 (2) 未按规定成立重点领域专业应急救援队伍的,扣0.5分。 (3) 未组织专业应急救援队伍开展培训和联合演练的,扣1分。 注:专业应急救援队伍建设规划可查阅上级设区市的相关规划
		(47)社会救援力量	制定支持引导社会力量参与应急工作的相关规定； 明确社会力量参与救援工作的重点范围和主要任务	1	查阅政府、相关部门文件	(1) 未出台支持引导大型企业、工业园区和其他社会力量参与应急工作的相关文件的,扣0.5分； (2) 未明确社会力量参与救援工作的重点范围和主要任务的,扣0.5分

续表

一级项	二级项	三级项	评价内容	标准分值	考评方式	评分标准
五、城市安全应急救援 14分	15. 应急救援队伍（8分）	（48）企业应急救援	危险物品生产、经营、储存、运输单位，矿山、金属冶炼、城市轨道交通运营、建筑施工单位，以及旅游景区等人员密集场所经营单位，依法建立应急救援队伍； 小型微型企业指定兼职应急救援人员，或与邻近的应急救援队伍签订应急救援协议； 符合条件的高危企业依法建立专职消防队、配备应急救援装备	1	查阅政府、相关部门文件；抽取不少于5家危险物品的生产、经营等单位；抽查不少于5家符合条件的高危企业	(1)（本项最多扣0.5分）危险物品生产、经营、储存、运输单位，矿山、金属冶炼、城市轨道交通运营、建筑施工单位，以及旅游景区等人员密集场所经营单位，未按规定建立应急救援队伍的，每发现一家扣0.1分。 (2)（本项最多扣0.3分）小型微型企业未指定兼职应急救援人员，或未与邻近的应急救援队伍签订应急救援协议的，每发现一家扣0.1分。 (3)（本项最多扣0.2分）符合条件的高危企业未按规定建立专职消防队的，或应急救援装备配备不符合规定的，每发现一家扣0.1分
六、城市安全状况 9分	16. 安全事故指标（9分）	（49）亿元国内生产总值生产安全事故死亡人数；道路交通事故死亡人数；火灾十万人口死亡率	近三年内，亿元国内生产总值生产安全事故死亡人数前三年平均值逐年下降； 近三年内，道路交通事故死亡人数前三年平均值逐年下降； 近三年内，火灾十万人口死亡率前三年平均值逐年下降	9	查阅政府、相关部门资料	(1) 近三年内，亿元国内生产总值生产安全事故死亡人数前三年平均值未逐年下降的，扣4分。 (2) 近三年内，道路交通事故死亡人数前三年平均值未逐年下降的，扣2分。 (3) 近三年内，火灾十万人口死亡率前三年平均值未逐年下降的，扣3分。 注："前三年平均值"指的是计算年及前两个自然年的三年平均值

续表

鼓励项(最高5分)	(1) 城市安全科技项目获得国家科学技术奖(国家最高科学技术奖、国家自然科学奖、国家技术发明奖、国家科学技术进步奖、国际科学技术合作奖),3分/项; (2) 城市安全科技项目获得省级科学技术奖,1分/项; (3) 国家安全产业示范园区、全国综合减灾示范社区创建取得显著成绩,2分; (4) 国家重点研发计划(城市安全相关项目)应用示范城市,0.5分/项; (5) 在城市安全管理体制、制度、手段、方式创新等方面取得显著成绩和良好效果,2分
省级安全发展示范城市评价否决项	(1) 在参评年及前五个自然年内,发生特别重大事故灾难,或在参评年及前三个自然年内发生重大事故灾难; (2) 在参评年及前一个自然年内,发生重特大环境污染和生态破坏事件、药品安全事件和食品安全事故,或者因工作不力导致重特大自然灾害事件损失扩大、造成恶劣影响的; (3) 在参评年及前一个自然年内,因城市安全有关工作不力被国务院安委会、安委办或省安委会约谈、通报的; (4) 已获得命名城市,被撤销命名未满2年的; (5) 国务院安委会、安委办,或省安委会、安委办挂牌督办的重大安全隐患未按规定整改到位的; (6) 存在弄虚作假、出具虚假失实文件等行为,严重干扰误导有关部门复核和评议工作的

说明:

一、本细则由一级项、二级项、三级项构成,其中一级项6个、二级项16个、三级项49个。

二、本细则总分包括标准分(100分)和鼓励分(5分),其中:城市安全源头治理(18分)、城市安全风险防控(32分)、城市安全监督管理(11分)、城市安全保障能力(16分)、城市安全应急救援(14分)、城市安全状况(9分)。

三、本细则评审存在空项的,按以下公式换算实得分:实得分=评审得分÷(100-不参与考评内容分数之和)×100+鼓励分。最后得分采用四舍五入,取小数点后一位数。

四、实得分高于90分的城市,视为评价合格。

附件六

安全发展示范城市调查问卷(样卷)

城市名称:　　　　　　发放日期:　　　　　　问卷编号:

为了保证问卷信息的真实性,请提供以下基本信息(打"√"),以便我们对问卷的发放工作进行抽样核实。

项目	选项
1. 性别	□男　□女
2. 年龄	□18～29 岁　□30～44 岁　□45～59 岁　□60 岁及以上
3. 教育程度	□小学　□初中　□高中(中职、中专) □大学(大专)　□研究生及以上
4. 职业	□公务员或事业单位人员　□国企职员　□民企职员 □社会组织/慈善机构人员　□进城务工人员 □自由职业者　□离退休人员　□在校学生　□其他(请注明)
5. 居民	□本市居民　□外地户籍在本市工作　□外地临时来此地
6. 居住时间	□1～3 年　□3～15 年　□15 年以上
7. 年收入	□5 万元以下　□5 万～10 万元　□10 万～30 万元　□30 万元以上

• 我们保证您的个人信息将只用于本次安全发展示范城市测评,且不会被泄露或不正当地使用。

1. 您对城市创建“安全发展示范城市”活动的了解程度和看法是：
   A. 非常了解，很有必要　　B. 了解一些，有必要
   C. 不了解，没有必要　　D. 不关心，无所谓
2. 对于城市的安全与发展关系，您的理解是：
   A. 发展最重要，安全无所谓
   B. 先发展，再安全
   C. 先安全，再发展
   D. 发展是安全的基础，安全是发展的条件
3. 您去过城市的安全教育体验馆/体验基地吗？
   A. 没听说过　　B. 听说过，但没去过
   C. 偶尔去　　D. 经常去
4. 您是否接受过安全教育或培训(如防火、防盗、防煤气中毒等)？
   A. 经常参加(一年2次以上)　　B. 偶尔参加(一年1～2次)
   C. 想参加但没人组织　　D. 没听说过，也没参加过
5. 您近一年内参加过逃生疏散等应急演练吗？
   A. 没听说过，也没参加过　　B. 想参加但没人组织
   C. 参加过1次　　D. 参加过2次以上
6. 身处公共场所时，您是否了解和关注安全提示、应急逃生通道或避险标识？
   A. 不了解，不关注　　B. 了解，不关注
   C. 了解，偶尔关注　　D. 了解，非常关注
7. 您认为本市开展的文明交通和安全出行宣传活动，对规范人的安全行为是否有效？
   A. 不清楚　　B. 无效
   C. 偶尔有效　　D. 有效
8. 您步行时是否有过闯红灯、不走人行道等行为呢？
   A. 汽车应该让行人优先　　B. 严格遵守道路交通安全法
   C. 没有车就过了　　D. 偶尔会闯红灯

9. 你们收到过防震抗震(台风)的宣传和知识教育吗?

A. 经常收到 B. 偶尔收到

C. 听说过,没有收到过 D. 没听说过

10. 您会关注并知道如何预防自然灾害吗(如暴雨、洪水、雷电、地震、滑坡、泥石流等)?

A. 不了解,不关注 B. 偶尔会关注

C. 会,不知道如何预防 D. 会,知道如何预防

11. 您的工作单位或生活区域近年来是否发生过安全生产事故(如危化品泄漏、燃气爆炸、火灾等)?

A. 没发生过 B. 很少发生

C. 发生过多起 D. 经常发生

12. 燃气公司一般多久对您家燃气设施进行入户检查?

A. 1 年以内 B. 1～2 年

C. 超过 2 年 D. 从来没有

13. 您是否了解灭火知识并会使用灭火器?

A. 不够了解,不会使用 B. 了解,觉得会使用

C. 了解,会使用 D. 了解,熟练掌握

14. 您知道最近的应急避难的有关设施和场所吗?

A. 不知道 B. 似乎有印象

C. 不关心 D. 很清楚

15. 如果在公共场所遇到突发事件(如电梯故障、火灾、拥挤踩踏),您第一时间会怎么做?

A. 随人群走 B. 拍照

C. 自己找逃生出口 D. 打电话求助

E. 救助

16. 据您观察周围的人开车过程中接打电话的情况普遍吗?

A. 很少见到 B. 少部分人会

C. 很多人会 D. 十分普遍

17. 请根据您的感受,表达对下面说法的同意程度。
选项分别为:1. 非常不同意;2. 不太同意;3. 比较同意;4. 非常同意

调查内容	非常不同意	不太同意	比较同意	非常同意
(1) 总体上来说,我对我们城市的安全状况非常满意	1	2	3	4
(2) 我对我们城市的交通安全状况非常满意	1	2	3	4
(3) 我对我们城市的消防安全状况非常满意	1	2	3	4
(4) 我对我们城市的自然灾害防治工作非常满意	1	2	3	4
(5) 我对我们城市的基础设施安全状况非常满意	1	2	3	4
(6) 我对我们城市的安全宣传教育工作非常满意	1	2	3	4
(7) 我的居住地点周边有明显易见的关键基础设施如消防、蓄洪、疏散场所等	1	2	3	4
(8) 城市灾害预警信息及时有效	1	2	3	4

补充材料:

城市应急准备能力评估规范

开发区整体性安全风险评估指南(试行)